ZHONGRI JINDAI DIANXUE CIYU GOUCI YANJIU

# 近代における
# 中日電気用語造語の研究

## 中日近代电学词语构词研究

王丽娟　著

中央民族大学出版社
China Minzu University Press

**图书在版编目（CIP）数据**

中日近代电学词语构词研究：日文 / 王丽娟著 .

北京：中央民族大学出版社，2024.6. -- ISBN 978-7-5660-2373-5

Ⅰ. O441.1

中国国家版本馆 CIP 数据核字第 20248M5U91 号

中日近代电学词语构词研究
近代における中日電気用語造語の研究

| | |
|---|---|
| 著　　者 | 王丽娟 |
| 责任编辑 | 戴佩丽 |
| 封面设计 | 舒刚卫 |
| 出版发行 | 中央民族大学出版社 |

北京市海淀区中关村南大街 27 号　　邮编：100081

电话：（010）68472815（发行部）　　传真：（010）68933757（发行部）

　　　（010）68932218（总编室）　　　　　（010）68932447（办公室）

| | |
|---|---|
| 经 销 者 | 全国各地新华书店 |
| 印 刷 厂 | 北京鑫宇图源印刷科技有限公司 |
| 开　　本 | 787×1092　1/16　印张：26.75 |
| 字　　数 | 410 千字 |
| 版　　次 | 2024 年 6 月第 1 版　2024 年 6 月第 1 次印刷 |
| 书　　号 | ISBN 978-7-5660-2373-5 |
| 定　　价 | 120.00 元 |

# 摘　要

　　1752年富兰克林通过风筝实验确认了雷与电关系，1770年伽伐尼通过青蛙痉挛性收缩实验确认了生物电，1800年伏打发现了"伏打堆"，即人类第一块电池，由此"电"作为一种新兴事物逐渐进入人们视线。西方"电气科学技术"的导入不仅是学科知识的导入，同时冲击着中日传统文化思想，电学科学实验进一步打破了对电认知的禁锢。

　　从思想史、科技史以及语言发展史来看，于中国而言在华传教士，于日本而言，兰学家均起到了承上启下的作用。日本兰学时代翻译的《気海観瀾》（1825）被视为较早的物理书籍，里面涉及到电学性质、电池等内容。另一方面，1847年传教士麦都思（W·H·Medhurst, 1796–1857）将"electricity"译为"电气"，传教士玛高温的《博物通书》（1851）被认为是较早涉及电学知识的历史文献。

　　本书从词汇史的角度通过分析中日近代电学词语的构词特点，有利于深刻认识中日近代电学词语构词特点，有利于了解中日近代术语构词特点，也有利于正确理解和评价清末在华传教士、清末知识分子对中国术语创造的贡献，同时对中国语言文字发展变革的全面性和整体性研究有着实际意义和学术价值。

　　目前对电学词语方面的研究不是很丰富，主要集中在词语个案分析，如"电气"的分析。对电学的研究主要集中在文本分析、电学知识分析两个方面。文本分析方面的研究多为断代研究，如对传教士资料研究。

　　本书共选定了4类资料，分别是兰学资料、清末在华传教士资料、明

治资料、20世纪初清末资料，共计24种文本。把24种文本中出现的和电相关的词语采取定量与定性、共时与历时、描写与解释相结合的研究方法，既研究了宏观领域的词也分析了微观领域的构词语素，同时从词汇学和语法学相结合的方法探讨了语素间的构词关系和构词功能，力求全方位解析电学词语历史发展规律和特点。

本书从语素位置与构词力关系、词性与构词力关系、构词关系与构词力关系、出典情况与构词力关系、语素组合方式、影响关系等方面展开具体研究。研究表明，清末在华传教士资料、明治资料、20世纪初清末资料中二字词的前语素构词力较强，但是兰学资料中则是后语素较强。清末在华传教士资料、明治资料、20世纪初清末资料中2+1型三字词的后一字语素构词力较强，而兰学资料中前二字语素较强。在4类资料中2+2型四字词后二字语素构词力较强。名词和动词是构词活跃的两种词性。电学词语中偏正结构是一种能产的构词结构。电学词语多为新词，构词的中心语素也多为新语素。4类资料中"无典"前二字语素与"构词功能和意思都不变"后一字语素组合而成的2+1型三字词较多。4类资料中"有典"前二字语素与"无典"后二字语素组合而成的2+2型四字词较多。从影响关系看，明治资料和20世纪初清末资料均受到先行文献的影响，可是程度又有所不同。

本书力图通过对4类资料，24种文本电学词语的全方位考察，对清末在华传教士资料、20世纪初清末资料，日本江户末期、明治时期共时断代词汇研究和历时词汇研究有所贡献，并期待本书能够为术语的研究以及中日近代新词研究起到抛砖引玉的作用。

**关键词：**电学词语、构词关系、构词力、出典情况、影响关系

# 要　旨

　　1752年にフランクリンは凧揚げ実験を通して雷と電気の関係を確認し、1770年にガルヴァーニはカエルの痙攣性収縮実験により生体電気を確認した。その後、1800年にボルトは「ボルト」いわゆる「電池」という人類初の電池を発見した。これによって「電気」は新しいものとして人々の視線に入ってきた。

　　東洋にとっては、「電気科学技術」の導入は、学術知識だけでなく、中日伝統文化思想にも影響を与えている。中日古代は儒家文化の影響を深く受けてきた経緯があるため、「電気科学実験」はさらに電気への認知をより一層広げた。

　　思想史、科学史及び言語発展史の歴史からみれば、在華宣教師と日本の蘭学者は伝統学問を受け継ぐ者であり、また中日近代新知識を伝播する立役者でもある。日本蘭学時代に翻訳された『気海観瀾』（1825）は、比較的早い物理書籍として扱われ、電気性質、電池などの内容が含まれている。一方、中国には1847年に宣教師の麦都思（W・H・Medhrst、1796–1857）は「electricity」を「電気」と訳し、宣教師瑪高温の『博物通書』（1851）は電気知識に関する最も古い文献と言われている。このように、電気科学という新しいものが中日両国で広がっている。

　　本書は語彙史の観点から中日近代電気用語の語構成の特徴を分析することは、中日近代電気用語の語構成の特徴を深く認識することに有益であり、中日近代術語の造語の特徴を理解することに役立ち、清末在華宣

教師、清末知識人が中国語新語の創造に対する貢献の正確な理解、評価につながると考える。それと同時に、中国語の発展と変化を全面的に研究するために現実的意味と学術的価値を持っていると思われる。

　現在、電気用語に関する先行研究はそれほど多くなく、主に語誌分析に集中している。例えば、「電気」に対する分析。電気学についての研究は主に書誌研究、電気知識分析に集中している。そのうち、書誌研究は主に宣教師資料への研究が多い。

　本書は蘭学資料、清末在華宣教師資料、明治資料、20世紀初頭清末資料という4種類の資料から、計24種の文献を選定し、これらの文献に見えた電気用語を量的分析、質的分析と共時的分析、通時的分析、描写と解釈を結合した研究方法を取り入れている。今回の調査はマクロの観点から領域の語彙の分析するだけでなく、ミクロの観点による構成要素についても分析を行い、電気用語の歴史的発展の法則と特徴を全面的に解析するよう努めている。

　本書は語基の位置と造語力の関係、品詞と造語力の関係、結合関係と造語力の関係、出典状況と造語力の関係、語基の組み合わせ方式、影響関係などの面から具体的な研究を進めた。調査を通して、清末在華宣教師資料、明治資料、20世紀初頭清末資料における二字語は前部語基の造語力が強いのに対して、蘭学資料における二字語は後部語基の造語力が強い。清末在華宣教師資料、明治資料、20世紀初頭清末資料で2+1型三字語は後部一字語基の造語力が強いのに対して、蘭学資料における2+1型三字語は前部二字語基の造語力が強い。4種資料において2+2型四字語は後部二字語基の造語力が強い。名詞と動詞は造語中、活発で、造語機能の高い品詞である。また、電気用語における連体修飾関係は生産性の高い結合関係である。一方、電気用語には多くは新語であり、造語となる中心的な語基も新しいものが多い点、4種資料で「出典なし」前部二字語基と「造語機能と意味が変わらない」後部一字語基と組み合わせる2+1型三字語が多い。4種資料で「出典あり」前部二字語基と「出典なし」後部二字語基と組み合わせる2+2型四字語が多い。さらに明治

資料と20世紀初頭清末資料はそれぞれ先行文献の影響を受けていると
みられるが、程度は異なることを明らかにした。

　本書は蘭学資料、清末在華宣教師資料、明治資料、20世紀初頭清末
資料の4種類の資料から計24種の文献にみえる電気用語を全面的に考察
することにより、共時断代語彙研究と通時的語彙研究を通して、専門術
語の研究及び中日近代新語研究に微力ながら、貢献したいと考える。

　キーワード：電気用語、語構成、造語力、出典状況、影響関係

# 目　次

# 第一章　先行研究及び研究方法

## 1.研究のきっかけ

　テレビやエアコンから、照明、冷蔵庫や洗濯機といった白物家電、さらにスマートフォンやパソコンなどのIT機器まで、現代人は公私にかかわらず、毎日電気製品を使って生活している。また、電車などの交通機関、夜道を照らす街灯、高いビルで簡単に移動できるエレベーターやエスカレーターなど、当たり前のように利用している乗り物や各種機器の起動、運用にも電気が用いられているのは周知のように、現代人の暮らしをあらゆるところで支えている。

　現代社会にとって必要不可欠な電気はいかにして発見されたのだろう。その起源は今から2500年前、古代ギリシャにまでさかのぼる。当時、痛風や頭痛などの患者をそういった電気を発する魚に触れさせるという治療が行われたこともある[①]。

　18世紀半ば、オーストリア医師（Franz Anton Mesmer）は人間の体に「動物磁気（animal magnetism）」があり、このような宇宙流体は流れが悪い時、人間が病気にかかりやすい[②]と述べている（原文：18世紀中叶，奥地利医師麦斯麦认为，人体内有一种"动物磁气"，当这种宇宙流体流通不畅时，就会造成疾病）。

---

① https：//ja.wikipedia.org/wiki/電気
② 贾立元.催眠术在近代中国的传播（1839–1911）.科学文化评论，2020（3）：55

　1752年、フランクリンが凧上げの実験で雷が電気であることを証明した。また、1770年ガルヴァーニが蛙の足が電気で収縮する実験をした。その後、1800年、ボルトがいわゆるボルトの電堆を発表した①。このように、「電気」が人々の視線に入るようになった。

　しかし、古代中国では「摩擦電」と「雷電」は全く異なる概念であり、「古代中国人は多くの問題を発見したが、摩擦によって静電性があり、……電とは呼ばれなかった（原文：中国古代人虽发现许多问题通过摩擦有静电性，……却从未称它是‘电’）②」、「古代中国人は「電」という字は空中の稲妻に限られていると思って、電という文字は雷、稲妻という現象から来る（原文：古代中国人一直认为天空闪电就是电，‘电’字就是从雷电现象而来的）③」と明確に指摘した。

　フランクリンの実験が示したように、「空中電気」が存在すると同時に、実験科学としての物理学の研究法を知るようになった。これは古い陰陽思想からの一歩前進である。賈立元（2020）は「動物磁気」は後世の催眠術、心理学につながりを持っているとも指摘した。さらに、「電気科学技術」の導入は新しい学科の移植だけではなく、伝統文化の多くの面での交流と衝突を引き起こした。人々の日常生活を変えるのみならず、中日の伝統科学、思想、文化の各方面を知らないうちに変えていた。

　さて、「electricity」は1600年にイギリスの科学者ウィリアム・ギルバートが『De Magnete』の中でギリシア語「ηλεκτρον（elektron）」（琥珀）からラテン語「ēlectricus」を作り出した。「electricity」の最初の使用はトーマス・ブラウンの1646年の著作『Pseudodoxia Epidemica』の中にあるとされている④。

　中日近代社会において、「electricity」の訳名の変遷はいわば「一名之

---

① 日本物理学会.日本の物理学史.平塚：東海大学出版社，1978：55

② 戴念祖.电和磁的历史.长沙：湖南教育出版社，2002：4

③ 戴念祖.电和磁的历史.长沙：湖南教育出版社，2002：2

④ https：//ja.wikipedia.og/wiki/電気

立，旬月踟蹰；一名之定，十年難期（厳復）<sup>①</sup>」のようになる。

　近代電気用語は日本側では最も早いのが日本江戸末期に形成された歩みを遡る。日本では江戸末期の「越列幾（越歴）」から明治時代の「電気」へと変わり、さらに「電話、電位、電場、絶縁、電槽、導線」のような電気用語が次から次へと現れてきた。

　一方、1847年宣教師麦都思（W・H・Medhurst，1796-1857）が英語の「electricity」を電気に訳し、相次ぎ、「電報、電線、電表、電池、電極、電力、電路」など色々な「電」を含む言葉が現れてきた。1934年『物理学名詞』に正式に「electricity」を「電」で記している。約百年の間に、中国人が「雷電」から科学的意味での「電気、電」まで、ただ言葉の変遷だけでなく、その背後に潜んでいる異質文化と伝統文化の交渉、衝突なども見られる。

　本書は電気用語の訳出をめぐり、蘭学資料、清末在華宣教師資料、明治資料、20世紀初頭清末資料を言語資料にし、マクロの観点から領域の語彙を分析するだけでなく、ミクロの観点による構成要素についても分析を行い、電気用語の歴史的発展の法則と特徴を全面的に解析するよう努めている。

## 2.先行研究

　本書に関わる先行研究は一つが中日語彙交流史の研究、二つ目は語構成の研究、三つ目は本書に直接繋がる電気用語の研究に分けられる。中日語彙交流史、語構成の研究はその始まりが比較的早く、研究成果も豊富である。電気用語の研究は国内外ともその関連研究はあるが、研究成果はまだ期待されているほどの量ではなかった。本章では先行研究をそれぞれこの三つの方面から振り返る。

---

① 一つの言葉や名前の創立には十日から一か月の考えが必要で、一つの言葉や名前を定着するまで、十年（以上）がかかる。

### 2.1中日語彙交流史の研究

これまでの語彙交流史に関する研究を見れば、語誌記述によるアプローチと量的構造の解明によるアプローチという二つの方法が用いられている。

①語誌記述についての研究。熊月之（1999）において、(「民主」「自由」「総統」)、章清（2007）「自由」「国家」「個人」、陳力衛（2012）「主義」、沈国威（2012）「野蛮」などが見られる。それらの論文は単なる語彙の接触、受容を論ずるだけではなく、概念史という新しい研究方向へ向かい、進められている。それに、一般語だけでなく、専門語の研究も見られる。いままでの研究は医学、化学、地理、法律、哲学、植物、音楽、政治学などの分野に集中している。たとえば、沈国威（1999）化学用語「化学」について蘭学書、英華字典、清末漢訳洋書など20種使用されている。荒川清秀（1997）の地理学用語「熱帯」という語の語源を解明するために、蘭学書から明治初期の著訳書が使われている。それに、李貴連（1998）、王健（2001）の「法律用語」、朱京偉（2003）「哲学・音楽・植物用語」、熊月之（1999）、孫建軍（2015）「政治・法律用語」などがあげられる。

②量的構造の解明によって、訳語・新漢語の形成と変遷を捉える研究もよく見られる。普通、単一文献を対象にする場合と複数文献を対象にする場合の二つの方法がある。前者には杉本つとむ（1963）は『民間格致問答』を、古田東朔（1968）の『智環啓蒙』、『智環啓蒙之環』、高野繁男（1977）の『論理学』、佐藤亨（1980）（1983）（1986）、陳力衛（2002）の『万国公法』などがある。これらの考察では、対象資料から重要な用語を抽出し、他の資料や辞書類との照合によって分類を行い、抽出語の性質を明らかにしていた。後者では、森岡健二（1969）（1991）量的解明方法により、英和字典類や宣教師による英華字典の関係及び影響などを分析し、近代訳語の成立を明らかにした。佐藤喜代治（1979）、松井利彦（1990）などが挙げられる。

　以上の背景に基づいて、本書との繋がりから佐藤亨『幕末・明治初期語彙の研究』（1986）、森岡健二『（改訂）近代語の成立（語彙編）』（1991）、朱京偉『近代日中新語の創出と交流 — 人文科学と自然科学の専門語を中心に』（2003）、木村秀次『近代文明と漢語』（2013）、馮天瑜『近代漢語術語的生成演変与中西日文化互動研究』（2016）、朱京偉『近代中日词汇交流的研究 — 清末报纸中的日语借词』（2020）を中心に述べる。

　（1）佐藤亨（1986）

　佐藤亨（1986）は日本における中国洋学書の語彙の導入、幕末・明治初期の日本語著書、訳書における新語創出という二つの部分からなり、両者とも近代早期の中国洋学書との繋がりが見られる。

　中国洋学書について、『智環啓蒙課初歩』、『大美聯邦志略』、『六合叢談』、『万国公法』等を言語資料に、日本におけるこれらの洋学書に導入、翻刻事情を調査し、日本語における洋学書語彙の使用実態を考察した。幕末・明治初期書物について、『経済小学』（1867）、『泰西国法論』（1868）、『西洋事情』（1866–1870）などを言語資料に、幕末・明治初期に見られる新語の創出方法及び中国洋学書との関係を考察した。佐藤亨の研究は日本語の角度から新語の語源、形態、特徴及び変遷などを明らかにするには重要な意味がある。

　（2）森岡健二（1991）

　森岡健二（1991）はキリシタン学、蘭学、英学という広い視野の中で訳語の作製、変遷の仕方を考察した。主に明治の主な資料における訳語（主に漢語）の構造を具体的に検討する。漢語の記述及び方法も試みた。一連の考察を通して、近代日本語の成立プロセスに見られるロブシャイトの『英華字典』（1866–69）がもたらした影響についても述べられている。語の抽出、調査作業の行いなど本書に大きな示唆を与えてくれた。本書の明治資料にあたえた蘭学資料、清末在華宣教師資料の影響、清末資料にあたえた清末在華宣教師資料、明治資料の影響部分は森岡氏の作業方法を真似て行った。森岡氏はマクロ面での考察だけにとどまって、

語基の分析に触れていないようである。

（3）朱京偉（2003）

朱京偉（2003）は中日語彙交流史の視点から借用語の問題をとらえ、朱氏なりの借用語の分類、及び研究方法が独特で、後の研究者に大きな影響を与えている。全書では人文科学用語と自然科学用語という二領域を跨り、哲学・音楽・楽器・植物の分野に関わり、その専門語を抜き出し、分析し、中日間語彙交流の流れを徹底的に追求した。哲学分野についての研究は単一文献で、音楽、楽器についての研究は人文科学に属する研究なので、ここでは略し、植物学に重きを置き、紹介する。

朱氏は蘭学資料『植学啓原』（1833）、洋学書『植物学』（1858）の比較を踏まえ、明治資料、清末在華宣教師資料、日清戦争後の中国資料における著訳書を研究資料として、和製近代植物学用語の創出と中国語への伝播について考察した。

朱氏の示した資料群は中日語彙交流史の研究において、かなりの汎用性を持っていると思われる。とくに植物学に関する研究は各分野の研究に示唆を与える。

（4）木村秀次（2013）

木村秀次（2013）は近代漢語成立の土壌、形成と受容の仕方、定着の過程、意味の推移、歴史的な意義や問題点について考察している。木村秀次（2013）の38頁で「学術用語は発生・成立の面では幕末・明治期における新洋学の場合と似ている。大きくは五つの方法に分類される」。と指摘した。その五つの方法はまとめて言うと、転用語、借用語、創出語、日本固有の在来語、既存語の変形になる。本書の分類と照合すると、「転用語」が「新義あり」の語にあたり、「創出語」が「出典なし」の語にあたる。

（5）馮天瑜（2016）

馮天瑜（2016）全書は二部分に分けられ、一つは早期漢学洋書、英華辞典、清末教科書、清末民初期洋学書を言語資料にし、馮天瑜（2016）における術語を考察した。もう一つは語彙誌の視角から哲学、文学、

政治経済、教育心理学、新聞学、数学科学などの領域に於ける術語を
考察した。馮氏の『新語探源 ― 中西日文化互動与近代漢字術語生成』
（2004）は西学東漸という視角から、明末清初から20世紀の初頭にかけ
て、中日両国が西洋文化に接触した過程、新語の創出、及び中日間交流
を考察した。馮氏は言語の研究を歴史文化の中におき、文化交流の視角
から中日両国言語の新語創出の背景、方法、変遷を考察した。

　（6）朱京偉（2020）

　朱京偉（2020）は自身の研究（2003）の研究方法、資料整理の手順を
受け継いだ。朱京偉（2003）が領域を分類し、その中の中日同形語を抽
出したのと同じように、朱京偉（2020）は清末における新聞を言語資料
にし、その中から中日同形語を抽出した。日本語借用語の借用ルートや
造語の特徴を検討した。

　以上のように、先行研究は本書に多くの示唆を与えた。朱京偉
（2003）（2020）は本書に資料の選択や研究方法などの面での影響を与え
た。朱京偉（2003）で記している資料群に基づいて、中日両国でそれぞ
れ違う時期の資料を取り上げている。森岡健二（1991）での語構成の分
析を踏まえて、漢語の研究を深化させる。本書はそれらを踏まえて、さ
らに電気学における電気用語の造語特徴を考察しようと思う。

## 2.2 語構成の研究

　中国国内では、黎錦熙（1890-1979）は語構成パターンの記述に初め
て注目した言語学者だと思われる①。1923年『漢字革命軍前進的一条大
路』には中国語の二字語を三パターンと下位区分の43タイプに細分し
た②。語基間の文法的関係、また、二字語を前語基と後語基に分け、そ
れらの品詞性も表している。

　呂叔湘・朱德熙（1952）は二字語語構成を「聯合式、主従式、動賓式」

---

　①　朱京偉.語構成パターンの日中対照とその記述方法.東アジア言語接触の研究，2016：
321-351

　②　朱京偉（2016）からの内容が引用された。

に分けていた。朱京偉（2016）によると、「‥式」の記述法は呂叔湘・朱德熙（1952）の頃から出始めたものと見られる。朱氏も「‥式は二字語の語基と語基の文法的関係にポイントが置かれており、語基の品詞性が表面に示されないようになっている」。

　朱京偉（2016）によると、孫常叙『漢語語彙』（1956）は新中国で出版された最初の語彙論の著書とされている[①]。第七章　造詞的方法種類第二節　漢語造詞方法的分類標準において、「漢語造詞方法系統表」が掲げられ、修飾関係、並列関係、因果関係、支配関係の四パターンに纏められていた。

　周薦『複合詞詞素間的意義結構関係』（1991）は一字分類の9パターンと二次分類の30パターンに分類し、また記述の面では、中国語で初めてアルファベット記号を語構成パターンの記述に取り入れた。

　日本では、松下大三郎の『改選標準日本文法』（1928）において「連詞」を「主体関係、客体関係、実質関係、修用関係、連体関係」にまとめた。松下のいわゆる「連詞」は今日で「複合語」から「語連結」までの幅を持つようなものなので、「成分と成分の関係」は広義の語構成パターンとして考えられる。

　山田孝雄『日本文法学概論』（1936）の「第二十七章　合成語」について次のように述べた。「凡そ一切の語句に通じてそれらのものが二個複合せらるる方式を考ふるに、実に次の三様の方式あるを知る。（一）主従関係（二）一致関係（三）並立関係」と分類した。

　また、『国語の中に於ける漢語の研究』（1940）は日本漢語を語彙研究の対象として取り上げた最初の専門書にあたる。同書の「第五章　漢語の形態の観察　組織上よりの観察　二字の漢語」において、氏は漢語の語構成について4種類に分類し、次のように述べている。

　その二字の漢語の本邦にて造りしにあらずして、純粋に漢語と目すべきものにつきて、それらの語の内部に於ける二字の相互の関係は種種に

---

① 朱京偉（2016）からの内容が引用された。

わかちて見ることを得べきものと思はるるが、それが或る有形の物の名なるものにつきては一々それを分解して観察しうべからぬものもあれば、それらは別として、構成要素たる二の語の間の関係の明らかに観察しうる性質のものにつきて、それに幾つかの模型を求めてその説明を下すべし。

　一.相対立する二の観念を合して一の語と同じき意をなすもの

　二.上なる観念が従にして下なる観念が主なる意にてつくれるもの

　三.上なる語がその観念の主となり、下なる語がその質を示すとなりであれど、観念の上にては従たるもの

　四.或る用言と他の語との結合を一の名詞として取り扱へるもの

　斎賀秀夫『語構成の特質』(1957)は現代日本漢語の語構成パターンの成立にとって画期的な意義を持つものである。氏はこれまでの研究成果を受け継いだ。漢語の結合関係を「並立関係、主述関係、補足関係、修飾関係、補助関係、客体関係」に分ける。

　野村雅昭『二字漢語の構造』(1988)は斎賀秀夫 (1957)で打ち出した6種類を修正し、9種類に増やしたほか、語基と接辞の概念を取り入れ、前語基と後語基の品詞性にも目をつけ、N+V、A+Nという形で記述するようにした。

　朱京偉 (2016)は日中語彙の対照研究で関連する諸説との位置付けを次ぎのように整理した。

**表1-1　朱京偉氏による中日語彙の語構造分類**

| 日本人の分類 | | 中国人の分類 | |
|---|---|---|---|
| 斎賀秀夫 | 野村雅昭 | 周薦 | 朱京偉 |
| 修飾関係 | 修飾関係1 (A+V、V+V、N+V、M+A) | 状中格 | A+V、V+V、M+V、N+V連用修飾 |
| | 修飾関係2 (N+N、V+N、A+N) | 定中格 | N+N、V+N、A+N連体修飾関係 |
| 並列関係 | 並列関係 (N·N、V·V、A·A) | 並列格 | N+N、V+V、A+A並列関係 |
| | 対立関係 (N-N、V-V、A-A) | | |

続表

| 日本人の分類 | | 中国人の分類 | |
|---|---|---|---|
| 斎賀秀夫 | 野村雅昭 | 周薦 | 朱京偉 |
| 主述関係 | 補足関係 N+A、A+N、N+V、V+N、V+N | 陳述格 | N+V, N+A 主述関係 |
| 客体関係 | | 支配格 | V+N述客関係 |
| 補足関係 | | —— | N+V客述関係 |
| 補助関係 | 補助関係（■←□, ■←□, □→■） | —— | N+S、S+N補助関係 |
| —— | 重複関係（□＝□） | 重迭格 | |
| —— | 省略（□…□） | | |
| | 音借（□：□, □：□） | —— | |
| | | 補充格 | V+A、V+V述補関係 |
| | | 遞續格 | |
| | | 其他格 | |

　　本書では、中日語構造が分かりやすく理解されるために、朱京偉（2016）説に従うことにした。さらに、朱京偉は2011から2016にかけて、いくつかの論文を発表した。

　　ここでは、主に朱京偉（2011 a、2011 b、2011 c、2013、2015）の論文を紹介する。朱京偉（2011 a、2011 b、2011 c、2013 、2015）はそれぞれ蘭学資料の三字語、在華宣教師資料中の三字語、蘭学資料の四字語、在華宣教師資料の四字語、江戸、明治、現代という三時期における2+2型四字語の造語形式のつながりを考察した。蘭学資料で2+1型三字語の前部二字語と後部一字語の多くは中国古典から来て、すなわち「有典」二字語+「有典」一字語の構造形式が多い。在華宣教師資料で2+1型三字語は「有典」前部二字語が多い。蘭学資料では主語と述語の関係を構成する2+2型四字語が多く、前後の二字語基の造語力が弱く、また前後の二字語が中国古典からの語が多い。在華宣教師資料で修飾関係からなる四字語が多い。修飾関係を構成する四字語は日本の蘭学資料、明治資料、現代資料の中でいずれも多数を占めている。

本書は朱氏の研究を踏まえて、電気という領域の語彙を対象に語構成形式を細かく考察しようと考える。

## 2.3電気に関する研究

本書に直接繋がる電気領域の研究は大まかに、電気（学）発展史の研究、書誌の研究、語彙の研究という三面に集中する。電気（学）発展史は思想史の視点から中日における電気（学）発展について取り上げられたものである。書誌の研究は歴史文献の角度からの研究である。語彙の研究は概念史、思想史の視点からそれらの電気用語の翻訳、変遷について取り上げられたものである。電気に関する研究をその三面から述べている。

### 2.3.1 電気（学）発展史の研究

戴念祖（1976）（2002）は中国古代電気への認識を考察した。劉鳳栄、李迪（1989）（1991）（1995）（1996）は19世紀後期電気学が中国への伝播を考察した。李林、単長吉、徐楠、潘夢鴞（2011）、馮弋舟（2018）は電気の発展史或いは電気への認識から考察した。戴念祖はより早く思想史から電気を探求した学者なので、ここで彼の研究を取り上げる。

（1）戴念祖（1976）

戴念祖（1976）は「摩擦起電（琥珀が物事を吸引する力を持つ）、雷電、尖端放電、地光、北極光」などの現象が古くから分かっていると指摘した[①]。その上、古代中国では「摩擦電気」と「雷電」は全く異なる概念であり、「古代中国人は多くの問題を発見したが、摩擦によって静電性があり、…… 電気とは呼ばれなかった（原文：中国古代人虽发现许多问题通过摩擦有静电性，…… 却从未称它是'电'）[②]」、「古代中国人は「電気」という字は空中の稲妻に限られていると思い、電気文字は雷、稲妻という現象から来る（原文：古代中国人一直认为天空闪电就是

---

① 戴念祖.我国古代对电的认识的发展.物理，1976（5）：280-284

② 戴念祖.电和磁的历史.长沙：湖南教育出版社，2002：4

电，'电' 字就是从雷电现象而来的 ）①」と思想史の角度から中国古代で「電（気）」への認識を明確に指摘した。

2.3.2 書誌的研究

邹振環（1989）は合信及び『博物新編』を大まかに考察し、一定高度の評価をあたえた。周金保（1992）は邹振環（1989）と違い、わが国で最初の鍍金文献の発展状況から考察して、それに『博物新編』は電気鍍金の最初の文献だと指摘した。陳力衛（2005）は新概念への対応から、『博物新編』の著者、日本での伝播、日本への影響、化学術語を考察した。

徐華焜（1988）は訳者周郁の生涯を紹介し、主に『電学綱目』に関する電磁学の内容を考察し、「初めて、系統的に電磁感応現象を紹介する文献」だと高い評価を与えた。同時に、『博物新編』、『格物入門』における電気学の知識を考察した。『博物新編』が験電器、蓄電気瓶、摩擦起電、動物電、ホルタ電池、流電などの内容を記録している、『格物入門』が導電、電報、湿電、磁気などの内容を記録していると指摘した。

詠梅、馮立昇（2013）は『格物入門』が日本での伝播について考察し、そこから、『格物入門』の歴史的な役割が見られる。蒙文彪（2016）は『格物入門』における撮影知識を考察した。李如財（2016）、劉志学、陳雲奔（2018）は宣教師丁韙良の『格物入門』『格物測算』などの物理学教科書を対象に、物理術語、知識等を考察した。

李迪、徐義保（2002）は『通物電光』が中国で初めてX線のことを紹介した中国語の文献だと高く評価していた。それに、翻訳の角度から『通物電光』の英語版と中国語版を比較した。

八耳俊文（1992）（2007）は『博物通書』の著者マッゴウァン、『博物通書』の成立、出版、構成内容、日本への伝播と現存の写本をより詳しく考察した。その上で、江戸末期の「越歴」から「電気」へと電気概念の転換も調査を行った。雷銀照（2010）は八耳俊文（1992）と違う角度、

① 戴念祖.电和磁的历史.长沙：湖南教育出版社，2002：2

電磁学、及び、中国で広がらない原因から『博物通書』を分析した。龔纓晏、鄭楽静（2018）『博物通書』における電信知識の考察を行い、『博物通書』の歴史的な価値を述べた。

岡本正志（2007）は日本における物理教育の創始者及び物理教育などについて論述し、ならびに術語を多少触れた。

田中啓介（2015）は飯盛挺造の生涯を紹介し、また『物理学』における物理知識及び術語の変遷も考察した。

八耳俊文（1992）は日本側で書誌や語誌もより詳しい研究をした。詠梅、馮立昇（2013）は宣教師資料『格物入門』について底本や翻訳書について詳しく考察した。したがって、八耳俊文（1992）、詠梅、馮立昇（2013）を取り上げる。

（1）八耳俊文（1992）

八耳俊文（1992）は『博物通書』の著者マッゴウァン、『博物通書』の成立、出版、構成内容、日本への伝播と現存の写本をより詳しく考察した。訳語の使用について、「中国知識人の前で電気や磁気の実験を行い、彼らの助言を受けて、専門用語を決定し、本書を作成したというとにかく自ら中国語の医学や科学の著作が必要であると主張していたものの、実際に新しい訳語づくりは容易ではなかった。マッゴウァンの態度は定訳づくり考えず、暫定的な訳語でもよいから翻訳を行い、中国人が新しい概念を大雑把にでも理解すれば目的は達せられるとの考えであった[①]」。ということは清末在華宣教師資料から定着した電気用語が少ない原因の一つではないかと思う。

その上、江戸末期の「電気」の意味を表す「越歴」から「電気」へと中日語彙交流の調査も行った。

（2）詠梅、馮立昇（2013）

詠梅、馮立昇（2013）は『格物入門』の出版、中国から日本への伝播、翻訳書の相違、術語の照合、日本への影響などに触れた。『格物入

---

①　八耳俊文.漢訳西学書『博物通書』と「電気」の定着.青山学院女子短期大学紀要，1992（46）：109-132

門』は日本で6種の翻刻本が出版された。異なる翻刻本間の相違も考察した。現代用語、『格物入門』における用語、『対訳字書』における同じ術語の照合から日本への影響を検証した。本章では電気用語だけ取り出す。

| 現用物理術語 | 『格物入門』術語 | 『対訳字書』 |
| --- | --- | --- |
| 磁石 | 磁石 | 磁石 |
| 電 | 電 | 電 |
| 電気 | 電気 | 電気 |
| 正電荷 | 陽電 | 陽電気 |
| 負電荷 | 陰電 | 陰電気 |

### 2.3.3 語彙の研究

前では電気（学）の発展史、文献、電気知識から先行研究を整理したが、そこから、語彙の研究は文献上に展開されたものが多いことが見られる。

周金保（1991）は「電鍍」を考察した。八耳俊文（1992）は『博物通書』における「電気」は江戸末期「越歴」から「電気」への転換をきっかけに、『博物通書』を考察した。王氷『我国早期物理学名词的翻译及演変』（1995）は物理という全領域にわたり、術語の変遷などを考察した。中村邦光（2006）は日本における近代物理学の受容と術語の成立について考察し、中国洋学書から、中日間術語の相違を探究した。張厚泉（2006）は「電気」概念の受容を三段階にわけた。八耳俊文（2007）、雷銀照（2007）が「電気」の由来を考察した。郭盛、聶馥鈴（2020）は「electricity」の対訳の変遷から中国で概念受容について考察した。雷銀照（2007）は「電気」という言葉について思想史からより詳しい研究で、郭盛、聶馥鈴（2020）は電気の概念史をより詳しい考察を行った論文で、ここでそれを取り上げる。

（1）雷銀照（2007）

雷銀照（2007）は中国の伝統文化から「電気」を理解し、「気」は

「物事の成長、自然変化に欠かせない」わずかなものであると述べている。それに文中で「電気」が漢学洋書『博物通書』（1851）からの術語と指摘した。同時に、翻訳の視点、中日語彙交流から「電気」を考察した。「電気」の語源について検証する必要があると思われるが、「電気」の考察方法については『電気』という言葉の語源を調べるには原始文献を把握しなければならず、清朝末期の我が国の西学東漸の歴史、我が国の電磁気学の発展史、中国古代哲学思想、さらに古代中国語、英語、日本語などが分からなければならない①（原文：考察"电气"词源需要掌握原始文献，需要了解清末我国西学东渐的历史、电磁学发展史、中国古代哲学思想，还要熟悉古汉语、英语和日语等）」と指摘したように、語源調査を思想史、概念史から考察する考え方は語彙調査に対してとるべきだと思われる。

（2）郭盛、聶馥鈴（2020）

郭盛、聶馥鈴（2020）は「一つの用語の生成と命名のプロセスは、しばしば研究対象に対して繰り返し認識するプロセスであり、認識結果に対して科学的に洗練されたプロセスである。原文：（一个术语的产生与定名过程往往是对研究对象反复认识的过程以及对认识结果科学凝练的过程）②」と指摘した。「electricity」の漢訳を「起点」、「距離」、「条件」、「改造」という四段階の変遷を通し、「electricity」が指している概念を中国で受け入れたプロセスを研究した。

### 2.4先行研究にみられる問題点

これまで学界では電気用語に対して、戴念祖（1976）（2002）などは思想史からみた電気（学）発展、張先泉（2006）、雷銀照（2007）、郭盛、聶馥鈴（2020）などは「電気」の概念と受容について考察したが、八耳俊文（1992）、詠梅、馮立昇（2013）などは書誌の側面からの考察が行われていた。

---

① 雷银照．"电气"词源考．电工技术学报，2007（4）：1-7
② 郭盛、聂馥玲．英语术语electricity汉语译名流变简释．中国科技术语，2020（2）：75

しかし、全般的に電気用語についての考察がなかった。先行研究からの問題点を以下のようにまとめる。

（1）研究資料。いままで考察された言語資料は主に宣教師資料、明治資料に集中している。各文献間の繋がりを触れた研究がない。それに、注目された宣教師資料は専門知識或いは書誌の角度からの考察が多かった。本書は江戸末期蘭学資料から20世紀初頭清末資料にかけての4種資料、24文献にわたる研究である。

（2）研究対象。電気用語に関して、中日両言語の間でどのような交渉があったのか、造語についての特徴などはいままで語彙史の観点からの論考が少なく、不明な部分が残っている。したがって、本書は4種資料における電気用語を対象にした。

（3）研究方法。いままでの研究は多量の資料より単一資料の研究が多かった。言語資料とした文献を専門知識の角度から考察された研究が多かった。語彙史からの研究はほとんど語誌だけにとどまっている。

（4）研究角度。いままでの研究は語誌だけにとどまっている。本書は中日近代で電気用語の実態を究明するために、語の内部構造を細かく研究する。

したがって、本書は記述の立場で語彙論的な観点、文法的な見方から電気用語全貌への考察を加えたい。より多くの資料における電気用語を語基の位置と造語力、造語中、活発で、造語機能の高い品詞、造語の多い結合関係、出典と造語力、語基の組み合わせと造語力の関係から考察しようと考える。

## 3.研究価値、研究方法とオリジナリティ

### 3.1研究価値

中日語彙交流の角度から電気用語の造語形式についての研究は稀でまだ研究する価値がある。本書の研究価値を以下のようにまとめる。

（1）研究資料が拡大されるので、語構成の研究を深化させる。朱京偉（2011）（2013）（2015）が発表した一連の論文は主に蘭学資料、宣教師資料を言語資料に、語構成を考察した。本書はさらに言語資料を明治資料、20世紀初頭清末資料までに拡大する。それにより語構成面の研究を深化させる。

（2）今後の研究へより真実なデータが提供できる。本書は記述主義の視野から量的、質的方法で中日近代電気用語の構造を考察し、得られる真実なデータが中日漢語史研究に、特に近代漢語史に非常に重要だと思われる。

（3）中国語の発展と変化を全面的に研究するために現実的意味と学術的価値を持っている。中日近代電気用語の造語特徴を研究することは中日近代術語の造語の特徴を理解することに役立ち、在華宣教師が中国語新語の創造に対する貢献の正確な理解、評価につながると考える。

（4）いままでの研究成果と対照できる。朱京偉（2011）（2013）（2015）に発表された一連の論文で語基間の結合関係、品詞性などを数字で統計した。それは本書に非常に重要な示唆をあたえた。本書で特定分野（電気学）の研究成果を、朱氏のデーターと比較しながら、電気用語の特徴を明らかにする。

### 3.2研究方法

（1）比較法。比較法が言語研究において、よりよい研究方法である。比較研究には通常3つの特定の方法がある。一つは共時的な研究方法で、二つ目は通時的な研究方法で、三つ目は、共時、通時を組み合わせる方法である。蘭学資料、清末在華宣教師資料、明治資料、20世紀初頭清末資料といった資料における電気用語の造語特徴は共時的な方法で考察したうえで、各資料群間の比較を通時的な方法で考察する。

（2）量的分析と質的分析。量的構造の解明により、訳語、新語の形成と変遷を捉える研究もよく見られる。方法論的に見れば、単一文献を対

象とする場合と複数文献を対象とする場合の2通りにまとめられる①。本書は4種、計24文献を言語資料とし、各資料群から得られたデータの比較をとおし、造語特徴を分析する。

（3）語彙描写と解釈法。静態面で、語構造、造語力、語基造語機能と意味などから電気用語の特徴を多面的に考察し、特別領域での用語が基本用語との相違を考察する。

（4）帰納法。各時期における電気用語の語構造から、中日近代電気用語の一般的な造語形式を導き出す。この原則に基づいて、他分野における用語の造語形式を押し広めていくことができる。

### 3.3 オリジナリティ

本書のオリジナリティを以下のようにまとめる。

（1）新資料。本書は蘭学資料から20世紀初頭清末資料にかけての24種類のテキストを研究資料として、客観的に中日近代電気学語の造語形式を描写し、明らかにすることを追求している。特に蘭学資料を言語資料にし、広範囲にわたる研究を進めるのは珍しい。

（2）新分野。先行研究から分かるように、電気用語造語特徴に重きを置かれる研究はまれである。本書はここでは更に深く踏み入って研究を行い、これを皮切りに、記述主義にいくつかの構想をもたらすことを望んでいる。

（3）新方法。本書はマクロとミクロから24種文献における電気用語の造語特徴を考察した。清末在華宣教師は翻訳時、中国語に対して詳しく研究し、大胆な改善を行ったので、客観的に中国語の言語変革と発展を促した。本書はマクロとミクロから清末在華宣教師の電気用語の特徴を詳しく分析し、宣教師の在華活動を見直す有力な証拠になる。20世紀初頭清末資料における電気用語の特徴をマクロとミクロから詳しく考察し、日本語からの影響がより客観的に分析できる。当時、知識人が中

---

① 朱京偉.近代日中新語の創出と交流.東京：白帝社，2003：26

国近代術語への役割を見直すことができる。

## 4.研究資料の整理

　朱京偉（2003）で「洋書」に定義をつけ、並びに中日語彙の交渉の歩みを以下のようにまとめた[①]。

**表1-2　洋学の伝来と日中語彙交流の歩み[②]**

| 年代 | 中国 | 日本 | 新語の歩み |
|---|---|---|---|
| [③]<br>1800 — 39 | 1807年より新教宣教師の初期活動。漢訳聖書、英華字典、雑誌の編訳が始まる。 | 蘭学の全盛期。医学・地理学・博物学・語学などの著書が多数刊行される。 | 初期洋学書の影響もあり、蘭学者の約五創出が続く。 |
| [④]<br>1840 — 67 | 1840年アヘン戦争。新教宣教師の來華。後期洋学書の刊行。 | 幕末蘭学が実学中心に続く。英和辞典が出る。英学への転換。 | 日中別々に新語創出されるが、交流なし。 |
| [⑤]<br>1868 — 77 | 1868年江南製造局翻訳館成立。英華字典、漢訳洋書の全盛期。 | 明治最初の10年。後期洋学書の翻刻。啓蒙学者の著述が中心 | 日中別々に新語創出されるが、交流なし。 |
| [⑥]<br>1877 — 86 | 江南製造局や北京同文舘による漢訳洋学書の出版が続く。 | 明治10年代。文部省編訳局が活躍。術語の転換開拓期に当たる。 | 日本製専門語の大量創出期。東遊日記が出る。 |
| [⑦]<br>1887 — 96 | 漢訳洋学書が衰える。日清戦争に破れる。中国人の留日開始。 | 明治20代。専門書多数出版。専門語の大量創出期にあたる。 | 大量創出期が続く。日中の交流がまだない。 |
| [⑧]<br>1897 — 1907 | 日本書の翻訳が盛んになる。日本製用語移入の全盛期。 | 明治30年代。専門語の体系が形成され、調整統合期に入る。 | 日本製専門語の中国移入が始まる。 |
| [⑨]<br>1908 — 19 | 日本書の翻訳から編訳へ、欧米書の翻訳へ次第に移行する。 | 明治から大正へ。専門語中の基本用語はほぼ定着する。 | 中国へ日本製専門語の大量移入が続く。 |

---

[①]　朱京偉.近代日中新語の創出と交流.東京：白帝社，2003：4

[②]　本表は元表の一部分からの引用。

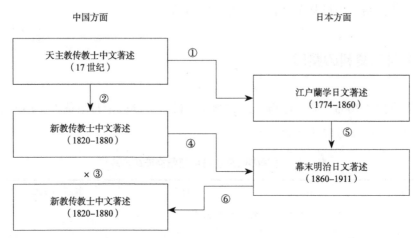

図1-1　近代中日词汇交流的5个资料群及相互影响关系①

　　朱氏は新語の創出、交渉の歩みを詳しく整理した。さらに、朱京偉
（2020）で中日語彙交流の流れは図1のようにまとめた。本書も表1と図
1に基づいて、資料を収集した上で、中日近代電気用語交渉の有無を判
断する。蘭学資料と清末在華宣教師資料は時間的に重なっている時期が
あるが、表1-1と図1-1により、相互借用の可能性が低いため、本書は
両者の相互影響を考慮していない。

　　資料を選定する際、論文の幅を考え、1910年前後までに決定した。
文献を選定する基準は一つがその文献及び著者の後世への影響という基
準により文献を選定した。

　　日本側は時代順や資料の出自により、蘭学資料と明治資料の2種類に
分けている。中国側も時代順や資料の出自から分類する。1900年を基
準として、その前後二時期に分かれる。1900年までは宣教師が主役と
して、西洋科学知識を中国に紹介、1900年後は、中国知識人による翻
訳書、編纂書などを一括して20世紀初頭清末資料と称される。以下は
時間順により資料を並べている。

───────────
　　① 朱京伟.近代中日词汇交流的轨迹.北京：商务印书馆，2020：32

（1）蘭学資料

　日本物理学会（1978）は「最初に刊行された一般物理の本が『気海観瀾』だ」と指摘した。したがって、本書は蘭学資料『気海観瀾』（1825）から始まる。天文学、地理学、植物学、医学などの分野に集まっている蘭学資料が多いと考えられている。当時、電気学を対象にする文献がないどころか、物理学に関する資料も少ない。では、博物書、物理学に関する蘭学資料を次のようにまとめる。

表1-3　蘭学者による物理学著作一覧表 [1]

| 年代 | 文献名 | 蘭学者 | 領域 |
|---|---|---|---|
| 1825 | 気海観瀾 | 青地林宗 | 物理学 |
| 1836 | 窮理通 | 帆足万里 | 博物学 |
| 1837 | 舎密開宗 | 宇田川榕庵 | 化学 |
| 1850 | 理学初歩 | 赤坂圭斎 | 博物学 |
| 1851 | 気海観瀾広義 | 川本幸民 | 物理学 |
| 1856 | 理学提要 | 広瀬元恭 | 博物学 |
| 1862–64 | 民間格致問答 | 大庭雪斎 | 博物学 |

　表1-3から、江戸末期における物理学に関する資料が少ないことが分かる。収集された資料が合わせて7種ある。そのうち、『舎密開宗』は化学に関する資料で、まれに電気についての知識が見られた。1825年の『気海観瀾』が1851年の『気海観瀾広義』との関係は『気海観瀾広義』で言われたように、青地林宗と川本幸民の関係と同じである。川本幸民は青地林宗の弟子で、しかも婿でもある。『理学提要』（1856）には電気に関する知識がない。それに、『窮理通』、『理学初歩』も見つからないので、研究範囲から除外される。したがって、本書で研究対象とした蘭学資料は『気海観瀾』（1825）、『舎密開宗』（1837）、『気海観瀾広義』（1851）、『民間格致問答』（1862–1864）になる。

---

[1]　日本物理学会.日本物理学史.平塚：東海大学出版社，1978：56

（2）清末在華宣教師資料

アヘン戦争までに中国で活動した西洋人宣教師の手によって刊行され
たさまざまな漢訳洋書が新漢語の成立、特に近代中日語彙交流におい
て、大きな役割を果たしたことは各学者により指摘されている。漢訳洋
書に現れた新漢語は維新後の日本で誕生した漢語と比べると、量的に少
ないことは周知のとおりである①。

在華宣教師は布教のために中国語を習い、漢文で著訳活動を行った。
それと同時に当時ヨーロッパで発達した科学知識なども紹介された。朱
京偉（2003）は「漢訳洋書とは、この種のものを指している。言語の面
において、それまでに中国になかった新しい事物や概念を翻訳しなけれ
ばならないこと、また西洋の宣教師と中国人の協力者がそれぞれ口訳と
筆訳を分担し、共同作業で訳文を決めるという特別な翻訳方法を用いた
ため、既成の中国語の規範にとらわれず、比較的自由な語法と文体（例
えば、二字熟語や白話的な要素など）で文章を書くことができた」と指
摘した。

この時期、宣教師と中国知識人の協力で完成し、刊行した翻訳書は
1871–1879の間だけで「98種、統計235冊。既に販売されている翻訳書
は3万1千111冊、統計8万3千454冊」といわれる②。このうち、電気に
関する書籍或いは電気に関する内容を含んだ書籍は次の表に纏めた。

表1-4　アヘン戦争から19世紀末にかけて宣教師による電気学洋書③

| 番号 | 年代 | 書名 | 宣教師訳者 | 領域 |
|------|------|------|------------|------|
| 1 | 1851 | 博物通書（未存） | 瑪高温 Daniel Jerome Macgowan | 格致学 |
| 2 | 1855 | 博物新編 | 合信 Benjamin Hobson | 格致学 |
| 3 | 1856 | 格致探源 | 韦廉臣 Alexander Williamson | 格致学 |

---

① 孫建軍.近代日本語の起源.東京：早稲田大学出版部，2015：24

② フレイヤー（John Fryer）.江南製造局翻訳西書事略.上海格致書院.1880年6月 ～ 1880
年9月巻5 ～ 巻8

③ 熊月之（2011）、徐宗澤（2010）、王冰（2001）などにより、まとめられたものである。

続表

| 番号 | 年代 | 書名 | 宣教師訳者 | 領域 |
|---|---|---|---|---|
| 4 | 1868 | 格致新学提綱 | 艾約瑟 Joseph.Edkins | 格致学 |
| 5 | 1868 | 格物入門 | 丁韙良 William Alexander Parsons Martin | 格致学 |
| 6 | 1879 | 格致啓蒙 | 林楽知 Allen Young John | 格致学 |
| 7 | 1879 | 電学綱目 | 傅蘭雅 John Fryer | 電学 |
| 8 | 1879 | 電学 | 傅蘭雅 John Fryer | 電学 |
| 9 | 1880 | 電気鍍鎳 | 傅蘭雅 John Fryer | 電学 |
| 10 | 1880 | 電気鍍金略法 | 傅蘭雅 John Fryer | 電学 |
| 11 | 1883 | 格物測算 | 丁韙良 William Alexander Parsons Martin | 格致学 |
| 12 | 1886 | 格致質学啓蒙 | 艾約瑟 Joseph Edkins | 格致学 |
| 13 | 1886 | 格致小引 | 罗亨利 Loch Henry Brougham | 格致学 |
| 14 | 1887 | 電学図説 | 傅蘭雅 John Fryer | 電学 |
| 15 | 1889 | 増訂格物入門 | 丁韙良 William Alexander Parsons Martin | 格致学 |
| 16 | 1895 | 電学源流 | 傅蘭雅 John Fryer | 電学 |
| 17 | 1896 | 論電気吸鉄 | 傅蘭雅 John Fryer | 電学 |
| 18 | 1896 | 論電時辰鐘及諸雑法 | 傅蘭雅 John Fryer | 電学 |
| 19 | 1896 | 論吸鉄電気雑理 | 傅蘭雅 John Fryer | 電学 |
| 20 | 1896 | 電学総覧 | 博恒理 | 電学 |
| 21 | 1896 | 論電気報 | 傅蘭雅 John Fryer | 電学 |
| 22 | 1896 | 論熱電気 | 傅蘭雅 John Fryer | 電学 |
| 23 | 1898 | 格致質学 | 潘慎文 A.P.Parker | 格致学 |
| 24 | 1899 | 重増格物入門 | 丁韙良 William Alexander Parsons Martin | 格致学 |
| 25 | 1899 | 形性学要 | 赫師慎 Aloysius Van Hée | 格致学 |
| 26 | 1899 | 通物電光 | 傅蘭雅 ohn Fryer | 電学 |
| 27 | 1899 | 電学紀要 | 李提摩太 Timothy Richard | 電学 |
| 28 | 1899 | 論電一巻，論雷電一巻 | 欧礼斐 C.H.Oliver，M.A. | 電学 |

統表

| 番号 | 年代 | 書名 | 宣教師訳者 | 領域 |
|------|------|------|-----------|------|
| 29 | 1900 | 無線電報 | 衛理（不詳） | 電学 |
| 30 | 不詳 | 数理格致（未刊） | 偉烈亜力 Alexander Wylie | 電学 |

　19世紀初期から宣教師は中国で主に新聞の創設や書籍の翻訳をとおし、科学知識を広げていた。本書の研究対象が電気学で、新聞より書籍のほうがよりよく電気用語の使用実態が反映されているので、翻訳された書籍を言語資料にした。

　1850年代から1890年代にかけての50年間、ほとんどが単行本で、1880年『電気鍍鎳』、『電気鍍金略法』、1895年『電学源流』、1896年『電学総覧』、『論電時辰鐘及諸雑法』『論吸鉄電気雑理』『論電気報』『論電気吸鉄』『論熱電気』は『格致彙編』に載せた文章なので、研究範囲から外される。

　翻訳された書物の多い宣教師は傅蘭雅で、13種あり、ほぼ半分に遡った。ついで、丁韙良が4種、艾約瑟の2種、合信、李提摩太、赫師慎、潘慎文、博恒理、衛理、林楽知、韋廉臣、瑪高温はそれぞれ1種しかないことがリストから分かる。

　電気用語の創出、構成についていの特徴を考察するために、上述した資料から時代分布、宣教師個人の中国国内での影響力及びに著作の重要性などを考慮に入れ、7種の調査資料を選定した。

　1850年代出版された格致書『博物通書』『博物新編』、1860年代丁韙良『格物入門』を選定したわけである。出版された時間が早く、その上、中国国内で出版され、翌年、あるいは数年後日本へ伝えられたものである。

　王紅霞（2006）によると、「1880年まで傅蘭雅が33種翻訳書を出版した。1880年から1889年まで22種、1890年から1896年まで43種がある。1905年出版された『江南製造局記』によると傅蘭雅が翻訳した本は75

種に達している[①]」という。

　また、表1-4から1850年代前半の『博物通書』『博物新編』のように「物理」を「博物」と名付けて、後半から「格致」と呼ぶようになった。1899年に至っても、近代における意味の「物理」という言い方も見出されなかった。「電学」と名付けられた書籍は傅蘭雅の『電学綱目』（1879）、『電学』（1879）から始まったようである。ここから、傅蘭雅の卓越した功績も見られる。

　したがって、傅蘭雅による翻訳された書籍を重きにしようと思う。傅蘭雅の功績を考え、傅蘭雅の1879年『電学綱目』と1899年『通物電光』を選定したわけである。

　艾約瑟が中国での影響力を考え、1880年代艾約瑟『格致質学啓蒙』にした。1890年代、電気領域の新しい知識、例えば、X線、無線電報などの知識がすでに同時代の中国に広まる一方、日本明治期との比較をするために、衛理『無線電報』が無線電信に関する単行本を選んだ。

　まとめていくと、本書は瑪高温『博物通書』（1851）、合信『博物新編』（1855）、丁韙良『格物入門』（1868）、傅蘭雅『電学綱目』（1879）、艾約瑟『格致質学啓蒙』（1886）、傅蘭雅『通物電光』（1899）、衛理『無線電報』（1900）といった7資料を選定した。

（3）明治資料

　日本が明治期に入り、各方面の知識を吸収していた。『日本物理学史』によると、明治期の日本で物理学が成長期に入ったのは明治初期（1873年）東京開成学校が創立されてからである。そこでの物理教育は当時の欧米テキストの翻訳、あるいはそれにもとづいて編纂されたものである[②]。次は明治期に出版された物理書物を整理し、莫大な数に達したので、ここで、詳しく挙げず、時代区分でまとめる。出版された書籍の詳細は付録の形で本書の後部に添付してある。

---

① 王红霞.傅蘭雅的西书中译事业 D.复旦大学，2006
② 岡本正志.日本における物理教育の創始者たち－物理教育の形成期を探る－.大学の物理教育，2003（1）：6-10

表1-5　明治における物理資料の整理[①]

| 年代 | 数量 |
|------|------|
| 1860年代（明治1868–明治1869） | 3 |
| 1870年代（明治1870–明治1879） | 44 |
| 1880年代（明治1880–明治1889） | 35 |
| 1890年代（明治1890–明治1899） | 58 |
| 1900年代（明治1900–明治1909） | 98 |
| 1910年代（明治1910–明治1911） | 13 |
| 明治期（合計） | 251 |

　表1-5と後部の付録から見ると、関連出版物が最も多い時代は1900年代の98冊、39.04％で、続いて1890年代の58冊、23.11％、1870年代の44冊、17.53％、それから1880年代の35冊、13.94％と分かる。

　1860年代から1870年代まで出版された物理書中の27冊がイギリス、アメリカ、フランス、ドイツ等欧米国々の物理教科書を参考にしたもので、57.45％を占めている。1冊のみ中国からの漢訳洋学書に基づいたもので、ただ2.13％を占めるにとどま、残りの19冊は出自不詳である。1880年代に至り、翻訳書と編纂書は同時に存在した。そのうち、欧米系翻訳書が8冊、22.86％を占めている。自国編纂書が14冊、40.00％を占めている。出自不詳が13冊、37.14％を占めている。1890年代になると、翻訳書が8種しかなく、13.79％を占めている。自国編纂書が50冊、86.21％を占め、明治10年代の状況と逆になっている。1900年代では、翻訳書がわずか2種で、2.04％を占め、自国編纂書が96冊、97.96％を占めている。1910年代になると、翻訳書の姿が消えた。一連の数字からみると、日本における物理に関する書物（教科書）は時代による変遷特徴が一目瞭然であることだ。同時に、術語辞書類も相次いで出てきた。1888年6月から英和仏独の部、和英仏独の部、仏和英独の部、独和英仏

───────────

① 国立国会図書館デジタルコレクションにより、整理したものである。資料が多いので、付録として添付してある。

の部の四冊が逐次刊行された『物理学術語対訳字書』、1904年理科研究会編『理科辞典』、1905年理科研究会編（最近）『物理学辞典』もあった。

　ところで、「物理」という言葉は日本でいつ使用され始めたのか。江戸時代から明治にかけて日本で使用された代表的な物理学関係の書物は『歴象新書』『気海観瀾』『窮理通』『理学提要』『博物新編』『格物入門』などの書名が並んでいる。緒方洪庵の『物理約説』（1834）が「物理」と名づけたにもかかわらず、意味は今日の科学的意味上の「物理」と違う。「ものの道理」のように、「哲学領域」と理解したらいい。蘭学資料から分かるように、物理に関する書籍に「窮理、格物、博物、理学」などの名を付けられた。幕末から明治初年にはほとんど用いられなかったが、文部省に採用された『理学啓蒙』（1872）が同年『物理階梯』と書名を替えて出版され、後に、「物理」という用語が圧倒的に普及することとなる①。後期教科書における電気用語との繋がりを考え、増補版『改正増補物理階梯』（1876）にした。

　日本語版の『物理学』を底本にし、中国語に訳された『物理学』が初めて「物理学」で命名された書籍で、今日の物理学と意味が変わらない普通物理学教科書であるといわれた②。中国語の物理学の「物理」が中国語版の『物理学』から持ち始めた語である③。外国（中国）への影響を考えながら、日本物理学史からはずしてはならない著作なども考えに入れ、飯盛挺造『物理学』（1881）を選んだ。

　1900–1910年間中国知識人或いは留学生が中村清二『近世物理学教科書』を底本にして、翻訳された中国語版は知っている限り、王季烈『近世物理学教科書』（1906）、と林国光『中等教育物理学』（1906）がある

　①　中村邦光.科学史入門：日本における「物理」という術語の形成過程.科学史研究, 2003（42）：218–222

　②　咏梅、冯立昇.《物理学》与汉语物理名词术语.物理学史和物理学家, 2007（5）：411–414

　③　咏梅、冯立昇.《物理学》与汉语物理名词术语.物理学史和物理学家, 2007（5）：411–414

ので、中村清二『近世物理学教科書』（1902）を選んだわけである[①]。

　木村駿吉、本多光太郎による物理教科書は1911年までに8種にまで達しているので、二人の著書を選ばなければならない。中国への影響を考慮に入れて、木村駿吉『新編物理学』（1890）、本多光太郎・田中三四郎『新選物理学』（1903）にした。年代順を考えながら、1880年代では、藤田正方『簡明物理学』（1884）を選定した。

　まとめていくと、本書は片山淳吉『改正増補物理階梯』（1876）、飯盛挺造『物理学』（1881）、藤田正方『簡明物理学』（1884）、木村駿吉『新編物理学』（1890）、中村清二『近世物理学教科書』（1902）、本多光太郎・田中三四郎『新選物理学』（1903）を明治言語資料に選定した。

　（4）20世紀初頭清末資料

　1895年日清戦争に敗北した清政府は国内政治や教育などの近代的改革を経て勃興した日本に目を向けるようになった。梁啓超は1899年、『清議報』に「論学日本文之益」の文章を書いた。康有為も日本書籍を翻訳することの利点を、『広訳日本書設立京師訳書局折』で「訳日本之書，為我文字者十之八九，其成事少，其費日无多也（訳文：日本語の本では80% - 90%ぐらいが漢字であるので中国人にとって分かりやすい）」と強調していた。

　この時期は前出の宣教師の口述、中国人が筆記するという共同作業と違い、共訳が次第に少なくなり、多くの訳書は中国人自身の翻訳によるものであった。日清戦争に敗れた中国は近代国家建設に最も重要なことは教育の普及であると考え、国づくりのために留学生を海外に派遣する必要があると考えた。そして、1896年はじめての留学生13人を日本に送った。後に、日本留学ブームが日増しに強くなった。同時に、日本語教科書の翻訳もブームが起きた。

　沈国威（1994）は「近代後期は1895–1919の間とし、対象となる文献は主に次のものが考えられる[②]」と指摘した。

---

① 王广超.王季烈译编两本物理教科书初步研究.中国科技史杂志，2015（2）：27–39
② 沈国威.近代日中語彙交流史.東京：笹間書院，1994：48

（1）在日学生による各種の翻訳書

（2）中国人学者が著した或いは翻案した人文科学、自然科学の啓蒙書

（3）新聞、雑誌などの刊行物

（4）政府の各種の委員会による法律、法案、官定術語集、用語集

（5）各種の教育機関で使われた教科書類

（6）各種の国語、外国語、新語辞書

それに、蘭学資料、清末在華宣教師資料、明治資料は教科書或いは啓蒙書の類を選定したので、（1）（2）を本章の研究対象とした。翻訳書或いは中国知識人が著した啓蒙書における用語特徴を明らかにする。

この時期の中国で出版された新式教科書の数から見ると、西洋諸国からのものを断然圧していた。筆者は清末（1900後）に出版された物理学に関する教科書類を以下のようにまとめる。空白の部分は不詳である。

表1-6　1900年 — 1910年出版された物理教科書[①]

| 年代 | 書名 | 訳者 | 出版社 | 原著 | 性質 |
|---|---|---|---|---|---|
| 1900–03 | 物理学 | 藤田八豊、王季烈 | 上海江南製造局 | 飯盛挺造 | 日系 |
| 1901 | 新編小物理学 | 樊炳清 | 上海教育世界社 | 木村駿吉 | 日系 |
| 1902 | 蒙学理科教科書 | 无錫三等公学堂 | 上海文明書局 | | 日系 |
| 1902 | 物理易解 | 陳榥 | 東京教科書 | | 日系 |
| 1902 | 中学校初年級理化教科書 | 虞輝祖 | 上海科学儀器館 | 和田猪三郎 | 日系 |
| 1903 | 新編小学物理学 | 樊炳清 | 上海教育世界社 | | |
| 1903 | （中学）物理教科書 | 陳榥 | 東京教科書輯訳社 | 水島久太郎 | 日系 |
| 1903 | 物理教科書 | | 東京教科書輯訳社 | 本多光太郎 | 日系 |
| 1903 | 物理学問答 | 範迪吉等 | 上海会文学社 | | |
| 1903 | 理化示教 | 樊炳清 | 上海教育世界社 | | |

①　空白な部分は不明を表す。

続表

| 年代 | 書名 | 訳者 | 出版社 | 原著 | 性質 |
|---|---|---|---|---|---|
| 1903 | 額伏列特物理学五巻 | | 京師大学堂訳書局 | 英，埃弗雷特 | 欧米系 |
| 1903 | 格致問答提要 | 陸震 | | 季理斐 | 欧米系 |
| 1903 | 蒙学格致教科書 | | 上海文明書局 | | |
| 1903 | 物理学問答 | 範迪吉 | 上海会文学社 | 富山房 | 日系 |
| 1903 | 物理学新書 | 範迪吉 | 上海会文学社 | 富山房 | 日系 |
| 1903 | 応用機械学 | 範迪吉 | 上海会文学社 | 富山房 | 日系 |
| 1903 | 時学及時刻学 | 範迪吉等 | 上海会文学社 | 河村重固 | 日系 |
| 1904 | 最新理化示教 | 王季烈 | 上海文明書局 | | |
| 1904 | 初等理化教科書 | 侯鴻鑒 | 上海文明書局 | | |
| 1904 | 物理教科書 | 陳文哲 | | | 日系 |
| 1904 | 最新中学教科書物理学 | 謝洪賚 | 商務印書館 | | 欧美系 |
| 1904 | 最新理化示教 | 王季烈 | 上海文明書局 | 菊池熊太郎 | 日系 |
| 1904 | 初等理化教科書 | 侯鴻鑒 | 上海文明書局 | | 日系 |
| 1904–08 | 最新中学教科書シリーズ | 伍光建 | 上海商務印書館 | | 自編 |
| 1904 | 理化示教 | 杜亜泉 | 上海商務印書館 | | 日系 |
| 1904 | 格致教科書 | 商務印書館 | 上海商務印書館 | | |
| 1904 | 新物理学 | 馬叙倫 | 新世界学報 | | 日系 |
| 1904 | 小学理科新書 | 王季烈 | 便蒙叢編 | | |
| 1904 | 西学格致新編 | 松林孝純 | 蒙学報 | 小杉丰甕 | 日系 |
| 1904 | 普通応用物理教科書 | 陳文哲 | 上海昌明公司，湖北教育学部 | | 日系 |
| 1905 | 物理学 | 金孝韓、路黎之 | 湖北官書局 | | |
| 1905 | 物理教科書 | 陳文哲 | 上海昌明公司 | | 日系 |
| 1905 | 物理学教科書 | 西師意 | 山西大学訳書院 | | 日系 |
| 1905 | 理化学階梯 | 泰東同文書局 | 東京泰東同文書局 | 渥美鋭太郎 | 日系 |
| 1906 | 中学理化教科書 | 虞祖輝 | 上海科学儀器館 | | |

続表

| 年代 | 書名 | 訳者 | 出版社 | 原著 | 性質 |
|---|---|---|---|---|---|
| 1906 | 江蘇師範講義物理 | 江蘇師範生 | 江蘇学務処 | 中村為邦口述 | 日系 |
| 1906 | 近世物理学教科書 | 学部編訳図書局 | 京師官書局 | | 日系 |
| 1906 | （中等教育）物理学 | 林国光 | 上海广智書局 | | 日系 |
| 1906 | 応用物理教科書 | 陳文哲 | 京師同文館 | | 日系 |
| 1906 | 新撰物理学 | 叢瑄珠 | | | 日系 |
| 1906 | 最新初等小学格致教科書 | | 商務印書館 | | |
| 1906 | 力学課編 | 厳文炳訳,常福元重訂 | 学部編訳図書局 | 馬格納菲力 | 欧米系 |
| 1906 | 普通応用物理教科書 | | 湖北教育部 | | |
| 1906 | 普通教育物理教科書 | 張脩爵 | 濱幸次郎、河野齢藏 | 上海普及書局 | 日系 |
| 1906 | 問答体物理学初等教科書 | 陳文 | | 科学会編訳書部 | 日系 |
| 1906 | 物理学原理教科書 | 陳文 | | 科学会編訳書部 | 日系 |
| 1906 | 中等教科新式物理学 | 陳文 | | 科学会編訳書部 | 日系 |
| 1907 | 近世物理学教科書 | 陳文 | | 科学会編訳書部 | 日系 |
| 1907 | 物理学講義 | 何崇礼 | 田中三四郎 | 科学会編訳書部 | 日系 |
| 1907 | 物理学教科書 | 杜亜泉 | 中村清二 | 上海商務印書館 | 日系 |
| 1907 | 物理学課本 | | 後藤牧太 | 東京東亜公司 | 日系 |
| 1907 | 理化学教程 | | 後藤牧太 | 東京東亜公司 | 日系 |
| 1907 | 物理学教科書 | 嘉納監 | | 東京東亜公司 | 日系 |

続表

| 年代 | 書名 | 訳者 | 出版社 | 原著 | 性質 |
|---|---|---|---|---|---|
| 1907 | 最新物理学教科書 | 无錫訳書公会訳輯 | 本多光太郎 | 上海科学書局 | 日系 |
| 1907 | 理化学教程 | | 東京東亜公司 | | 日系 |
| | 物理学公式 | 尤金儲 | 藤井郷三 | 翰墨林書局 | 日系 |
| | 物理学初步 | 張雲閣 | 後藤牧太 | 直隷学務処 | 日系 |
| 1907 | 中学物理教科書 | 呉延槐、華鴻訳 | 田丸卓郎 | 上海文明書局 | 日系 |
| 1907 | 物理学計算問題解義 | 集思社 | 田中伴吉 | 集思社発行 | 日系 |
| 1907 | 物理算法解説 | 彭覲圭 | 池田清及、近藤清次郎著 | 京師大学堂 | 日系 |
| 1908 | 実験理論物理学講義 | | | | |
| 1908 | 物理学公式及問題 | 宋璵訳 | 服部春之助著 | 広智書局 | 日系 |
| 1908 | 物理学語彙 | 学部審定科 | 学部図書編訳局 | 『対訳字書』 | 日系 |
| 1909 | 物理学新教科書 | 譚其莊 | 田丸卓郎 | | 日系 |
| 1910 | 新式物理学教科書 | 王季烈 | 本多光太郎、田中三四郎 | 商務印書館 | 日系 |
| 1910 | 初等理化教科書 | | 格雷戈里 | | 欧美系 |
| | 理科教材 | 杜子彬訳 | 棚橋原太郎、佐藤礼介著 | 商務印書館 | 日系 |
| | 物理化学問答 | 侯鴻鑑 | | 日本游学社洋装本 | 日系 |
| | 西学格致新編 | | 平阪間補、松林孝純訳 | 蒙学報本 | |
| | 近世物理学教科書 | 余岩訳 | 中村清二 | 普及書局本 | 日系 |
| | 最新電気学 | 西師意 | 萩原拳吉 | 東京東亜公司 | 日系 |
| | 実験物理化学指 | | 秋山鉄太郎、金太仁作著 | 東京東亜公司 | 日系 |

続表

| 年代 | 書名 | 訳者 | 出版社 | 原著 | 性質 |
|---|---|---|---|---|---|
| | 新編理化示教 | 陳健生 | 後藤牧太 | 直隷学務処 | 日系 |

　表1-6は1900年から1910年にかけての間に、73種の物理に関する教科書をまとめた。統計によると、日本からの物理教科書は53種で、全体の72.60%に達している。同時に、日本訳書以外に、欧米系訳書も自撰書も目に入った。欧米系資料は5種で、全体6.84%しかない。自撰書は1種で、1.37%しかない。

　20世紀初頭の中国で物理教科書が「物理」「理化」「格致」「理科」の呼び名があり、当時、「物理」という言い方は中国でまだ定着していない状態が分かる。「物理」と呼ばれた最も早いのは1900-1903にかけて、王季烈により訳された飯盛挺造の『物理学』である。王季烈が早期宣教師傅蘭雅と協力し、洋書を翻訳した経験を生かして、日本人藤田豊八と協力し、完成された教科書が『物理学』である。中国語の物理学の「物理」が中国語版の『物理学』から持ち始めた語である[1]。「中国で最初の体系性を持っている「物理学」と呼ばれた著作」[2]で、顧燮光はそれを「分析が徹底的で、訳語も上品だ」「理科書の中でおすすめの書籍」(原文:「析理既精，訳言亦雅」「洵理科中善本也」)と称賛した[3]。また王季烈は中国近代において抜くことのできない翻訳家だから、彼の翻訳書を選定した。同じ時期の陳榥『物理易解』(1902)も目に入った。やや遅れた林国光『中等教育物理学』(1906)、業珺珠『新撰物理学』(1906)は先行研究によって、それぞれ中村清二の『近世物理学教科書』、本田光太郎の『新選物理学』を底本にして訳された日系物理教科書である。

　欧米系翻訳書には5種があるとはいえ、謝洪賚『最新中学教科書物理学』(1904)だけ手にしたので、それを利用する。自撰書は伍光建により書かれたシリーズから『物理教科書静電気』(1905)『物理教科書動電

---

①　王广超.王季烈译编两本物理教科书初步研究.中国科技史杂志，2015（2）：27-39

②　王冰.中外物理交流史.长沙：湖南教育出版社，2001：185

③　王冰.中外物理交流史.长沙：湖南教育出版社，2001：185

気』(1906)を主に考察する。

　したがって、本書では藤田豊八、王季烈『物理学』(1900–03)、陳榥『物理易解』(1902)、謝洪賚『最新中学教科書物理学』(1904)、伍光建『物理教科書静電気』(1905)、伍光建『物理教科書動電気』(1906)、叢琯珠『新撰物理学』(1906)、林国光『中等教育物理学』(1906)といった7つ資料を言語対象にし、その中における電気用語を抽出し、語構成特徴を考察する。

## 5.電気用語の定義、抽出方法と語源の判断

### 5.1電気用語の定義、抽出方法

　具体的な作業について、以下のように取り上げる。

　近代電気用語の生成に関する資料は日本でも中国でも語彙史の視点にたって整理されているものが大変少ない。したがって、最初の作業は文献を集めて整理することである。近代専門用語の誕生はたいてい明治以降のことであるが、明治、20世紀初清末の文献を中心にするが、蘭学資料、清末在華宣教師資料まで範囲を拡大して電気用語の語源を求めることもある。

　本書の研究をするには、まず電気用語の抽出範囲、及び定義をはっきりする必要がある。「術語」について、『日本国語大辞典』(2000)では「学問や技術の専門分野で、特に定義して使用する語。専門語、学術語、テクニカルータール」と定義されている。また、『漢語大辞典』(1986–1993)では「各门学科中用以表示严格规定的意义的专门用语」と解釈されている。蘭学資料、清末在華宣教師資料における電気用語は今日の術語とイメージが違うところが多いので、「術語」という使い方をせず、「電気用語」とする。

　明治資料は主に『工学字彙』(1888)、『電気訳語集』(1893)に基づいて各文献における電気用語を抽出し、清末在華宣教師資料は主に

『TECHNICAL TERMS』（1904）に基づいて各文献における電気用語を
抽出する。たとえば、『TECHNICAL TERMS』に「傳電」という今日で
は術語とはいえない語が載ているので、清末在華宣教師資料から「傳
電」のような語も抽出する。清末在華宣教師資料、明治資料における電
気用語の抽出原則に基づいて、20世紀初頭清末資料、蘭学資料から電
気用語の抽出をする。本書は造語特徴を考察することが主旨であるの
で、できるだけ多くの電気用語（今日では死語、意味転換、使用範囲転
換の語も含む）を抽出する。

　本書では従来の「術語」に関する定義を踏まえて、各種の電気用語を
編集する主旨ならびに電気用語の翻訳に関する諸研究を参考した上で、
電気用語について、次のように定義をつける。

　電気用語は各文献における電気に関する典型的な電気用語（陽極、陰
極など）、非典型的な電気用語（傳電、通信など）、今日で死語となる
用語（輪道、電浪、越歴計など）、それに関わる器具、機器（発電機な
ど）を表す用語を指している。

　各資料において、二字語、三字語、四字語を並べる基準を中国語ピン
インにより並べるのは中国側資料から抽出された用語が日本語にないか
らである。具体的に二字語、三字語、四字語に分けて抽出方法を説明し
てみる。二字語電気用語は簡単に1+1に分けられる。三字語と四字語の
場合、できるだけ独立できる語になりうるものを一つのまとまりにして
分割する。

（1）二字語の抽出

　二字語を抽出する場合、抽出の標準として中日の同形語だけでなく、
本書では電気に関連する中国語の単語をできるだけ多く抽出する。し
かし、「越歴（electricity）、安培（ampere）、弗打（ford）」のような
音訳語は調査外である。ただし、「安培表」のような三字語は「安培-」
が音訳語基として使用される場合、それは三字語の範囲内にある。

（2）三字語の抽出

　朱京偉（2012ｂ）は二字語基と一字語基を組み合わせて形成される

三字語は19世紀の終わりから20世紀の初めにかけて急速に発展したと指摘している。主に2+1タイプ（共産+党）及び1+2タイプ（新+制度）という造語形式がある。これまでの研究では、この種の語形成は日本語の影響を受けていることが指摘されている。中国19世紀末から20世紀初頭にかけての宣教師資料の三字語の構造はどのようなものであったのか。蘭学資料の三字語の構造はどのようなものであったのか。近代中国の三字語は日本語だけの影響を受けていたのか。本書は中国清末在華宣教師資料における三字語の造語形式に重きを置く。「増越歴」は今日の基準により語ではないが、当時（蘭学時代）の造語形式の一つだから、音訳語基と一字語基の組み合わせは本書の研究対象にする。

　本書で扱う三字語電気用語には2+1型三字語と1+2型三字語がある。「電動力」のような三字語は「電+動力」という1+2型と「電動+力」という2+1型の二パターンのいずれも分けられる語はできるだけ造語力の高い語基を取り出す基準で2+1型にする①。「安培表」という2+1型三字語について、「安培－」は意味上、分割できない音訳語基で文字数により、二字語基に属させる。

（3）四字語の抽出

　四字語には2+2型、3+1型、1+3型がある。朱京偉（2012 b）（2013 b）は中国四字語造語形式が日本語の影響を受けたと指摘した。それだけにとどまらず、自ら、日本語を真似て、新語を造り出した。日本語を輸入する前に中国清末四字語の形式があるかどうか確認する必要がある。したがって、宣教師資料における「摩附電気」のような四字語も研究範囲に入れる。日本語の品詞性を考察するにあたっては、難しいのは「感応、分解、振動」のようなものである。判断する基準は文中における前後二字語基の品詞性を考える。

　四字語電気用語には2+2型四字語、3+1型四字語、1+3型四字語があ

---

① 清末宣教師資料において、「電動力」は「1+2型」に分けると、「電」は前部一字語基として4回見られるが、「動力」は後部語基として見られない。「2+1型」に分けると、後部一字語基「力」の出現頻度は11回である。

る。3+1型と1+3型の分け方は1+2型と2+1型のように従う。「不傳電物」のような四字語は「不+傳電物」と「不傳電+物」という二パターンのいずれも分ける語はできるだけ造語力の高い語基を取り出す基準で3+1型にする[①]。音訳語基を含む四字語の場合でも、三字語と同じように、文字数により扱う。

## 5.2 語源の判断

抽出された用語の語源を、主に『漢語大詞典』（電子版）、『漢籍全文検索』（電子版）、『申報』（電子版）、北京大学CCL、『日本語国語大辞典』、『朝日新聞』（電子版）を利用して、判断する。本書では、単語レベルと語基レベルから電気用語を調べているため、二字語、三字語、四字語、二字語基の語源調査を範囲内にする。以下の判定方法は、二字語、三字語、四字語、二字語基の調査に適用できる。ここでは例として二字語を取り上げる。

　朱京偉（2011）に従って、また、出典状況に応じて、電気用語を「出典あり」、「新義あり」、「出典なし」に分けている。

（1）「出典あり」の語は中国漢籍に用例があり、従来の意味が継承された語を指す。たとえば、「流動」は『漢語大詞典』では三つの意味を持っている。一番目の意味は「経常変動，不固定（流れて動く）」である。電気領域で使われて、電気の「流れて動く」特徴を説明する。「流れて動く」という根本的な意味が変わっていない。調査の結果に基づいて「流動」を中国漢籍に用例があり、従来の意味が継承された「出典あり」の語と判断する。

（2）「新義あり[②]」の語は中国漢籍に用例がありながら、考察資料にお

---

　① 清末宣教師資料において、「不傳電物」は「不+傳電物」に分けると、「不」は前部一字語基としての四字語が見られないが、「不傳電+物」に分けると、後部一字語基「物」の出現頻度は2回である。
　② 「新義あり」の語は朱京偉の「旧義は新義に取り替えられる」と違い、本書で考察資料における意味が先行文献で見つからないものだけで、「新義あり」といえる。

ける用語の意味が中国漢籍と比べ、変わる語を指す。ここでは「流電」を取り上げる。「流電」は中国漢籍で「稲妻」の意味を表す。たとえば、「蓋人生天地之閑也，若流電之過戶牖，軽塵之栖弱草」。（三国　魏　李康『遊山序』）。それに対して、清末資料「因流電生磁界，故得以磁針所転之角度以量電溜（『物理教科書動電気』23）」における「流電」は「流動する電気」の意味を表す。

（3）「出典なし」の語は中国漢籍に用例が見当たらず、たいていアヘン戦争後出てきた用語を指す。たとえば、「導体」は『漢語大詞典』によると、「具有大量自由电荷，容易传导电流的物质。这种物质也容易导热。一般金属都是导体（熱や電気を比較的よく通す物質、金属など、伝導体）」の意味を持っている。釈義には用例がない。本書の考察によると、早い用例は蘭学資料で見つかった。たとえば、「凡物之于越列吉的爾質也，直摩其体，可以発之者，謂之原体。若琥珀硫黄瀝青玻璃絹布等又不直摩之，唯触他，既被揮発之体，而可以増減其質者，謂之導体。（『気海観瀾』23上）」。したがって、蘭学資料からの「導体」は「出典なし」の語に属する。

　以上は抽出語を中国漢籍との関係にもとづいて、「出典あり」「新義あり」「出典なし」に分類する。抽出語を語彙史に置き、本書で考察する資料内部の関係を「蘭と宣と一致」「宣と明と一致」「蘭とのみ一致」「宣とのみ一致」「明とのみ一致」「単独使用」に分類する。「蘭」は「蘭学資料」、「宣」は「清末在華宣教師資料」、「明」は「明治資料」、「清」は「20世紀初頭清末資料」を指している。

### 5.3本書における理論枠

　記述文法は一定の時期・場所においてのある言語の文法現象をありのままに記述するものである。したがって、本書は4種資料における電気用語の造語特徴を探求するには、電気用語を組み合わせる語基の性質も必要である。

　「morpheme」について、日本側では山下喜代（2013）、野村雅昭

（2013）、荒川清秀（2013）、などでは「形態素」「字音形態素」「語基」
等の訳し方がある。中国側では「詞素」「語素」の訳し方もある。また、
朱京偉（2011）（2013）（2015）でも「語基」の言い方を受け継いだ。宮
地裕（1973）で「語基とは語の構成に意味的な基幹としての役割を果た
すものの意であるが、基幹と基幹でないものとの区別はこれが意味にか
かわる概念であるだけに明確でないところをのこす。また、意味にかか
わる概念だからと言って、形式とのかかわりを問わないものではない。
意味と形式との総合体を扱わなければ、言語の体系はその一部分でも明
らかにすることはできない」と指摘した①。

　また、野村雅昭（1978）で「無−届け」「今−シーズン」「近代−化」
「研究−者」「事務−室」「アメリカ−人」などの「無」「今」「化」「者」
「室」「人」などの接辞を「接辞性字音語基」と呼んだ。村木新次郎
（2012）で野村雅昭の「語基」の意味を記している。「語基は定義にもよ
るが、単語にもなるし、単語の部分、すなわち形態素にもなるという二
重性を宿している。（中略）語基は単語の資格を備えているときもあり、
また合成語を構成しているときもある②」。

　つまり、語基には語幹性のものと接辞性のものがあ。したがって、本
書では広義意味での「語幹性のものと接辞性のもの」を「語基」とし、
電気用語を語基の位置と語基数により、前部（一字・二字）語基、後部
（一字・二字）語基に分けられる。

　野村雅昭（2013）で、字音漢語を4様態類に分ける。それは「事物類、
動態類、様相類、副用類」である。

［事物類］

N1　　　世界、人間、外交、鉛筆

N2　　　国際（−人）、具体（−化）、羊頭（−狗肉）

N3　　　（金−）本位、（それ−）自体、放題

N4　　　自由、健康、幸福、危険

---

① 宮地裕.現代漢語の語基について.語文, 1973（31）：68

② 村木新次郎.日本語の品詞体系とその周辺.東京：ひつじ書房, 2012：79

［動態類］

V1　　　参加、研究、協議、信用

V2　　　科学、勝利、参考、拝啓

V3　　　当事（−者）、望遠（−鏡）、東奔（ - 西走）

VA　　　共通、反対、相当、一定

VAN　　満足、　心配、無理、貧困

［様相類］

A1　　　豊富、重要、　複雑、明朗

A2　　　意外、正式、最適、緊急

A3　　　本当、一介、悪性、細心

A4　　　鬱陶、仰々、毒々、騒々

A5　　　以遠（−権）、耐熱（−性）、可燃（−物質）

［副用態］

M1　　　全然、結局、漸次、鋭意

M2　　　普通、絶対、通常、当分

M3　　　一気、同時、一斉、故意

M4　　　毅然、堂々、平然、綿々

M5　　　公然、淡々、懇々、嬉々

MN　　　事実、将来、是非、始終

MA　　　特別、大変、結構、十分

　　野村雅昭（2013）の分類は検討する余地が大きいが、文法的な機能を字音語基の分類に導入することは難しいところがある。

　　動態類について、野村氏の「参加、案内、建設 …」のような動詞性を持っているものを動態類に属させる。それだけでなく、「望遠＋鏡」のように、前部二字語基も動態類に属させる。したがって、中日動詞語形の違いを考え、野村氏の分類法に従うことにする。例えば、清末宣教師資料から抽出した「傳電＋横桿」のように、前部二字語基は動詞性を持っているので、「傳電」を動詞性語基に属させる。明治資料から抽出

した「測電＋盤」は前部二字語基も動詞性を帯びているので、動詞性語基にも属させる。つまり、抽出した用語の品詞を判断する際、主に、意味あいから考える。

張学忠（1991）で「亚当斯（Adams）在『现代英语构词法概论』中认为：词缀的构词能力就是它出现于大量单词中的潜在能力[①]」。吕楽（2000）で「我们对作为语素现象的构词力的理解是，语言使用者下意识地构造词语形式的可能性，而这些词语形式在原则上是不可数的[②]」。姜自霞（2007）で「构词力指语素项的构词能力。把构词数作为构词力强弱的标准[③]」。まとめて、本書でいう造語力は言語の生産性（productivity）を指している。語基の使用頻度が高ければ、高いほど造語力が強い。また、文中に出てくる「基本語（語基）」は普遍性、安定性、生産性がより高い語（語基）を指している。

造語機能は本書で2+1型三字語後部一字語基が接尾辞性を帯びて、派生法により、より多くの用語を造る。

結合関係は朱京偉（2016）により、本書で「連体修飾関係、連用修飾関係、並列関係、客述関係、述客関係、主述関係、述補関係」等の結合関係で語基間の統語関係を示す。

資料ごとに実際抽出された電気用語はバラエティーに富み、明治資料、20世紀初頭清末資料で3+1型四字語電気用語はない或いは非常に少ないので、分析を抜きにするのに対して、蘭学資料、清末在華宣教師資料で3+1型四字語電気用語は無視できないほど多いので、分析を簡単に行う。

以上のように各文献における電気用語を多方面から考察する。語基の造語力を考察するため、異なり語基数と各語基の使用頻度を把握し、1語基あたりの平均造語数を算出する。それに、異なり語数を計算する際、基本的には、初出例を保留し、重なる例を消すという決まりに

---

① 张学忠.构词能力浅谈.松辽学刊（社会科学版），1991（2）：90

② 吕乐.构词力及其特征.外国语，2000（4）：38

③ 姜自霞.语素项的构词力概况及制约因素分析.语文研究，2007（2）：36

よりやる。比例を計算するにあたって、四捨五入の原則により計算し、割り切れる場合でも、小数点後の二位を保留する。例えば、29.60％である。

## 6.本書の組立

本書は計七章からなっている。

第一章は序章である。序章は本書に関する国内外の先行研究を電気に関する研究と語構成に分けて整理し、それを踏まえて、本書の研究目的、意義、方法、など学術上の位置づけを述べ研究資料、電気用語の定義などの面から本書の解決すべき課題を明確にする。

第二章は青地林宗『気海観瀾』（1825）、宇田川榕庵『舎密開宗』（1837）、川本幸民『気海観瀾広義』（1851）、大庭雪斎『民間格致問答』（1862-64）という4つの蘭学資料における二字語電気用語、三字語電気用語、四字語電気用語を順に抽出し、形態的に語基の造語力、結合関係、出典状況、語基間の組み合わせ方式を考察する。

第三章は瑪高温『博物通書』（1851）、合信『博物新編』（1855）、丁韙良『格物入門』（1868）、傅蘭雅『電学綱目』（1879）、艾約瑟『格致質学啓蒙』（1886）、傅蘭雅『通物電光』（1899）、衛理『無線電報』（1900）という7つの清末在華宣教師資料における二字語電気用語、三字語電気用語、四字語電気用語の順に抽出し、形態的に語基の造語力、結合関係、出典状況、語基間の組み合わせ方式を考察する。

第四章は片山淳吉『改正増補物理階梯』（1876）、飯盛挺造『物理学』（1881）、藤田正方『簡明物理学』（1884）、木村駿吉『新編物理学』（1890）、中村清二『近世物理学教科書』（1902）、本多光太郎・田中三四郎『新選物理学』（1903）という6つの明治資料における二字語電気用語、三字語電気用語、四字語電気用語の順に抽出し、形態的に語基の造語力、結合関係、出典状況、語基間の組み合わせ方式、影響関係を考察する。

　第五章は藤田豊八、王季烈『物理学』（1900–1903）、陳榥『物理易解』
（1902）、謝洪賚『最新中学教科書物理学』（1904）、伍光建『物理教科
書静電気』（1905）、伍光建『物理教科書動電気』（1906）、叢琯珠『新
撰物理学』（1906）、林国光『中等教育物理学』（1906）という7つの20
世紀初頭清末資料における二字語電気用語、三字語電気用語、四字語電
気用語の順に抽出し、形態的に語基の造語力、結合関係、出典状況、語
基間の組み合わせ方式、影響関係を考察する。

　第六章は中日近代電気用語の造語特徴の比較をとおし、語基の造語
力、結合関係、出典状況、語基間の組み合わせ方式、影響関係に見られ
る相違について指摘し、中日近代電気用語の造語特徴を明らかにする。

　第七章は終章である。終章はこれまでの考察を通し収めた成果をまと
めたうえで、今後の課題について述べる。

# 第二章　江戸末期の蘭学資料における電気用語

　日本の近代は一般的に明治維新に始まるとされる。幕藩体制に代わる新たな政治・社会の創設に合わせ、広く欧米諸国の文明の取り入れによって著しい変革をとげた。ところで、西洋の近代学術研究、導入は江戸時代中後期の蘭学にその源を求める。直接にはオランダ語の書物により、対象分野は主に自然科学にあるものの、それは高水準に達し、近代科学の発展の基盤をなし、英学を中心とする次代の新洋学につながっている。

　電気用語を中心とする蘭学時代の訳語の実態を体系的に把握しようとすれば、まずその時代の主な文献について、文献ごとに訳語の使用状況を調査することから着手しなければならない。本章ではこのような認識に立ち、蘭学時代に用いられた電気用語を中心に検討してみることを主旨とする。

　本章は『気海観瀾』（1825）、『舎密開宗』（1837）、『気海観瀾広義』（1851）、『民間格致問答』（1862–1865）といった4資料から電気学に関する用語を抽出した。

## 1. 電気用語の抽出と整理

　整理した博物書に目を置きながら、電気に関する用語を中心に考察を加える。青地林宗『気海観瀾』（1825）、宇田川榕庵『舎密開宗』（1837）、川本幸本『気海観瀾広義』（1851）、大庭雪斎『民間格致問答』（1862–64）という4資料から80語の用語を抽出し、『気海観瀾』（1825）の8語、『舎密開宗』（1837）の15語、『気海観瀾広義』（1851）の34語、『民間格致問答』（1862–64）の23語をそれぞれ抽出した。これらの電気用語を形態別に整理したところ、次表のとおりとなる。

表2–1　蘭学資料から抽出した電気用語の一覧表（述べ語数）

| 文献名 | 二字語 | 三字語 | 四字語 | 合計 |
|---|---|---|---|---|
| 『気海観瀾』（1825） | 6 | 2 | 0 | 8 |
| 『舎密開宗』（1837） | 12 | 1 | 2 | 15 |
| 『気海観瀾広義』（1851） | 14 | 17 | 3 | 34 |
| 『民間格致問答』（1862–64） | 17 | 4 | 2 | 23 |
| 合計 | 49 | 24 | 7 | 80 |

　本節では、資料ごとに電気用語の特徴を考察する。それぞれ、著者と著書の紹介、電気用語の抽出から考察する。

### 1.1 青地林宗『気海観瀾』（1825）

（1）著者と著書の紹介

　青地林宗は安永四年（1775年）生まれ、天保四年（1833年）没。早くから漢方を学び、のち蘭方を志し、馬場佐十郎に天文学などを学んだ。1822年幕府天文台訳官となり、宇田川榛斎らと多くの洋書を翻訳した[①]。

　蘭学者の青地林宗は『気海観瀾』以外に、『輿地誌略』も編纂した。『気

---

　①　八田明夫、八田英夫.江戸末期の理科書『気海観瀾広義』について.鹿児島大学教育学部教育実践研究紀要，2004（14）：1–5

海観瀾』は日本における最初の翻訳物理書『気海観瀾』で、極めて簡単な内容ではあるが、音、光熱、電気などの各項目にも触れ、日本における最初の一般的物理本である①。全書が37巻からなり、二十三巻は電気に関する内容で、合わせて4頁あり、約600字ある。書では「電気」を「越列吉的爾」と呼んでいる。

（2）電気用語の抽出（8）

二字語（6）

導体、摩揩、性力、原体、越力、張力

三字語（2）

避雷線、流動質

### 1.2 宇田川榕庵『舎密開宗』(1837)

（1）著者と著書の紹介

宇田川榕庵（1798–1846）は江戸後期の蘭学者で、美濃大土亘蕃医の子で14歳で宇田川玄真の養子となる。榕庵は日本における近代化学・植物学の祖とも言われる蘭学者で、多数の訳書により西欧の化学、薬学、生物学の紹介をするとともに、『厚生新編』の訳業にも参加し昆虫学の分野を担当した。『植学啓原』『舎密開宗』等多くの業績を残した②。

『舎密開宗』は1837年に訳されたもので、主に化学に関する内容で、日本最初の化学書といわれている。その書には、電気を論ずる章がないが、章ごとに、電気に関する内容が所々見られるのである。

（2）電気用語の抽出（15）

二字語（12）

積極、機力、流体、強力、受器、吸引、消極、圧力、験器、異性、引力、中和

三字語（1）

験気器

---

① 日本物理学会.日本物理学史.平塚：東海大学出版社，1978：54

② https://ja.wikipedia.org/wiki/宇田川榕庵

四字語（2）

越列機力、無機性体

### 1.3 川本幸民『気海観瀾広義』（1851）

（1）著者と著書の紹介

　川本幸民は1810年の生まれで、明治四年の1871年没。初め藩校造士館に学び、その後播磨の良八に医を学ぶ。幕末の蘭学者。摂津三田藩医の子、坪井信道に学び、物理、化学に精通する①。

　『気海観瀾広義』の題は空気、海、観る、波、講義の意味なので、自然に関する講義の意味がある。第一冊の凡例にヒシカの言葉があるが、physics（物理学）の意味である。「理科綜凡中の…」というように理科の言葉を使っている。第二冊の凡例にも「初学に理科の大意を知らしめむがためにするところなり」とある。自然の大意を知らしめる為の書であることを表現して「理科」の言葉を使用している。

　『気海観瀾広義』は15巻からなっている。電気に関する内容は巻11、13で、合わせて85頁、約1万7千字がある。

（2）電気用語の抽出（34）

　二字語（14）

北極、磁石、導線、導体、導子、感動、機力、減極、絶縁、摩擦、南極、引力、越素、増極、

　三字語（17）

北極素、不導体、磁石機、磁石極、磁石針、磁石力、減越素、減越歴、南極素、越歴機、越歴極、越歴計、越歴験、越歴体、越歴力、増越素、増越歴、

　四字語（3）

玻璃越歴、華爾斯性、摩擦越歴

_____

①　https://wikipedia.org/wiki/川本幸民

### 1.4 大庭雪斎『民間格致問答』( 1862-64 ) ①

（1）著者と著書の紹介

大庭雪斎は1805年佐賀に生まれる。1843年、緒方洪庵に学ぶ。『訳和蘭文語』（1856）、『民間格致問答』（1862-64）をなし、1873年になくなった。『民間格致問答』の巻頭題言には、「此書は和蘭陀国にて、『フォルクス、ナチュールキュンデ』と名づけ、問答体に編て村野の土民に教る理学の書を訳せるなり」とあり、原典は明瞭である②。

『民間格致問答』の訳書は六分冊で、12章から成り、各章比較的詳しい目次がついている。本節は第五巻第十回、十一回電磁学を主に、用語を抽出した。計70頁、約1万4千字ある。

（2）電気用語の抽出（23）

二字語（17）

本体、北極、磁石、導体、電光、減少、断縁、南極、摩擦、素質、弾力、陰積、引力、誘引、陽積、真空、増進、

三字語（4）

磁石力、機関器、流動物善導体、

四字語（2）

麻屈涅質、越列幾体

### 1.5 電気用語の整理

本節では青地林宗『気海観瀾』（1825）、宇田川榕庵『舎密開宗』（1837）、川本幸民『気海観瀾広義』（1851）、大庭雪斎『民間格致問答』（1862-64）という4資料から総数80語の電気用語を選び出し、文献数、電気用語字数により整理したものが表2-2になる。

---

① 『民間格致問答』は古典語が多いので、現代訳文を参考にすることもある。

② https://kotobannk.jp/word/大庭雪斎

表2-2　蘭学資料から抽出した電気用語の一覧表[①]（異なり語数）

| 出現文献数 | 二字語 | 三字語 | 四字語 | 合計 |
|---|---|---|---|---|
| 4種共通 | 1（1.45） | 0 | 0 | 1（1.45） |
| 3種共通 | 1（1.45） | 0 | 0 | 1（1.45） |
| 2種共通 | 5（7.25） | 1（1.45） | 0 | 6（8.70） |
| 1種のみ | 32（46.38） | 22（31.88） | 7（10.14） | 61（88.41） |
| 合計 | 39（56.52） | 23（33.33） | 7（10.14） | 69（100） |

　以上のように、各文献において、電気に関する用語を抜き出し、整理した。蘭学資料では二字語が主な造語形式である。蘭学資料に、二字語が39語、全体で56.52%を占めている、三字語が23語、全体で33.33%を占めている。四字語が7語、全体で10.14%を占めている。少なくとも、二字語がまだ蘭学資料では主な造語形式である。

　次に、蘭学資料において、電気用語の共通度が低いので、電気領域での基本語が少ないといえる。蘭学資料から延語数80語を抽出した。得られた異なり語数が69語になる。2種資料以上に共通する電気用語が8語で、11.59%をしめいている。1種のみ使う電気用語が61語で、88.41%を占めている。3種資料以上に共通する電気用語は「引力、導体」しかない。

　蘭学時代、蘭学者は医学、植物学、天文学、化学、地理学に重点を置いていた。物理学はもちろん、電気学に関する文献も少ない。電気学が他の分野より新領域だといえるので、専門書が少なく、専門家もいない為、重なり度合いは低いわけである。

## 1.6本節のまとめ

　以上のように、各文献において、電気に関する用語を抜き出し、整理し、分析した。ここでは本節の内容を簡単にまとめる。

---

　①　蘭学資料における電気用語の分布を付録2にまとめる。

　（1）蘭学資料では二字語が主な造語形式であること。蘭学資料に、二字語が39語、三字語が23語、四字語が7語ある。二字語が主な造語形式である。

　（2）江戸末期において、電気領域での基本語が少ないこと。蘭学資料から延語数80語を抽出した。得られた異なり語数が69語になる。言い換えれば、共通する用語が少ない。それは蘭学者がたいてい医学者なので、電気に関する知識が不足なわけである。

## 2. 二字語電気用語の考察

　蘭学資料における二字語電気用語は語構成の面において、明治期電気用語との相違、しかも、二字語電気用語が単独に使われているほか、三字語、四字語の構成要素としても重要な役割を果たしていたが、このような複合による造語方式が蘭学資料に由来したものかどうかは調べてみる必要がある。なお、蘭学資料の二字語電気用語にはどれが蘭学者により作られたのか、どれが古い中国漢籍にあった古来語なのか。これらも解明すべき問題である。

### 2.1 二字語の語構成

　二字語電気用語は二つの一字語基からなる複合語であるという語構成意識がかなり薄れているようだが、中日近代電気用語比較対照研究は内部構造に基づいた分析が求められるので、二字語の前後語基間の関係を考察する。筆者は朱京偉（2016）に基づいて、蘭学資料の二字語電気用語を振り分けた結果は次のようになる。

表2-3　二字語電気用語の語構成

| 品詞性 | 結合関係 | 語数 | 語例 |
|---|---|---|---|
| 名詞27 （69.23） | 動+名連体修飾関係 | 14（35.90） | 弾力、導体、導線、導子、積極、減極 |
| | 名+名連体修飾関係 | 7（17.95） | 磁石、南極、北極、機力、越素、性力 |
| | 形+名連体修飾関係 | 3（7.69） | 異性、真空、強力 |
| | 副+名連体修飾関係 | 2（5.13） | 原体、本体 |
| | 名+名並列関係 | 1（2.56） | 素質 |
| 動詞12 （30.77） | 動+動並列関係 | 7（17.95） | 感動、摩擦、摩揩、吸引、誘引、増進 |
| | 動+名述客関係 | 2（5.13） | 断縁、絶縁 |
| | 名+動客述関係 | 2（5.13） | 陰積、陽積 |
| | 動+形述補関係 | 1（2.56） | 減少 |
| 合計 | | 39（100） | |

　表2-3によると、蘭学資料の二字語電気術語には名詞性のものが最も多く、全体の69.23%を占めている。動詞性のものは全体の30.77%となっている。

　二字語電気用語の語構成パターンについては、前部語基と後部語基の文法的な関係に基づいて連体修飾関係、連用修飾関係、並列関係、述客関係、客述関係、述補関係の6種に分類しているが、蘭学資料には実例の見当たらないものや語数の少ないものがあるので、以下では主なパターンについて触れておく。

2.1.1連体修飾関係

　連体修飾関係を結ぶ術語は後部語基が全て名詞であるので、前部語基の品詞性の違いによって、「動+名」、「名+名」、「形+名」、「副+名」の4タイプに振り分けられる。蘭学資料の二字語電気用語ではこの四者の勢力がアンバランスで、「動+名」、「名+名」、「形+名」、「副+名」の順に並んでいる。合計の語数は26語、抽出語全体の66.67%を占めている。

（動+名）　導体、導線、導子、積極、減極、流体、受器、弾力、
　　　　　消極、験器、引力、圧力、張力、増極、
（名+名）　磁石、南極、北極、機力、越素、性力、電光
（形+名）　異性、真空、強力
（副+名）　原体、本体

### 2.1.2 並列関係

　並列関係の二字語は品詞性の同じ前部語基と後部語基（動+動、名+名、形+形）からなり、しかも語基同士が語義の形成においてはほぼ同等の役割を担っているものをさす。蘭学資料に見られるものは動+動、名+名の組み合わせがあるが。前部語基と後部語基の意味的関係で見ると、「摩擦」のように、前後語基がほぼ同等の重さで語の意味を分け合っている。並列関係を結ぶ二字語電気用語は20.51%を占めている。

（動+動）　　感動、摩擦、摩揩、吸引、誘引、増進、中和
（名+名）　　素質

## 2.2 語基の造語力

　語基の造語力とは蘭学資料において、どの一字語基が二字漢語の構成によく用いられたかを調べ、同一の語基で構成される二字漢語が多ければ多いほど当該語基の造語力が強いということになる。

### 2.2.1 前部語基

　二字語電気用語に用いられた前部語基を造語数の多い順に並べると、次の表になる。

表2-4　前部語基の造語力

| 造語数 | 語基数 | 語基と語例 |
|---|---|---|
| 3 | 1 | 導（−体、−線、−子） |
| 2 | 3 | 減（−少、−極）、摩（−擦、−揩）、増（−進、−極） |
| 1 | 30 | 本（−体）、北（−極）、磁（−石）、弾（−力）、断（−縁）、感（−動）、機（−力）、積（−極）、絶（−縁）、流（−体）、南（−極）、強（−力）など |
| 39 | 34 | （1語基あたりの平均造語数は約1.15語になる） |

　表2-4によると、前部語基として最も多く用いられたのは「導−」であり、構成された二字語電気用語は3語となっている。全34種の前部語基を造語数2語以上と1語の二つグループに分けてみれば、前者は僅か4語基（11.76%）なのに対して、後者は30語基（88.24%）を占めている。このように、前部語基では造語数の多い語基がかなり少ないので、1語基あたりの平均造語数は約1.15語という低い数値となっている。

### 2.2.2 後部語基

　二字語電気用語の後部語基についても前部語基と同じ方法で整理してみた結果、前部語基との間にいくつかの点で相違が見られることが明らかになった。

表2-5　後部語基の造語力

| 造語数 | 語基数 | 語基と語例 |
|---|---|---|
| 7 | 1 | 力（弾−、機−、強−、圧−、引−、張−、性−） |
| 6 | 1 | 極（北−、南−、積−、減−、消−、増−） |
| 4 | 1 | 体（本−、原−、導−、流−） |
| 2 | 4 | 積（陽−、陰−）、器（受−、験−）、引（吸−、誘−）、縁（断−、絶−） |
| 1 | 14 | 擦（摩−）、動（感−）、光（電−）、和（中−）、進（増−）、揩（摩−）、空（真−）、石（磁−）、少（減−）、素（越−）、線（導−）、性（異−）、子（導−）、質（素−） |
| 39 | 21 | （1語基あたりの平均造語数は約1.86語になる） |

表2–5によると、後部語基は造語数が4語以上のものは「−力、−極、−体」の3語基でこれは最大の3語という前部語基の造語数を超えている。さらに、前部語基に倣って、21の後部語基を造語数2語以上と1語だけの二つグループに分けてみると、前者は7語基（33.33％）で、後者は14語基（66.67％）となる。前部語基2語以上の11.76％、1語だけの88.24％に比べれば、造語数の多い後部語基は前部語基のそれより比率がずっと高いことがわかる。こうした要因から、後部語基では1語基あたりの平均造語数は1.86語を上回る。

以上のように、語基の数による前部語基と後部語基の比較であるが、二字語電気用語の数で見ていくと、両者の格差が一層大きくなる。たとえば、造語数2語以上の語基で構成された二字語の語数は前部語基では9語で、全語数（39）の23.08％となっているのに対し、後部語基では25語で、全語数（39）の64.10％を占めている。言い換えれば、二字語電気用語の6割以上は造語数の多い後部語基によって構成されている。

### 2.3 二字語の出典

本章では蘭学資料で抽出した二字語を逐語的に『漢語大詞典』（電子版）、『漢籍全文検索』（電子版）で検索した結果、次のような分布の状況が分かった。

朱京偉（2015）による、蘭学資料から抽出された二字漢語のうち、「出典あり」の語が511語、67.7％を占めて、「新義あり」の語が23語、3.0％を占めて、「出典なし」の語が221語、29.3％を占めている。本章で電気に関する用語の出典は朱氏（2015）と比べ、相違が見い出される。

表2-6　二字語電気用語の出典状況

| 資料 | 出典あり | 新義あり | 出典なし | 合計 |
|---|---|---|---|---|
| 合計 | 16（41.02） | 4（10.26） | 19（48.72） | 39（100） |

表2–6を見ると、「出典あり」の電気用語は15語、41.02％を占めて、

「新義あり」の電気用語は4語、10.26％を占めて、「出典なし」の電気用語は19語、48.72％を占めている。朱京偉（2015）では「出典あり」二字語は6割以上を占めていると指摘した。本章で対象にした「出典あり」の二字語電気用語が4割以上を占めている。電気学という天文学、地理学、植物学、医学より遅れてきた分野での用語は朱氏の6割と比べ、2割の差があるわけである。以下は実況を実例に基づいてまとめておきたい。

（1）「出典あり」の二字語

抽出語の中で、「出典あり」の語が4割以上を占めている。たとえば、

□磁石

其察言也不失，若磁石之取針，舌之取燔骨。（『鬼谷子・反応』）

磁石極に数個の細環を掛け、他の磁石の同名極をこれに近づくれば、其一二環落ち、これに反して、異名極を加ふれは。（『気海観瀾広義』巻十三13下）

このように、中国漢籍における「磁石」は蘭学資料における「磁石」と比べてみると、意味が変わらない。したがって、蘭学資料における「磁石」は中国漢籍から借用されるといえる。このような用例は以下のような用語もある。

北極、本体、感動、減少、摩擦、摩揩、南極、吸引、異性、誘引、原体、増進、性力、電光、素質

（2）「新義あり」の二字語

蘭学資料には古い漢籍と同形の語がみられるものの、漢籍と異なる意味に転用されている語を指す。語数が少ないが、意味変化のパターンに留意する必要がある。たとえば

□絶縁

夫以心縁心，則受諸受若正受生慧，曰得常心。慧心既常，則於正無受，何等為絶縁？心亦無絶縁，湛然常寂，何所住乎？（宋『雲笈七簽』）

又、絶縁し或は越歴を他物に送るには、よく導子を拭ひ、水湿を防ぐべし。（『気海観瀾広義』巻十一5下）

　このように、「絶縁」という語は中国漢籍で縁談、縁を絶える意味を有している一般的な用語である。蘭学資料において、「不導体によって、電気や熱が通じるのを断つ」の意味として使用されいている。これは現代に至っても使われている。こうして、「絶縁」に新しい意味が与えられたのだが、これと同様「真空、強力、中和」も語全体に新しい意味を与える。

　一方、「真空」のように、言語使用域の変化により、語全体の意味が変わるものもある。たとえば、

　□真空

　自非道登正覚，安住于大般涅槃；行在真空，深入于无爲般若。」（南朝 陳 徐陵『長干寺众食碑』）。

　念念説空，不識真空。（唐 慧能『壇経・般若品』）

　空気が甚希薄くて真空になる場所の越列幾素質が自ら火炎と現れ…（『民間格致問答』巻五27下）

　電学家常備容各種薄気或薄霧之管，其作法先令管容所須気質，再以抽気罩之幾至真為止，此種管謂之電火真空管。（『電学綱目』64下）

　蘭学資料における二字語「真空」は「周囲に比べて十分圧力が低い状態。物質が全く存在しない空間」という意味を表すようになる。中国漢籍の仏用語から物理用語になる。

　「出典なし」の二字語

　蘭学資料には中国漢籍と同形の語がみられなくて、コーパスを検索しても、見つからない用語を「出典なし」の語という。「出典なし」の二字語電気用語は「導体」を例に取り上げる

　□導体

　凡物之于越列吉的爾質也，直摩其体，可以発之者，謂之原体。若琥珀硫黄沥青玻璃絹布等又不直摩之，唯触他，既被揮発之体，而可以増減其質者，謂之導体。（『気海観瀾』23上）

　避雷器の設くるは無要にして、塔も亦その造構多く導体を用れるか。（『気海観瀾広義』巻十二 14上）

此の万有の中の物体を越列幾体と名づけ。摩擦によってできぬ他の者は皆導体と名付くるぞや。（『民間格致問答』巻五 14 上）

「導体」は中国古典で見つからず、『漢語大詞典』には現代用例だけがある。このような用語は以下のようなものがある。

弾力、導体、導線、導子、断縁、機力、積極、減極、流体、受器、消極、圧力、験器、陰積、陽積、引力、越素、増極、張力

### 2.4 本節のまとめ

　蘭学資料から抽出した39の二字語電気用語を中心に、語構成パターンをはじめ、いくつかの側面から考察を行った、以下のようにまとめる。

　（1）品詞性と結合関係。構造分析は漢語の品詞性や統語機能などとともに、漢語研究にとって、重要な課題の一つである。本書では、蘭学資料からの実例を連体修飾関係、並列関係、述客関係、客述関係、述補関係の5種に分類している。連体修飾関係による造語は66.67%、並列関係による造語は20.51%を占めている。名詞性二字語が69.23%を占めて、動詞性二字語が30.77%を占めている。

　（2）語基の造語力。二字語電気用語の前部語基に比べ、後部語基には造語数の多いものが集中している。前部語基は1語基あたりに1.15語を造り、後部語基は1語基あたりに1.86語を造る。二字語電気用語の形成における後部語基の中核的な役割がうかがえる。

　（3）二字語の出典。二字語の出典を調べてみると、蘭学資料の二字語と同形の用例がそのまま漢籍で見つかったものが全体中で41.02%を占めている。これに対し、中国漢籍で蘭学資料と同形の用例が見つからず、蘭学者の造語と思われる二字語電気用語は48.72%を占めている。

### 3. 2+1型三字語電気用語の考察

　蘭学資料から23の三字語を抽出した。全体から見ると、全ての語が

2+1型と1+2型という二つの構成パターンに分類できる。構成要素となる漢字2字の部分と漢字1字の部分はそれぞれ二字語基と一字語基にあたる。三字語の語構成を考えるに際して、二字語基と一字語基の品詞性が有用な情報になるため、それぞれの語基について、名詞性語基、動詞性語基、形容詞性語基、接辞性語基などと振り分ける。電気学における三字語の全容を捉えるために、次の表にまとめる。

表2-7　二字語基と一字語基の品詞性及び構成パターン

|  | 名+名 | 動+名 | 形+名 | 接+名 | 名+動 | 合計 |
|---|---|---|---|---|---|---|
| 2+1型 | 11（47.83） | 5（21.74） | 0 | 0 | 1（4.35） | 17（73.91） |
| 1+2型 | 0 | 4（17.39） | 1（4.35） | 1（4.35） | 0 | 6（26.09） |
| 合計 | 11（47.83） | 9（39.13） | 1（4.35） | 1（4.35） | 1（4.35） | 23 |

　三字語電気用語では2+1型と1+2型を問わず、前部語基が後部語基を修飾、限定する結合関係になるのが普通である。たとえば、2+1型「名+名」構造の三字語なら、「北極+素＝北極の素」のように、或いは、1+2型「動+名」構造の三字語なら、「減+越素＝減少する越素」のように解釈できる。

　表2-7から大きな特徴が二つ見られる。一つは「名+名」と「動+名」で構成された2+1型三字語がそれぞれ全語数の47.83％と21.74％を占めいている。「動+名」で構成された1+2型三字語が17.39％を占めている。もう一つは2+1型三字語が抽出語全体の7割以上を占めるのに対し、1+2型の三字語が3割未満を占めている。したがって、本節では主に2+1型三字語を中心に考察する。

### 3.1前部二字語基の考察

　前部二字語基の品詞性、結合関係と造語力から2+1型三字語の造語形式を考察する。異なり語基の造語力を踏まえて、品詞性、結合関係を考察する。

### 3.1.1 前部二字語基の造語力

　前部二字語基の実例に基づいて、その造語力を見てみる。二字語基は後部一字語基と結合して出来た三字語の数が多ければ多いほど、造語力が強いと考えられる。造語数の多い順に二字語基とその語例をあげると、次のとおりである。

表2-8　前部二字語基の造語力

| 造語数 | 語基数 | 語基と語例 |
|:---:|:---:|:---:|
| 6 | 1 | 越歴（－機、－極、－計、－力、－体、－験） |
| 4 | 1 | 磁石（－機、－極、－力、－針） |
| 2 | 1 | 流動（－物、－質） |
| 1 | 5 | 北極（－素）、避電（－線）、機関（－器）など |
| 17 | 8 | （1語基あたりの平均造語数は約2.13語） |

　つまり、今回の調査で「越歴」は6語の三字語が構成されており、造語力の最も強い二字語基としてあげられる。ただし、これはむしろ資料の性格がもたらしたもので、その他の二字語基を見ると、造語数4語の場合は1語だけというように、造語数の多いものが少数に限られているのに対し、造語数の1語だけの二字語基で構成されているので、1語基あたりの平均造語数が約2.13語になる。この結果は後部一字語基との間での格差が見られ、注目すべきである。

### 3.1.2 前部二字語基の語構成

　蘭学資料における三字漢語だけに終わるのではなく、明治資料の三字語との比較対照をするには、二字語基内部の品詞構成に踏み込んで検討してみる必要があると考えられている。そこで、2+1型三字語の17語について、二字語基としての品詞性とともに、その下位分類となる語基内部の構成を整理すると、下の表のようになる。

表2-9　前部二字語基の語構成

| 二字語基の品詞性 | 内部の結合関係 | 語数 | 語例 |
|---|---|---|---|
| 名詞性語基5 （62.50） | 名＋名連体修飾関係 | 4（50.00） | 北極（素）、南極（素） |
| | 音訳 | 1（12.50） | 越歴（体）、越歴（極） |
| 動詞性語基3 （37.50） | 動＋名述客関係 | 2（25.00） | 避電（線）、験気（器） |
| | 動＋動並列関係 | 1（12.50） | 流動（物） |

　表2-9により、二字語基内部の結合関係を細かく見ていくと、名詞性語基と動詞性語基が同パーセントである。具体的には、名詞、音訳語に属する二字語基が三字語の構成要素で62.50%を占めていることが分かる。そのほかのパターンは造語数の面において少数派であるが、蘭学資料ではどのような二字語基が三字語の構成要素になれるかを示していたので、これは重要なものである。ここで割合の高い連体修飾関係を取り上げる。

（1）連体修飾関係

　蘭学資料において、連体修飾関係を結ぶ前部二字語基は名＋名タイプしかない。名＋名連体修飾関係になる前部二字語基は4語基で、50.00%を占めている。

（名＋名）　北極－、南極－、磁石－、機関－

3.1.3 2+1型三字語の出典

　蘭学資料に見られる三字語電気用語は蘭学者による造語なのか、それとも、先行する漢語でその出典が見出せるのか。これは三字語の形成を考えるにあたって、非常に重要な問題である。2+1型三字語を対象に、『漢語大詞典』（電子版）、『漢籍全文検索』（電子版）で検索した。語レベル、語基レベルから2+1型三字語の出典状況を考察する。「出典あり」の2+1型三字語が1語しかない。他は「出典なし」の語である。前部二字語基を検査した結果、次の表のような結果が出た。

表2-10　2+1型三字語電気用語の出典状況

| 蘭学資料 | 出典あり | 新義あり | 出典なし | 合計 |
|---|---|---|---|---|
| 2+1型三字語 | 0 | 0 | 17（100） | 17 |
| 前部二字語基 | 5（62.50） | 0 | 3（37.50） | 8 |

　三字語出典の状況を考察するとともに、前部二字語基の出典状況もを詳しく考察した。以下では各欄の状況を実例に基づいてまとめておきたい。

（1）「出典なし」の2+1型三字語

「出典あり」の2+1型三字語とは漢籍において、蘭学資料の三字語と同形の用例が見られるものである。たとえば、

　□磁石力

　玻璃管を纏へる銅線巡転すれば、其針忽磁石力を得。（『気海觀瀾広義』巻十三 13上）

　この素質は麻屈涅質（磁石力）または展帆石の力の名で知れ渡ったものじゃ。（『民間格致問答』巻五 43上）

　江戸末期に至って、蘭学者らは医学、天物学、地理学、植物学を翻訳したケースが多いのである。これは朱京偉（2011ｂ）では蘭学資料から抽出された三字語が天文学、歴算、医学などの分野に集まっていることと一致している。

（2）「出典あり」の前部二字語基

「出典あり」の二字語基とは中国漢籍において、三字語の用例がないが、前部二字語基と同形の用例が見られるものである。2+1型三字語の中で、この種に属するものが多く、全体の5割を占めている。「出典あり」の前部二字語基は4語基があり、具体的に「北極‒、磁石‒、流動‒、南極‒」がある。中国漢籍と蘭学資料両方の用例をあげると、たとえば、

　□（中）流動→（蘭）流動物、流動質

　酒数行，一垂髻女自内出，僅十餘齢，而姿態秀曼，笑依芳雲肘下，秋

波流動。(清蒲松齢『聊齋志異』巻七)

　越列吉的爾者、琥珀之謂、初由琥珀発明、此性力、因爲其名、是亦一種流動質。(『気海観瀾』21上)

　越列幾的爾また越列幾の流動物とは。琥珀の「ギリシア」国のなに従ひて如此く名づけされるので。(『民間格致問答』巻五13上)

　このように、前部二字語基に関しては、漢籍にほぼ同じ意味の用例が見られるので、漢籍語の借用ということになるが、前述の「出典あり」の2+1型三字語の場合に比べ、漢籍での用例が各ジャンルに分散していて、出典資料の特定が難しい。

表2-11 「出典あり」の前部二字語基の造語数

| 造語数 | 語基数 | 語基 |
|---|---|---|
| 4 | 1 | 磁石– |
| 2 | 1 | 流動– |
| 1 | 3 | 南極–、北極–、機関– |

　表2-11が示すように、造語数の多い語基が少なく、ほとんど4語以下の語を造る語基である。しかし、重要なのは「流動」と「物、質」、「磁石」と「力」は語基のレベルでいえば、いずれも漢籍にあったものであるが、これらを「流動+物、流動+質」のようにほかの一語に結合させることによって、ある概念が語の形で表現されるようになったということである。この意味で、「流動物、流動質」のような多くの三字語の出現は蘭学資料における新造語というべきである。

（3）「出典なし」の前部二字語基

「出典なし」の二字語基とは漢籍において、三字語の語形も前部二字語基と同形の用例も見当たらないものである。この種の二字語基に関しては、蘭学者による造語の可能性が高いが、その語の構成を検討してみる。「出典なし」の前部二字語基は4語基があり、「避電–、験気–、越歴–」である。たとえば、

□越歴→越歴極

其長ヲ定メ、萬有ミナ此極と越歴極ノ抗感ニ因テ、以テ其用を営ムトナシ。(『気海観瀾広義』巻十三　15下)

このように、「越歴極」という語が使われているが、これは当時「電気」という言葉の音訳語「越歴」で表記する。「越歴」はオランダ語「elektriciteit」の音訳語である。「出典なし」の前部二字語基の造語数は以下のようにまとまる。

表2-12 「出典なし」の前部二字語基の造語数

| 造語数 | 語基数 | 語基 |
|---|---|---|
| 6 | 1 | 越歴– |
| 1 | 2 | 避電–、験気– |

表2-12が示すように、「出典なし」の前部二字語基はほとんど1語を造るが、造語数の多い語基が少なく、ただ「越歴–」だけにとどまっている。それは当時電気領域で重要な概念を担う前部二字語基が少ないということになる。

### 3.2後部一字語基の考察

前の部分で二字語基の造語力、結合関係、出典状況を分析したが、本節で後部一字語基を造語力、漢籍との関係から考察する。

3.2.1後部一字語基の造語力

後部一字語基は基本的には名詞性のものが多い。ただし、実際にその中身を見れば、実質的な意味を表し、単独でも使えるような語基性が強いものから、意味が形式化される。ここでは前部二字語基との比較をするため、それを倣い、後部一字語基の造語力についてまとめたい。

表2-13　後部一字語基の造語力

| 造語数 | 語基数 | 語基と語例 |
|---|---|---|
| 2 | 4 | 力（越歴-、磁石-）、極（越歴-、磁石-）<br>器（機関-、験気-）、素（北極-、南極-） |
| 1 | 8 | 線（避電-）、針（磁石-）、物（流動-）<br>質（流動-）、体（越歴-）、験（越歴-）<br>計（越歴-）、機（磁石-） |
| 17 | 12 | （1語あたりの平均造語数は約1.42語になる） |

　表2-13で分かるように、1語基での最も多い造語数は2語しかない。造語数1語だけの語基は8語基がある。このような語基分布の特徴を前部二字語基の場合（表11）と比較すると、両者の違いがよく分かる。17語の2+1型三字語を構成するのに、前部二字語基では8種の語基が用いられ、1語基あたりの平均造語数が約2.13語である。一方、後部一字語基では12種の語基が用いられ、1語基あたりの平均造語数が約1.42語となっている。

　朱京偉（2011a）では蘭学資料で2+1型三字語は前部二字語基が種類が豊富で、平均造語数が少ない前部二字語基に対して、後部一字語基は種類が少なくて平均造語数が多いという特徴を持っていると指摘した。本章で考察した2+1型三字語電気術語は朱氏（2011a）と逆なデータを得た。蘭学資料において、2+1型三字語電気用語は種類が豊富で、平均造語数が少ない後部一字語基に対し、前部二字語基は種類が少ない、平均造語数が多いという特徴を持っている。少なくとも、江戸後期に至って、三字語の造語形式について、語構成上、後部一字語基による造語は系統性がまだ定まらない状態であると言える。

### 3.2.2 後部一字語基の出典

　後部一字語基は品詞性の面だけでなく、前部二字語基との結合関係も比較的単純である。しかし、問題なのは漢籍語との影響関係である①。

---

　① 朱京偉.蘭学資料の三字漢語についての考察.国語研プロジェクトレビュー, 2011（4）：
12

三字語電気用語に含まれた後部一字語基は中国漢籍と蘭学資料とともに
ある用法「中国漢籍と一致」と蘭学資料「単独使用」の語基に分けられ
ている方法である。

表2-14　後部一字語基の造語機能と意味

| 造語機能 | 意味変化 | 中国漢籍と一致 | 単独使用 |
|---|---|---|---|
| 造語機能が変わらない語基 | 意味が変わる語基 | 0 | 0 |
| | 意味が変わらない語基 | 5（41.67） | 0 |
| 造語機能が変わる語基 | 意味が変わる語基 | 0 | 3（25.00） |
| | 意味が変わらない語基 | 0 | 4（33.33） |
| 合計 | | 5（41.67） | 7（58.33） |

　中国漢籍との影響関係については、後部一字語基の造語機能と意味
変化に基づいて、3種に分類する。（1）造語機能と意味が変わらない語
基、「−力、−器、−線、−体、−針」がある；（2）造語機能が変わり、意
味が変わらない語基、「−極、−機、−質、−物」；（3）造語機能と意味も
変わる語基、「−計、−験、−素」がある。そのうち、（1）類が一番多く、
41.67%を占めている。後部一字語基の造語数を以下のようにまとめる。

表2-15　後部一字語基の重なり状況

| | 造語数 | 語基 |
|---|---|---|
| 中国漢籍と一致5（41.67） | 2 | −力、−器 |
| | 1 | −線、−体、−針 |
| 単独使用7（58.33） | 2 | −極、−機、−素 |
| | 1 | −質、−物、−計、−験 |

　表2-15では後部一字語基の状況に基づいて、「中国漢籍と一致」と
「単独使用」に分けている。この表では漢籍からの影響がうかがえる。
全体的には「単独使用」の語基が多い。「中国漢籍と一致」の語基も「単
独使用」の語基もいずれも造語数の多い語基が少ない。したがって、蘭

学資料において、2+1型三字語電気用語が発達していない状態をそこからうかがえるようになる。それぞれ具体例に沿って検討する。

（1）造語機能と意味が変わらない語基

「中国漢籍と一致」の語基が基本的に造語機能と意味が変わらない語基である。ここで「－力、－体」を実例にして、取り上げる。

－力

「－力」で構成される三字語は漢籍で希である。「磁石力、感応力、造化力」の3語だけだった①。たとえば、

但衣食為善縁而已，獲是感応力，於今十方普供養。（『雞肋集』巻六十九 晁補之 北宋10世紀後半）

攬彼造化力，持為我神通。（『李太白文集』巻八 宋 宋敏求編 1064）

このように、中国漢籍で「観応力」の「－力」は「感応の力」の意味である。蘭学資料に現れた「－力」で構成された「磁石力、越歴力」がある。「磁石力」「越歴力」は漢籍で見つからず、蘭学者による造語の可能性が高い。後部一字語基としての「－力」は中国漢籍と同じ意味を用い、使われている。

－体

漢籍では、17世紀以降の漢訳洋学書をはじめ、「天体、地体、物体、定体、流体」などの二字語、「正方体、尖円体」がある。従って、「－体」に関する三字語の造語機能が中国側で早くから使用されていたといえる②。蘭学者は漢籍にある三字語の受容にとどまらず、「流動体」のような「2字出典あり」の三字語と「越歴体」のような「音訳語＋体」も造り出している。たとえば、

大気を持ってすれば、火を発し兼ねて響を起こすその度変して越歴を発する者を越歴体と名づく。（『気海観瀾広義』巻十一　2下）

---

① 朱京偉.蘭学資料の三字漢語についての考察.国語研プロジェクトレビュー, 2011（4）: 15

② 朱京偉.蘭学資料の三字漢語についての考察.国語研プロジェクトレビュー, 2011（4）: 19

　このように、蘭学者が「−体」の造語機能をいかして、積極的に新語を造り出そうとする姿勢が見られる。

（2）造語機能が変わり、意味が変わらない語基

　ここで分類したのは漢籍で三字語の造語例を見つけられず、蘭学者が自ら造語機能を付与したと思われる一字語基である。この種の一字語基で構成された三字語はどのような和製語的な特徴を持っているか。また明治以降の三字語電気用語とのつながりなどを考慮に入れながら、語基ごとにその状況をまとめてみる必要がある。

　−極

　漢籍では「登極（皇帝の即位）」がある。早期漢訳洋学書には「南極、北極」という「名＋名」連体修飾関係を表す二字語がある。「南極、北極」において、二字語後部語基としての「−極」は「pole」の対訳語である。漢籍では三字語については見当たらなかった。前部二字語基は蘭学資料では「2字出典あり」の「磁石極」と「音訳語」の「越歴極」がある。たとえば、

　磁石極二数個ノ細環ヲ掛ケ。他の磁石ノ同名極をコレニ近ヅクレバ、其一二環落チ。コレニ反シテ異名極を加フレハ。（『気海観瀾広義』巻十三　13下）

　其長ヲ定メ、萬有ミナ此極と越歴極ノ抗感ニ因テ、以テ其用を営ムトナシ。（『気海観瀾広義』巻十三　15下）

　このような用例では「極」が「pole」の対訳語である。それは漢訳洋学書からの「南極、北極」の後部語基意味と一致している。また、蘭学資料における用例の分布から見ると、「磁石極、越歴極」は『気海観瀾広義』という19世紀中期以降の資料に見え始めた。

（3）造語機能と意味も変わる語基

　ここに分類したのは漢籍で三字語の造語例を見出せず、蘭学者が自ら造語機能を付与したと思われる一字語基である。それに、意味も中国漢籍と異なる語基である。ここでは「−計、−素」を例に取り上げる。

　-計

　「計」は漢籍で「計算、見当」などの意味を表す。「合計、共計、総計」などの二字語が見られる。蘭学資料に見える「越歴計」のような三字語がないようである。たとえば、

　　越歴発動ヲ試ベシ、即越歴僅ニ発動スルトキ、コレニ関シテヨク擺開スルヲ以テ。コレヲ越歴計（エレキテロメートル）と名づく。　（『気海観瀾広義』巻十一　7上）

　このような用例では「エレキテロメートル」がオランダ語「elektrometer」の対訳語である。「meter」を「計」に訳された。『舎密開宗』（1837）には「越列機的爾墨多爾（エレキテルメートル）」（巻九）のように漢字で表記するケースもある。『気海観瀾広義』において、「越歴計」を「越歴を計る器具」と解釈されたら納得できるようである。従って、蘭学資料における三字語後部一字語基「計」の品詞と意味が中国漢籍と異なる。

　-素

　「素」は漢籍で「平素」のような「名」+素、「根素」のような「副」+素、「倹素」のような「形」+素の構成形式がある。蘭学資料に見られる「北極素、南極素」のような三字語形式が中国漢籍で見当たらない。たとえば、

　　磁石ハ南北二素アリテ、此二素相合スれば、平均シテ静態ヲナシ、磁石気ヲ受ケザル鉄ト全く相同ジ、…… 南極素ハ北極素ヲ引キ、北極素ハ北極素ヲ衝キ ……（『気海観瀾広義』巻十三　5上）

　このように三字語後部一字語基としての用法がある。蘭学資料には「酸素、炭素」のような二字語と「北極素、南極素」のような三字語があり、後部語基としての「素」は「物を構成する基本的な成分」の意味が中国漢籍でない意味である。

### 3.3 語基間の組み合わせ方式

　以上のように、2+1型三字語は前部二字語基と後部一字語基の出典に

より、6種類の組み合わせがある。そのうち、「出典なし＋造語機能と意味が変わらない」を組み合わせるのは4語あり、23.53％を占めている。「出典あり＋造語機能が変わり、意味が変わらない」を組み合わせるのは4語あり、23.53％を占めている。ついで、「出典あり＋造語機能と意味が変わらない」という組み合わせ方式は3語を造り、17.65％を占めている。「出典あり＋造語機能と意味が変わる」、「出典なし＋造語機能と意味が変わる」、「出典なし＋造語機能が変わり、意味が変わらない」という組み合わせるタイプはそれぞれ2語を造り、11.76％を占めている。ここでは造語の多い「出典なし＋造語機能と意味が変わらない」、「出典あり＋造語機能が変わり、意味が変わらない」を取り上げる。

（1）出典なし＋造語機能と意味が変わらない

越歴力、験気器、避電線、越歴体

（2）出典あり＋造語機能が変わり、意味が変わらない

磁石極、流動物、流動質、磁石機

### 3.4本節のまとめ

蘭学資料から23語の三字語電気用語を抽出した。このうち、語数が圧倒的に多い2+1型三字語を検討対象に、さらに、前部二字語基と後部一字語基に分けて、それぞれの性質を見ていくことにした。検討の結果については次のようにまとめる。

（1）前部二字語基の品詞性と結合関係。2+1型三字語は前部二字語基と後部一字語基が基本的に連体修飾関係を結ぶ名詞なので、前部二字語基の品詞と結合関係を考察した。名詞性、動詞性前部二字語基はそれぞれ5語基で62.50％を、3語基で37.20％を占めている。連体修飾関係を結ぶ前部二字語基は50.00％を占めて、ほかの結合関係より高い割合を占めている。

（2）語基の造語力。前部二字語基と後部一字語基は三字語の構成要素としてそれぞれ違う特徴を持っている。前部二字語基は種類が少ない。1語基あたりに平均造語数が2.13語になるのに対し、後部一字語基は種

類が豊富で、1語基あたりに平均造語数が1.42語になる。従って、蘭学資料では、安定性を備えるのは前部二字語基で、入れ替えが激しいのは後部一字語基になる。

（3）2+1型三字語の出典。「出典あり」の2+1型三字語を調べてみたところ、全部で「出典なし」の語である。これに対して、「出典あり」の前部二字語基は62.50%を占めている。つまり、前部二字語基が半分以上漢籍に出典が見られるもので、残りは蘭学者による造語だということになる。一方、後部一字語基のうち、「造語機能と意味が変わらない語基」が多いうえに、蘭学資料「単独使用」の語基が漢籍から借用されたものより多く、58.33%を占めている。

（4）語基の組み合わせるタイプ。語基の出典と造語力により、「出典なし+造語機能と意味が変わらない」と「出典あり+造語機能が変わり、意味が変わらない」という二つの組み合わせによる造語が多く、それぞれ4語を造り、23.53%を占めている。

## 4.四字語電気用語の考察

蘭学資料から四字語とみなされるものを抽出し、当時の使用状況を語構成の特徴を明らかにすることで、さらに、明治期資料における四字語と対照する為に、蘭学資料における四字語の語構成を考察する。構成パターンの相違で振り分けると、表2-16のようになる。電気用語四字語が7割以上が3+1型である。

表2-16　四字語電気用語の構成パターン

| 構成パターン | 語数 | 語例 |
|---|---|---|
| 3+1型 | 5（71.43） | 越歴機+力、麻屈涅+質 |
| 2+2型 | 2（28.57） | 玻璃+越歴、摩擦+越歴 |

清末在華宣教師資料、明治資料、20世紀初頭清末資料との対照をするために、ここでは2+2型、3+1型の順にして考察する。

### 4.1 2+2型四字語電気用語

　蘭学資料における2+2型四字語がただ2語ある。清末在華宣教師資料、明治資料、20世紀初頭清末資料における2+2型四字語構造を比較するために、2+2型四字語の内部構造を、三字語の分析方法を見習って、考察する。

#### 4.1.1 二字語基の造語力

　ある二字語基が他の二字語基と結合して造られた四字語の数が多ければ多いほど、その二字語基の造語力が強いということになる。まず蘭学資料から抽出した四字語電気用語の前部二字語基について考察する。四字語電気用語が少ないので、一つの表にまとめる。

表2-17　2+2型四字語二字語基の造語力

| 前部二字語基 | | | 後部二字語基 | | |
|---|---|---|---|---|---|
| 造語数 | 語基数 | 語基と語例 | 造語数 | 語基数 | 語基と語例 |
| 1 | 2 | 摩擦（－越歴）、玻璃（－越歴） | 2 | 1 | 越歴（玻璃－、摩擦－） |
| 2 | 2 | （1語基あたりの平均造語数は1語になる） | 2 | 1 | （1語基あたりの平均造語数は2語になる） |

　表2-17では、前部二字語基より後部二字語基は造語力がやや強く、造語の中心的な要素と言える構造になっている。これは2+1型三字語と違う構造を持っている。2+1型三字語の中心的な要素は前部二字語基である。

#### 4.1.2 四字語の語構成

　2+2型四字語が2語だけあるものの、明治期資料との比較をするためにここで取り出す。2+2型四字語の語構成に目を向けた時にまず前部二字語基と後部二字語基の品詞性が問題になるが、研究対象となったのは2語だけで、品詞性と結合関係を一つ表にまとめる。対象となった全ての語基を名詞性語基、動詞性語基という2類に分けられる。その分布状況は表2-18のとおりである。

表2-18　2+2型四字語の語構成

| 2+2型四字語の語構成 | | 語数 | 語例 |
|---|---|---|---|
| 連体修飾関係2<br>（100） | 名＋名 | 1（50.00） | 玻璃＋越歴 |
| | 動＋名 | 1（50.00） | 摩擦＋越歴 |

　表2-18で分かるように、前部二字語基では名詞性語基と動詞性語基がそれぞれ1語基がある。後部二字語基が名詞性語基に集まっている。前部二字語基と後部二字語基では、品詞性の分布が違うことが分かる。品詞性分布の違いは四字語内部の結合関係と密接な関係があると思われる。そのため、語基の品詞性とともに、前部二字語基と後部二字語基はどのような文法的な結合関係で結ばれているのかということが四字語の語構成を考えるにあたっては重要なポイントになる。

　また、蘭学資料における2+2型四字語電気用語は連体修飾関係しか結んでいない。本節で出た電気用語四字語結合関係は朱京偉（2011b）は蘭学資料で主述関係の四字語が最も多いと違う結論が出た。

　表2-18によると、連体修飾関係を結ぶ四字語電気用語の後部二字語基が全て名詞性語基である。たとえば、

　其機力復まる。故に連綿として衝動し。摩擦越歴の速に尽くるが如きならず。（『気海観瀾広義』巻十一　21上）

　玻璃越歴（力）は華爾斯越力と名づく。（『気海観瀾広義』巻十一9下）

4.1.3 2+2型四字語の出典

2+2型四字語は調べによると、出典がない語である。四字語の構成要素としての二字語基はおおよそ漢籍から借用したものと蘭学者による新造されたものの二種に分類出来ると思われる。この二種の語基はそれぞれどれぐらいあるのか、また前部二字語基と後部二字語基でどのように分布しているのか。2+2型四字語電気用語の性質を検討するにあたって、まずこうした問題に直面する。

　前と同じ方法に従い、前部二字語基と後部二字語基に分けて考察する。データを検索してみると、以下のようにまとめる。

表2-19　2+2型四字語の出典状況

|  | 出典あり | 新義あり | 出典なし | 合計 |
|---|---|---|---|---|
| 2+2型四字語 | 0 | 0 | 2（100） | 2 |
| 2+2型四字語前部二字語基 | 2（100） | 0 | 0 | 2 |
| 2+2型四字語後部二字語基 | 0 | 0 | 1（100） | 1 |

　調査の結果は「出典あり」、「新義あり」、「出典なし」という三つのパターンにまとめることができる。2+2型四字語が「出典なし」の語しかないうえに、語数が少ないので、「新義あり」の語基のように、ここでは省略する。

（1）「出典あり」の二字語基

「出典あり」の二字語基とは中国漢籍において、四字語の用例がないが、前部或いは後部二字語基と同形の用例が見られるものである。蘭学資料から四字語電気用語が2語しかない。「出典あり」の二字語基が「摩擦、玻璃」である。たとえば、

　□（中）玻璃→（蘭）玻璃越歴

　以半巻書過矣，観其筆，乃白玉為管，研乃碧玉，以玻璃為匣，研中皆研銀水。（『太平广記』北宋 CCL）

　台上果卓貯目観之，器皿皆是玻璃、水晶、琥珀、瑪瑙為之，曲尽巧妙，非人間所有。（『喩世明言』明 CCL）

　総べて、これを論ずるに相引力は多く、玻璃にあり、相撃力が多く、華爾斯にあり、故に、玻璃越歴、華爾斯越歴と名づけ。（『気海観瀾広義』巻十一9下）

　このように、「玻璃」は中国古漢籍に存在した語であり、しかも、「玻璃鏡、玻璃盞」のような三字語も造り出された。蘭学資料においても基本義を覆すような意味変化が認められないので、「出典あり」の二字語

基に分類することができる。

（2）「出典なし」の二字語基

「出典なし」の二字語基とは中国漢籍で前部または後部二字語基と同形の用例が見当たらないものである。本節で考察する電気用語四字語「2字出典なし」の語基は後部二字語基「越歴」という音訳語だけある。当時、「電気」という言葉がまだない時代で、「越歴」で「電気」の意味を表す。「越歴」による造語は「玻璃越歴、摩擦越歴」がある。たとえば、

　□越歴→（蘭）玻璃越歴

総べて、これを論ずるに相引力は多く、玻璃にあり、相撃力が多く、華爾斯にあり、故に、玻璃越歴、華爾斯越歴と名づけ。（『気海観瀾広義』巻十一9下）

前で前部二字語基と後部二字語基に分けて、それぞれの出典状況を考察した。表2-17のように、前部二字語基は全部「出典あり」の語基で、後部二字語基は「出典なし」の語基である。「出典あり」に属している前部二字語基「摩擦、玻璃」は現代語まで生き残った語で、「出典なし」に属する後部二字語基「越歴」が現代語中において姿を消したものである。

以上のように、蘭学資料には2+2型三字語が2語だけある。前後語基の出典によると、蘭学資料における2+2型四字語は全部で「出典あり＋出典なし」の組み合わせである。

### 4.2 3+1型四字語電気用語

蘭学資料には3+1型四字語が5語あり、四字語では圧倒的に多く、71.43％を占めている。3+1型四字語は2+1型三字語と似ている語構成を持っている。まず、後部一字語基の役割に注目したい。蘭学資料の3+1型では、造語数2語以上の後部一字語基が1語基見られ、残りの3語基が1語だけ造った。

　体（2語）無機性+体、越歴幾+体

　力（1語）越歴機+力

性（1語）華爾斯＋性

質（1語）麻屈涅＋質

　3+1型四字語の後部一字語基はそのほとんどが2+1型三字語の後部一字語基も兼ねている。つまり、三字語、四字語を派生的に構成する兆しが蘭学資料ですでに見られ始めていたということで、それは明治資料における電気用語の語構成を考える際に重要な意味を持っている。

　また、前部三字語基は3+1型四字語の形成に直接に関わるので、調べてみる必要がある。蘭学資料における3+1型四字語前部三字語基は大きく、「無機＋性」のような2+1型と「越歴機、麻屈涅」のような音訳語に分ける。

　前部三字語基が2+1型である四字語は「無機性」だけで、「名＋名」からなる連体修飾関係を結ぶタイプである。3+1型四字語前部三字語基のうち、6割が「音訳語」である。

4.3 本節のまとめ

　蘭学資料から7語の四字語電気用語を抽出した。後期資料と比較するために本節では主に2+2型四字語を検討対象に、さらに、前部二字語基と後部二字語基に分けて、それぞれの性質を見ていくことにした。検討した結果を次のようにまとめる。

　（1）語基の造語力。四字語を前部二字語基と後部二字語基に分けて、その造語力を見た場合、造語数の多い語基がかなり少ない。造語数が減少するにつれ、当該の語基が逆に数を増す傾向が見られる。前部二字語基は1語基あたりの平均造語数が1語で、後部二字語基は1語基あたりの平均造語数が2語である。蘭学資料における2+2型四字語後部二字語語基が中心的な要素といえる。前部二字語基の造語力が弱く、安定性が低いと考えられる。

　（2）語基の品詞性と結合関係。分類の結果によると、蘭学資料では連体修飾関係を結ぶ2+2型電気用語が100%を占めている。前部二字語基が名詞性、動詞性語基がそれぞれ50.00%を占めている。名詞性後部二字語基が100%を占めている。

（3）2+2型四字語の出典。出典を調べてみたところ、「出典なし」の2+2型四字語電気用語は100%を占めている。しかし、前後語基に分けて、それぞれの出典を調査してみると、「出典あり」の前部二字語基が100%を占めて、「出典なし」の後部二字語基は100%を占めている。

（4）2+2型四字語の組み合わせるタイプ。語基の出典と造語力により、2+2型四字語は「出典あり」の前部二字語基と「出典なし」の後部二字語基の組み合わせである。

（5）3+1型四字語。3+1型四字語後部一字語基は2+1型三字語の後部一字語基と重なった語基が多い。

## 5.本章のまとめ

本章では蘭学資料から抽出された電気用語69語（異なり語数）を中心に、形態別に、それぞれ結合関係、出典など語構成の面から考察した。その内容を以下のようにまとめる。

（1）品性性と造語力の関係。名詞、動詞は語だけでなく、構成成分の中心でもある。名詞性二字語は69.23%、動詞性二字語は30.77%を占めている。2+1型三字語において、名詞性、動詞性前部二字語基はそれぞれ62.50%、37.50%を占めている。2+2型四字語において、前部二字語基が名詞性、動詞性語基がそれぞれ50.00%を占めている。名詞性後部二字語基が100%を占めている。

（2）結合関係と造語力の関係。二字語の場合では連体修飾関係を表す二字語は66.67%を占めて、2+1型三字語は前部二字語基と後部一字語基は基本的に連体修飾関係を結ぶ。2+2型四字語の場合では連体修飾関係を表すのは100%を占めている。2+1型三字語前部二字語基の場合では連体修飾関係を表す前部二字語基は50.00%を占めている。以上から、蘭学資料では連体修飾関係が電気用語を構成した際の主な修飾関係である。

（3）語基の位置と造語力の関係。語基の造語力から造語の中心的な

語基が見える。二字語の後部語基の平均造語数が1.86語で、前部語基の1.15語よりわずかに多く、2+1型三字語前部二字語基の平均造語数が2.13語で、後部一字語基の1.42語より多く、2+2型四字語の後部二字語基の平均造語数が2語で、前部二字語基の1語より多いことは蘭学資料で二字語、2+2型四字語は中心的な語基がいずれも後部語基に集まり、2+1型三字語の中心的な要素は前部二字語基である。少なくとも、蘭学時代で2+1型三字語電気用語は発達していないことが分かる。

（4）出典と造語力の関係。語レベルからすれば、「出典なし」の語が二字語では48.72％を占めて、2+1型三字語で、「出典なし」の語が100％、2+2型四字語では「出典なし」の語が100％を占めている。つまり、二字語、2+1型三字語、2+2型四字語では蘭学者による新造語が多い。語基レベルからすれば、2+1型三字語前部二字語基では「出典あり」の語基が62.50％、「出典なし」の語基は37.50％を占めている。一方、後部一字語基のうち、蘭学資料「単独使用」の語基が漢籍から借用されたものより多く、58.33％を占めている。分析によると、造語機能と意味が変わらない語基が多い。2+2型四字語は「出典あり」の前部二字語基が100％、「出典なし」の後部二字語基が100％を占めている。語基の出典状況はバラエティーにわたる。

（5）語基間の組み合わせ方式と造語力の関係。2+1型三字語は前部二字語基と後部一字語基に分け、「出典なし＋造語機能と意味が変わらない」「出典あり＋造語機能が変わり、意味が変わらない」による造語が多く、それぞれ4語を造り、23.53％を占めている。2+2型四字語は全部で「出典あり＋出典なし」からなる造語である。

# 第三章　清末在華宣教師資料における
# 電気用語

　　清朝初期から鎖国に入った中国はアヘン戦争以降、列強から門戸開放を余儀なくされていた。これとともに、プロテスタント宣教師が中国に徐々に本格的進出をはじめ、より良い布教、しかも民衆との溝を埋めるために、宣教師は翻訳を通し、先進的な科学知識を中国に持ち込んだ。墨海書館や江南製造局の設立につれ、宣教師による翻訳や出版が全盛期を迎えた。資料を収集する際、1871年から1879年の間に中国の知識人や宣教師が協力して翻訳したものは98種あり、合わせて235冊の本があるということが判明している①。特別な背景のもとで、宣教師による漢訳洋学書は中国語の近代化において、無視できない役割を果たした側面があると思われる。こうした出版物の中で、分野別に宣教師用語の特徴を明らかにしようと思う。宣教師用語を考察することに対しては一定の意義がある。本章では、清末在華宣教師資料における電気用語の使用をとおし、宣教師用語の造語特徴をうかがう。

　　本章では瑪高温『博物通書』（1851）、合信『博物新編』（1855）、丁韙良『格物入門』（1868）、傅蘭雅『電学綱目』（1879）、艾約瑟『格質質学啓蒙』（1886）、傅蘭雅『通物電光』（1899）、衛理『無線電報』

---

①　傅蘭雅（John Fryer）.江南製造局翻訳西書事略.上海格致書院.1880年6月～1880年9月巻5～巻8

（1900）といった7資料から電気学に関する用語を抽出した。

## 1.電気用語の抽出と整理

　本節では前で整理した資料に視野をおいた。本節では電気学という
「新分野」における電気術語を中心に考察を加える。これらの電気用語
を形態別に整理したところ、次の表のとおりとなる。

表3-1　清末在華宣教師資料における電気用語の一覧表（延べ語数）

| 文献名 | 二字語 | 三字語 | 四字語 | 合計 |
|---|---|---|---|---|
| 『博物通書』（1851） | 10 | 5 | 1 | 16 |
| 『博物新編』（1855） | 31 | 4 | 3 | 38 |
| 『格物入門』（1868） | 42 | 21 | 4 | 67 |
| 『電学綱目』（1879） | 42 | 37 | 29 | 108 |
| 『格致質学啓蒙』（1886） | 24 | 20 | 7 | 51 |
| 『通物電光』（1899） | 31 | 64 | 12 | 107 |
| 『無線電報』（1900） | 27 | 18 | 9 | 54 |
| 合計 | 207 | 169 | 65 | 441 |

　瑪高温『博物通書』（1851）、合信『博物新編』（1855）、丁韙良『格
物入門』（1868）、傅蘭雅『電学綱目』（1879）、艾約瑟『格致質学啓蒙』
（1886）、傅蘭雅『通物電光』（1899）、衛理『無線電報』（1900）とい
った7資料から電気学に関する用語は総語数441語（延べ語数）あり、
それぞれ、瑪高温（1851）から16語、合信（1855）から38語、丁韙良
（1868）から67語、傅蘭雅（1879）から108語、艾約瑟（1886）から51語、
傅蘭雅（1899）から108語、衛理（1900）から54語をそれぞれ抽出した。
本節では資料ごとに著者と著書の紹介、電気用語の抽出から考察する。

**1.1瑪高温『博物通书』（1851）**

（1）著者と著書の紹介

瑪高温（Daniel Jerome Macgowan，1814–93）はニューヨークの医学校（The College of Physicians and Surgeons）を卒業し、1843年中国入りし、寧波で診療所を開設し、医療と伝道にあたっていた。米国初代駐日総領事で有名なハリスとも親交があり、ハリスに代わって一時期、寧波の米領事職についたこともある。マッゴウァンは1851年の『博物通書』以外に、1853年には航海気象学書『航海金針』を著し、1854年には寧波で漢文雑誌『中外新報』を発行した。1860年代以降、上海江南製造局の翻訳事業に携わり、鉱物学や地質学の訳書である『金石識別』や『地学浅釈』を訳出した。日本にも三度訪れていた。一回目は1859年の開港前長崎で、二回目は1867年に横浜に滞在し、三回目は再び長崎を中心に滞在した。その後、1893年上海で没した[①]。

瑪高温は宗教書以外に西洋数学、天文学、物理学、医学、地理学を伝える書を著している。広州、香港でも同様の動きが見られた。『博物通書』は5つの部分からなる。第一部分は表紙と前言、第二部分は「三言真詮」で、それが宗教に関するものである。第三部分は「電気通標」で、第四部分は西洋暦法との対照、第5部分は「道光29年中国に到着した西洋船の数」であった。

その書は電気の初歩、電磁気の説明、電信機の紹介及び利用方法も触れた。八耳俊文（2007）は『博物通書』は中国で最初の電気の解説書であった[②]。同時に、西洋の電磁学、電報知識もはじめて、当時の中国に紹介した。宣教師の瑪高温の用語をより正確に把握したいと考えたからである。本文が利用したのは長崎大学図書館所蔵『博物通書』で、電気に関する部分は43頁で、頁ごとに約140字あり、全部で6千字ある。

---

① https://baike.baidu.com/item/瑪高温

② 八耳俊文.電気の始まり.学術の動向，2007（12）：89

（2）電気用語の抽出（16）

二字語（10）

北極、呆鉄、電気、独在、減線、摩擦、南極、通信、通字、増線

三字語（5）

北極気、電気減、電気増、南極気、吸鉄気

四字語（1）

電気通標

### 1.2 合信『博物新編』（1855）

（1）著者と著書の紹介

合信（あるいは霍浦孫、Benjamin Hobson，1816–73）はイギリスの Wellford の生まれ、ロンドン大学の1839年の年次試験を受け、医学士（M.B）を取得してから、倫敦伝道会（London Missionary Society）に受け入れられ、医療宣教師として中国で大きな爪あとを残していた。在華約二十年間の活動がマカオ、香港滞在期、再来華の広州滞在期と最後の上海滞在期に分けられる①。

中国語で書かれた『博物新編』は日本には早くも安政6年（1859）に伝わり、八耳俊文（1995）によると、日本で『博物新編』和刻版は筆者が異なる系列の訳書は26種まで達するようだ。

イギリスのロンドン会に所属する宣教師合信が中国滞在中に書いた博物学書『博物新編』の中には、第一集は物理学にかかわり、地気論、熱論、水質論、光論、電気論を含む。それに続き、第二集は天文学を紹介し、地球論、行星論、小行星論、金星論、水星論、木星論、彗星論などからなっている。最後の第三集は鳥獣略論で、動物の分類及び当時西洋で動物学について研究現状などを論じている。本文が利用したのは北京大学所蔵『博物新編』である。「電気論」には、第一集の五十上から五十八下までの部分が電気に関する内容で、電気の基本的な知識、吸鉄

① https://baike.baidu.com/item/合信

性、電信機などの知識を含み、合わせて16頁あり、約2千字ある。用語抽出に当たっては、民国広州愛恵病院で出版された書籍を参考にする。

（2）電気用語の抽出

二字語（31）

北極、磁石、傳引、電気、流動、摩擦、南極、牽引、牽合、牽逼、摂取、摂引、摂吸、推拒、推開、推離、吸気、吸摂、相傳、相犯、相合、相推、相引、消滅、陽気、陽線、陽端、陰気、陰線、陰端、中和、

三字語（4）

電機器、電気局、電気熱、電陽気

四字語（3）

電気機局、電気陽線、電気陰線

### 1.3 丁韙良『格物入門』( 1868 )

丁韙良（William Alexander Parsons Martin，1827–1916）は1827年4月10日アメリカ・インディアナ州リボニア市で生まれた。1843年インディア大学へ入学したことを契機として、一家は大学の置かれていたブルーミントン市に転居した。1846年ニューオルバニーの長老派神学校（New Albany Theological Seminary）に再入学し、聖書とカルヴアン主義神学の学習を続けることになった。1848年6月神学校から宣教師の資格を授与した。1850年香港に到着し、同年、寧波に移動した。それから彼の中国での生活が始まった。1860天津条約・北京条約の書記官、1864年4月、『万国公法』を完成し、1865年、同文館の三代目英文教習の職についた。

1898年、京師大学堂の総教習につき、1906年、一時帰国して、名誉宣教師としてまた中国へ戻った。1916年12月15日中国で一生を閉じた。丁韙良の余生は中国で大きな爪跡を残していた[①]。

アメリカ宣教師丁韙良も同文館で物理学教習についた。当時、鎮江女

---

① https://baike.baidu.com/item/丁韙良

塾が使った物理教科書は丁韙良の『格物入門』である①。丁韙良は『重増格物入門』の自序中で「王大臣延入同文館擬于課，余著書仰酬知遇。窃以為実学莫先于格物，故略述西法纂『格物入門』7巻，迄今行世已久，辱承士大夫謬奨。内地既為広傳，東洋亦屢行翻刻。」と述べていた。当時『格物入門』が日本に伝わったことは『重増格物入門』の自序で明らかに書いてある。

　1868年、京師同文館から出版された『格物入門』である。中には、合わせて7巻があり、一巻から5巻までは順に「水学」「気学」「火学」「電学」「力学」で、第6巻は「化学」、最後は「算学」である。全書では、問答の形で編纂したので、分かりやすい。電気に関する第4巻は上章論、中章論、下章論からなる。上章論は、乾電で、中章論は湿電、下章論は電報である。電気に関わる知識は主に、電気の本質、電気を起す方法、静電、電流、電路、電阻、電池、電磁などである。合わせて、76頁、1万5千字がある。本章で使うのは首都図書館蔵書清刻本である。

　（2）電気用語の抽出（67）

　二字語（42）

磁気、磁石、磁鉄、電報、電表、電池、電堆、電光、電機、電極、電架、電纜、電力、電鈴、電瓶、電気、電器、電槍、電線、電鐘、電性、電学、分化、副池、合成、回路、乾電、去路、湿電、通信、吸力、相摩、相驅、相吸、消化、陽極、陽気、陰極、陰気、引電、阻碍、阻滞

　三字語（21）

北電極、南電極、電気機、電揺鈴、法通線、放電叉、防雷鐵、副磁鐵、副電池、乾電機、琥珀気、接電台、螺糸圈、煤電灯、千里信、無極針、蓄電瓶、蓄電針、引電架、正電池、正磁鉄

　四字語（4）

単線電路、電報機式、電機動勢、海底電報

---

　①　熊月之.西学東漸与晩清社会.北京：中国人民大学出版社，2010：231

### 1.4 傅蘭雅『電学綱目』(1879)

(1) 著者と著書の紹介

傅蘭雅(John Fryer, 1839–1928)はイギリス人で傅蘭雅(John Fryer, 1839–1928)は中国で35年間生活し、広東語、官話、上海語を使いこなし、実業のみならず西洋数学、物理、科学、医学、農業など多くの分野にわたる著作を中国語に翻訳した。洋務運動時期の中国に西洋の科学知識を紹介した貢献は多大であった[1]。

『電学綱目』は徐華焜(1988)の考察によると、『電学』と同じ1879年に出版され、イギリスJohn Tyndall(1820–1897)の電磁学の講義に基づいて、編纂されたものである。

電気領域の専門書が傅蘭雅の1879年『電学綱目』と1899年『通物電光』を選定したのは早期と後期の電気領域における電気用語の違いがあるかどうか検証するつもりである。同じ時期に出版された『電学綱目』『電学』は便宜を図る為、前者を選んだのである。

本章が使用したのは上海江南機械製造総局刊のものである。『電学綱目』は140頁で、合わせて、3万字ぐらいある。

(2) 電気用語の抽出(108)

二字語(42)

北極、本体、電報、電灯、電纜、電力、電路、電気、電器、動力、多筒、附圏、負電、感動、合成、化分、化合、極点、尖点、流行、流質、摩擦、南極、乾纜、通信、吸力、吸引、相抵、相反、相和、相離、相聯、相推、相吸、相引、消化、引力、漲力、真空、正電、阻力、阻路

三字語(37)

愛摂力、本電路、本電気、次電気、次吸鐵、電動力、電路体、電気力、電気数、電気器、動電気、発電路、反電気、附電堆、附電気、負電路、負電気、負極点、副吸鉄、来頓瓶、量電器、另電気、鑷鉄器、鑷鉄圏、松香質、通電体、通電線、吸鉄針、吸鐵器、顕轉器、真空管、正電路、

────────────

[1] https://baike.baidu.com/item/傅兰雅

正電気、正負極、正極点、阻力器、阻力質

　四字語（29）

玻璃電気、傳電気物、傳電気質、発電気器、発電気筒、放電気体、附
成電気、負電路体、負電気体、負電気線、該司拉管、化電気器、化電
気筒、化電気針、量電気器、摩電気器、收電気器 收電気力、松香電気、
顕電気器、通電気質、通電気器、通電気体、増電気力、増電気器、正電
路体、正電気体、正電気性、無電気質

### 1.5 艾約瑟『格致質学啓蒙』（1886）

（1）著者と著書の紹介

　艾約瑟（Joseph.Edkins，1823–1905）イギリスの宣教師・東洋学者、
ロンドン伝道教会から派遣され、上海、北京で布教した。かれは博学
多才をもって知られ、上海語の文法書のほか、官話文法をあつかった。
Nailsworth，Gloucestershireの生まれ、1843年ロンドン大学を卒業した。
1847年宣教師の資格を取得し、1848年7月22日ロンドン伝道会（London
Missionary Society）の派遣で香港に到着し、その後、同年9月2日上海
に移動し、中国での一連の活動を開始した。彼は中国で布教しながら、
いろいろな著作、論文を書いた。1905年4月9日日にその一生を終えた。
西洋科学知識伝播の面でも、各領域においての「最初」の書籍を出版
した。例えば、初めての、体系性がそろった『光学』（1853）、『重学』
（1859）である。1857年の『官方語言語法』、1869年の『上海方言語彙』
など①。

　『格致質学啓蒙』は1886年出版し、11章からなり、第十一章電気の部
分は電気の性質、電気火星、電池、蓄電瓶、電信などの内容を含む。本
章が使用したのは北京大学蔵書光緒22年出版したもので、合わせて26
頁、約1万6千字がある。

---

① 　https://baike.baidu.com/item/艾約瑟

（2）電気用語の抽出（51）

二字語（24）

擦摩、電池、電力、電溜、電路、電気、電信、電学、接信、揩摩、流行、驅吸、驅逐、通信、退避、吸力、吸取、吸引、相抵、相合、陽電、陰電、引電、阻力

三字語（20）

単層池、電気力、電気溜、電気学、電気機、電器械、双層池、探電器、通電路、吸驅力、吸物力、吸鉄石、蓄電瓶、陽電極、陽電溜、陽電気、陰電極、陰電溜、陰電気、指字機

四字語（7）

玻璃電気、傳雷横桿、不傳電物、電気機器、火漆電気、防雷鉄索、蓄電気器

### 1.6 傅蘭雅『通物電光』（1899）

（1）著者と著書の紹介

前節で、傅蘭雅について多少紹介したので、本節では省略する。『通物電光』は光緒己亥（1899）江南制造局に出版された。李迪、徐義保（2002）は『通物電光』がX射線を中心とした中国訳著作だと指摘した。それまで、X射線の言い方が中国で「曷格司射光」「然根光」の言い方もあった。

全書は電気機械、電阻、X線、発電器、電圧などの内容からなっている。本章が使用したのは光緒己亥（1899）江南制造局に出版されたものである。全書185頁で、3万7千字ある。

（2）電気用語の抽出（107）

二字語（31）

北極、次圏、電車、電灯、電光、電極、電力、電鈴、電路、電気、電速、電線、電鐘、附電、負電、化電、極点、静電、流行、流質、摩電、南極、馬力、通信、吸力、相推、相引、圧力、真空、正電、阻力

三字語（64）

愛吸力、本吸鐵、変電器、出電極、出電路、次電圏、電動力、電光灯、
電行路、電力較、電圧力、電牽力、動物電、発電器、発電体、放電桿、
附電力、附電気、附電圏、附電性、負電極、負電力、負電気、負電梳、
負電体、負電指、負極点、化電器、回光泡、回光器、進電極、進電路、
静電器、聚光泡、来頓瓶、冷熱電、量電器、螺糸圏、煤気灯、摩電器、
内衛器、收電器、通電料、通電路、通電器、通電物、外衛器、吸鉄力、
吸鉄器、吸鉄気、吸鉄性、顕電器、顕光器、引電器、勻電器、正電極、
正電力、正電気、正電梳、正電体、正電指、正極点、阻電力、阻電率

四字語（12）

愛克司光、次発電器、次附電圏、負電極点、附吸鉄気、恒吸鉄条、化電
流質、磨附電気、摩成電気、連通電法、通物電光、正電極点

### 1.7 衛理『無線電報』（1900）

（1）著者と著書の紹介

著者衛理のプロフィールが不詳である。

『無線電報』は1900年江南製造局から刊行され、米国衛理と上海の範
熙庸が協力しあい、完成したものである。全書95頁、合わせて1万9千
字ある。

（2）電気用語の抽出（54）

二字語（27）

磁界、磁気、電報、電池、電磁、電光、電浪、電力、電鈴、電流、電
路、電鏀、電気、電線、電学、動電、反響、感電、感動、功力、静電、
流通、流質、能力、摂力、通信、阻力、圧力

三字語（18）

電報線、電磁浪、電気灯、電気浪、電気路、電気器、電線圏、法耳台、
反響器、副磁鉄、感電圏、絶電質、来頓瓶、連電池、引電質、増力器、
助聲器、貯電箱

四字語（9）

傳電機器、電気機器、徳律風線、発号機器、黏合機器、收電機器、通物電光、無線電報、有線電報

### 1.8電気用語の整理

本節では瑪高温『博物通書』（1851）、合信『博物新編』（1855）、丁韙良『格物入門』（1868）、傅蘭雅『電学綱目』（1879）、艾約瑟『格致質学啓蒙』（1886）、傅蘭雅『通物電光』（1899）、衛理『無線電報』（1900）の7資料から総語数441語の電気用語を選び出し、文献数、電気用語字数により整理し、それが表3-2になる。

表3-2　清末在華宣教師資料から抽出した電気用語の一覧表[①]（異なり語数）

| 出現文献数 | 二字語 | 三字語 | 四字語 | 合計 |
|---|---|---|---|---|
| 7種共通 | 1（0.29） | 0 | 0 | 1（0.29） |
| 6種共通 | 1（0.29） | 0 | 0 | 1（0.29） |
| 5種共通 | 1（0.29） | 0 | 0 | 1（0.29） |
| 4種共通 | 5（1.45） | 0 | 0 | 5（1.45） |
| 3種共通 | 10（2.89） | 1（0.29） | 0 | 11（3.18） |
| 2種共通 | 25（7.23） | 17（4.91） | 3（0.87） | 45（13.01） |
| 1種のみ | 90（26.01） | 132（38.15） | 60（17.34） | 282（81.50） |
| 合計 | 133（38.44） | 150（43.35） | 63（18.21） | 346（100） |

　以上のように、各文献において、電気に関する用語を抜き出し、整理した。清末在華宣教師資料では三字語が主な造語形式である。清末在華宣教師資料に、二字語が133語、全体で38.44%を占めている。そして三字語が150語、全体で43.35%を占めて、四字語が63語、全体で18.21%を占めている。少なくとも、2+1型と1+2型という三字語形式が清末在華宣教師資料では主な造語形式になる。

---

① 清末在華宣教師資料における電気用語の分布を付録3にまとめる。

　次に、清末在華宣教師資料においては、清末在華宣教師資料から延語数441語を抽出した。得られた異なり語数が346語になる。2類以上の資料に共通する電気用語が64語で、18.50％をしめいている。1種のみ使う電気用語が282語で、81.50％を占めている。使用頻度の高い電気用語が少なく、電気用語の共通度が低い。宣教師は物理学者ではないので、共通する用語が少ないわけである。つまり、少なくとも1890年代に至って、電気に関する用語が統一されていない状態であることが分かる。

### 1.9本節のまとめ

　以上のように、各文献において、電気に関する用語を抜き出し、整理し、分析した。ここでは本節の内容を簡単にまとめる。

　（1）清末在華宣教師資料では三字語が主な造語形式である。二字語が133語、三字語が150語、四字語が63語ある。このように、三字語が主な造語形式である。

　（2）清末在華宣教師資料において、電気領域での基本語が少ない。清末在華宣教師資料から延語数441語を抽出した。得られた異なり語数が346になる。2種資料以上に共通する電気用語が64語で、ただ18.50％だけ占めている。少なくとも、清末在華宣教師資料において、電気用語が統一されていない状態といえる。

## 2.二字語電気用語の考察

　清末在華宣教師資料における二字語電気用語は語構成の面において、20世紀初頭清末資料の電気用語との違い、二字語電気用語が単独に使われているほか、三字語、四字語の構成要素としても重要な役割を果たしていたが、このような複合的造語方式が清末在華宣教師資料に由来したものかどうかは調べてみる必要がある。なお、清末在華宣教師資料の二字語電気用語にはどれが宣教師により作られたのか、どれが古い漢語

にあった古来語なのか。これらも解明すべき問題である。

### 2.1 二字語の語構成

　二字語電気用語は二つの一字語基からなる複合語であるという語構成意識がかなり薄れているようだが、中日近代電気用語比較対照研究は内部構造に基づいた分析が求められるので、二字語の前後語基間の関係を考察する。筆者は朱京偉（2016）に基づいて、清末在華宣教師資料の二字語電気用語を振り分けた結果は次のようになる。

表3-3　二字語電気用語の語構成

| 品詞性 | 結合関係 | 語数 | 語例 |
|---|---|---|---|
| 名詞80<br>（60.15） | 名＋名連体修飾関係 | 37（27.82） | 電報、電信 |
| | 形＋名連体修飾関係 | 21（15.79） | 真空、正電 |
| | 動＋名連体修飾関係 | 18（13.53） | 動力、動電 |
| | 名＋動主述関係 | 3（2.26） | 電流、電溜、電行 |
| | 副＋名連体修飾関係 | 1（0.75） | 本体 |
| 動詞53<br>（39.85） | 動＋動並列関係 | 29（21.80） | 感動、摩擦 |
| | 副＋動連用修飾関係 | 17（12.79） | 相抵、相吸 |
| | 動＋名述客関係 | 5（3.79） | 感電、通信 |
| | 動＋動連用修飾関係 | 2（1.50） | 合成、反響 |
| 合計 | | 133 | |

　表3-3によると、清末在華宣教師資料の二字語電気用語には名詞性のものが最も多く、全体の60.15%を占めている。動詞性のものが全体の4割程度で39.85%となっている。

　二字語電気用語の語構成パターンについては、前部語基と後部語基の文法的な関係に基づいて連体修飾関係、並列関係、連用修飾関係、述客関係、主述関係の5種に分類しているが、清末在華宣教師資料には実例の見当たらないものや語数の少ないものがあるので、以下では主なパタ

ーンについて触れておく。

2.1.1連体修飾関係

　連体修飾関係を結ぶ用語は後部語基が名詞と動詞がある。後部語基が名詞性のものは前部語基の品詞性の違いによって、「名＋名」、「形＋名」、「動＋名」、「副＋名」の4タイプに振り分けられる。清末在華宣教師資料の二字語電気術語ではこの四者の勢力がアンバランスで、「名＋名」、「形＋名」、「動＋名」、「副＋名」の順に並んでいる。後部語基が動詞性のものは「名＋動」がある。合計の語数は77語、抽出語全体の57.89％を占めている。

（名＋名）　磁石、南極、北極、磁気、磁界、磁鉄、電表、電車、電池、電磁、電灯、電堆、電光、電機、電極、電架、電纜、電浪、電力、電鈴、電路、電鑰、電瓶、電気、電器、電槍、電速、電線、電性、電学、電鐘、功力、極点、馬力、能力

（動＋名）　動電、動力、附電、附圏、回路、減線、流質、摩電、去路、摂力、吸力、吸気、圧力、引力、増線、涨力、阻力、阻路

（形＋名）　次圏、呆鉄、負電、副圏、副池、尖点、静電、乾電、乾纜、湿電、陽電、陽端、陽気、陽極、陽線、陰電、陰極、陰端、陰気、陰線、真空、正電

（副＋名）　本体

2.1.2並列関係

　並列関係の二字語は品詞性の同じ前部語基と後部語基（動＋動、名＋名、形＋形）からなり、しかも語基同士が語義の形成においてはほぼ同等の役割を担っているものをさす。清末在華宣教師資料に見られるものは動＋動の組み合わせがあるが。前部語基と後部語基の意味的関係で見ると、「摩擦」のように、前後語基がほぼ同等の重さで語の意味を分け

合っている。合計の語数は29語、抽出語全体の21.80％を占めている。

（動＋動）　擦摩、傅引、感動、揩摩、流動、流行、流通、摩擦、牽
　　　　　　逼、牽合、牽引、驅吸、驅逐、摂取、摂吸、摂引、推開、
　　　　　　推拒、推離、退避、吸引、吸摂、吸引、消化、消減、中
　　　　　　和、阻礙、阻滞

## 2.2語基の造語力

　語基の造語力は清末在華宣教師資料において、どの一字語基が二字漢
語の構成によく用いられたかを調べ、同一の語基で構成される二字漢語
が多ければ多いほど当該語基の造語力が強いということになる。

### 2.2.1前部語基

　二字語電気用語に用いられた前部語基を造語数の多い順に並べると、
次の表になる。

表3-4　前部語基の造語力

| 造語数 | 語基数 | 語基と語例 |
|---|---|---|
| 29 | 1 | 電（−報、−表、−車、−池、−磁、−灯、−堆、−光、−機、−極、−架、−纜、−浪、−力、−鈴、−溜、−流、−路、−鑰、−瓶、−気、−器、−槍、−速、−線、−信、−性、−学、−鐘） |
| 14 | 1 | 相（−傅、−抵、−反、−犯、−合、−和、−聯、−摩、−驅、−離、−推、−吸、−消、−引） |
| 5 | 3 | 吸（−引、−気、−取、−摂、−力）、<br>陽（−電、−気、−線、−端、−極）、<br>陰（−電、−気、−線、−端、−極） |
| 4 | 4 | 磁（−気、−石、−鉄、−界）、流（−行、−動、−質、−通）、<br>摂（−取、−引、−吸、−力）、阻（−力、−滞、−碍、−路） |
| 3 | 3 | 化（−電、−分、−合）、牽（−逼、−合、−引）、<br>推（−開、−離、−拒） |
| 2 | 9 | 動（−電、−力）、附（−電、−圏）、感（−電、−動）、<br>摩（−電、−擦）、乾（−電、−纜）、驅（−吸、−逐）、<br>通（−信、−字）、消（−化、−減）、引（−電、−力） |

続表

| 造語数 | 語基数 | 語基と語例 |
|---|---|---|
| 1 | 32 | 本（−体）、北（−極）、擦（−摩）、傳（−引）、傳（−引）次（−圏）、呆（−鉄）、反（−響）、分（−化）、負（−電）、副（−池）、功（−力）、貫（−串）、合（−成）、回（−路）、極（−点）、尖（−点）、減（−線）、静（−電）、揩（−摩）、馬（−力）、南（−極）、能（−力）、去（−路）、湿（−電）、退（−避）、圧（−力）、増（−線）、漲（−力）、真（−空）、正（−電）、中（−和） |
| 133 | 53 | （1語基あたりの平均造語数は約2.51語になる） |

　表3-4によると、前部語基として最も多く用いられたのは「電−」であり、構成された二字語電気用語は30語となっている。53種の前部語基を造語数2語以上と1語の二つグループに分けてみれば、前者は21語基（39.62％）なのに対して、後者は32語基（60.38％）ある。このように、前部語基では造語数の多い語基が少ないので、1語基あたりの平均造語数は約2.51語という低い数値となっている。

### 2.2.2 後部語基

　二字語電気用語の後部語基についても前部語基と同じ方法で整理してみた結果、前部語基との間にいくつかの点で相違が見られることが明らかになった。

### 表3-5　後部語基の造語力

| 造語数 | 語基数 | 語基と語例 |
|---|---|---|
| 13 | 1 | 電（動−、附−、感−、化−、負−、正−、陰−、陽−、静−、摩−、乾−、湿−、引−） |
| 11 | 1 | 力（電−、動−、功−、圧−、引−、漲−、能−、摂−、吸−、馬−、阻−） |
| 5 | 4 | 極（北−、南−、陰−、陽−、電−）、気（磁−、電−、陰−、陽−、吸−）線（電−、陰−、陽−、増−、減−）、引（相−、傳−、摂−、吸−、牽−） |
| 4 | 1 | 路（電−、回−、去−、阻−） |
| 3 | 3 | 吸（相−、摂−、驅−）、合（相−、化−、牽−）、摩（揩−、擦−、相−） |
| 2 | 13 | 信（電−、通−）、池（副−、電−）、点（極−、尖−）、動（感−、流−）、行（電−、流−）、端（陰−、陽−）、和（相−、中−）、化（分−、消−）、離（推−、相−）、纜（電−、乾−）、取（摂−、吸−）、圏（附−、次−）、鉄（磁−、呆−） |

続表

| 造語数 | 語基数 | 語基と語例 |
|---|---|---|
| 1 | 50 | 碍（阻–）、避（退–）、報（電–）、逼（牽–）、表（電–）、<br>擦（摩–）、車（電–）、串（貫–）、成（合–）、傅（相–）、<br>磁（電–）、灯（電–）、抵（相–）、堆（電–）、光（電–）<br>分（化–）、反（相–）、犯（相–）、界（磁–）、機（電–）、<br>架（電–）、拒（推–）、開（推–）、減（消–）、浪（電–）、<br>空（真–）、鈴（電–）、流（電–）、溜（電–）、鑰（電–）、<br>聯（相–）、驅（相–）、槍（電–）、器（電–）、瓶（電–）、<br>石（磁–）、速（電–）、通（流–）、摂（吸–）、体（本–）、<br>性（電–）、消（相–）、推（相–）、学（電–）、響（反–）、<br>鐘（電–）、質（流–）、逐（驅–）、字（通–）、滞（阻–） |
| 133 | 73 | （1語基あたりの平均造語数は約1.82語なる） |

表3–5によると、後部語基は造語数が4語以上のものは「–電、–力、–極、–気、–線、–引、–路」の7語基である。さらに、前部語基に倣って、73の後部語基を造語数2語以上と1語だけの二つグループに分けてみると、前者は23語基（31.08％）で、後者は50語基（68.92％）となる。前部語基2語以上の39.62％、1語だけの60.38％に比べれば、造語数の多い前部語基は後部語基のそれより割合がずっと高いことがわかる。こうした要因があるので、前部語基では1語基あたりの平均造語数は2.51語に上回る。

以上のように、語基の数による前部語基と後部語基の比較であるが、二字語電気用語の数で見ていくと、両者の格差が一層と大きくなる。たとえば、造語数2語以上の語基で構成された二字語の語数は前部語基では101語で、全語数（133）の75.94％となっているのに対し、後部語基では83語で、全語数（133）の62.41％を占めている。言い換えれば、二字語電気用語の7割以上は造語数の多い前部語基によって構成されている。

### 2.3 二字語の出典

本章では清末在華宣教師資料で抽出した二字語を逐語的に『漢語大詞典』（電子版）、『漢籍全文検索』（電子版）で検索した結果、次のよう

な状況が分かった。

表3-6　二字語電気用語の出典状況

| 資料 | 出典あり | 新義あり | 出典なし | 合計 |
|---|---|---|---|---|
| 合計 | 46（34.59） | 18（13.53） | 69（51.88） | 133（100） |

　表3-6を見ると、「出典あり」の電気用語は46語、34.59%を占めて、「新義あり」の電気用語は18語、13.53%を占め、「出典なし」の電気用語は69語、51.88%を占めている。蘭学資料で得られた数字と比べ、「出典あり」「出典なし」の比例が同じように呈している。本章で調べた「出典なし」の二字語電気用語は5割を占めている。「出典あり」の二字語は3割を占めている。以下は実例に基づいてまとめておきたい。

（1）「出典あり」の二字語

　「出典あり」の語とは中国漢籍を調べ、同形同義の語が見つかる語を指している。清末在華宣教師資料にはこの種類の語が3割を占めている。ここでは「磁石」を例に取り上げる。たとえば、

　□磁石[①]

　其察言也不失，若磁石之取針，舌之取燔骨。（『鬼谷子・反応』）

　問：磁石為何物。

　答：一名吸鉄石有自然生於鉄鉱者，系生鉄与氧気合成，望之似石，故名磁石。有出於人力造成者，系以軟鉄，故名磁鉄。　（『格物入門』電学入門31上）

　このように、清末在華宣教師資料における「磁石」は漢籍における「磁石」と同じ意味を用いている。このような用語は以下のようである。北極、本体、擦摩、傳引、功力、貫串、感動、化分、回路、揩摩、流動、流行、流通、摩擦、南極、能力、牽引、牽逼、牽合、去路、駆逐、推拒、推開、退避、摂取、摂引、相抵、相反、相犯、相和、相合、相傳、相離、相聯、相摩、相駆、相推、相消、消化、消滅、通信、吸引、

————————

①　第二章と同じ例を取り上げる。

吸力、吸取、阻碍

（2）「新義あり」の二字語

　清末在華宣教師資料には古い漢籍と同形の語がみられるものの、漢籍と異なる意味に転用されている語を指す。語数が少ないが、意味変化のパターンに留意する必要がある。たとえば、

　□分化

師甚器之，令 思 首眾。一日，師謂曰：汝當分化一方，無令断絶。（唐 慧能『壇経・機像品』）。

　若其分化幽遠，晦跡林泉，則又未易悉紀也。（宋 周葵『宏智禅師妙光塔碑』）。

　問：佛氏電池尚有病否。

　答：因其銅片易於生銹，為時不久，其電漸少，故每用必須刮摩，考其所以生銹之故，因水被電分化，氧淡二気，淡気歸銅，氧気吃鉛（略）（『格物入門』電学入門　24上）

　その例である。中国漢籍における「分化」という語は「分施教化」を有している仏用語として使われている。清末在華宣教師資料における「分化」は「分解」の意味として使われている。こうして、「分化」に新しい意味が与えられたのだが、この種の「新義あり」の二字語はその他

　真空、陰気、陽気、中和

がある。哲学用語からのものが電気領域にもたらされ、語全体に新しい意味を与える。一方、「馬力」を例に取り上げる。

　□馬力

歷険致遠、馬力尽矣。（『荀子・哀公』）。

　須量馬力，始得君馬全。（宋 梅尭臣『疲馬』诗）

　拉了一匹馬，依着徐驤去的路，加緊了馬力追上去。（『孽海花』第三三回）

　每分時所用之力，僅為十分之一如將重一磅，在一分鐘內升高三萬三千尺，則謂之一馬力，故無論以一磅乘三萬三千或一尺乘三萬三千磅或三十尺乘一千一百磅，或他尺磅数，只須其乘得之数，為三萬三千磅尺，而為

一分時顕出則均等於一馬力。(『通物電光』巻一6下)

　上記のように、漢籍での「馬力」は「馬の力」の意味として使われるのに対し、清末在華宣教師資料における「馬力」は「ワット」の意味として使われている。前部語基「馬力」が本来の意味から転用抽象化され、前後語基を分けると理解することができなくなり、前後語基を組み合わせ、使われている。「新義あり」の二字語はまだ以下のような例がある。

　静電、電流、傳引、陰電、電速、合成、感電、電光、吸気、相吸、相引、引電

　語基「電」の意味が変化することにより、語全体の意味も変わるようになる。

（3）「出典なし」の二字語

　「出典なし」の語は中国漢籍で同形の語が見つからない語を指す。「出典なし」の語を「陰極、陽極」例に取りあげる。たとえば、

　□陰極、陽極

　問：何為二極。

　答：二気之所聚是也。蓋二気名分陰陽，陽気聚於陽極，陰気聚於陰極。欲令隔断不通，則電気不能放出矣。須以引電之物，使由此極達於彼極，則電有路，而気可達矣。(『格物入門』電学入門5上)

　このように、清末在華宣教師資料における「陰極、陽極」は漢籍で見つからない語である。宣教師による造り出された用語だと推測できる。この種の用語は以下のような語もある。

磁界、磁気、磁鉄、次圏、呆鉄、電報、電表、電車、電池、電磁、電灯、電堆、電機、電極、電架、電纜、電力、電浪、電鈴、電溜、電路、電鑰、電瓶、電気、電器、電槍、電線、電信、電性、電学、電鐘、動電、動力、反響、附圏、附電、負電、副池、化電、化合、極点、尖点、減線、流質、摩電、乾電、乾纜、駆吸、摂吸、摂力、湿電、通字、推離、吸摂、圧力、陽電、陽端、陽線、陰端、陰線、引力、増線、漲力、正電、阻力、阻滞、阻路

### 2.4本節のまとめ

清末在華宣教師資料から抽出した133の二字語電気用語を中心に、語構成パターンをはじめ、いくつかの側面から考察を行った。以下のようにまとめる。

（1）品詞性と結合関係。清末在華宣教師資料からの実例を連体修飾関係、並列関係、連用修飾関係、述客関係、主述関係の5種に分類している。その中で連体修飾関係、並列関係による造語はそれぞれ57.89%、21.80%を占めている。名詞性二字語が60.15%、動詞性二字語が39.85%を占めている。

（2）語基の造語力。清末在華宣教師資料において、前部語基は1語基あたりに2.51語を造るのに対して、後部語基は1.82語を造る。前部語基が造語の中心的な要素である。

（3）二字語の出典。二字語の出典を調べてみると、清末在華宣教師資料の二字語と同形の用例がそのまま漢籍で見つかったものが全体の中で34.59%を占めている。これに対し、漢籍で清末在華宣教師資料と同形の用例が見つからず、宣教師の造語と思われる二字語電気用語は51.88%を占めている。

## 3. 2+1型三字語電気用語の考察

清末在華宣教師資料から150の三字語を抽出した。全体から見ると、全ての語が2+1型と1+2型という二つの構成パターンに分類できる。構成要素となる漢字2字の部分と漢字1字の部分はそれぞれ二字語基と一字語基にあたる。三字語の語構成を考えるに際して、二字語基と一字語基の品詞性が有用な情報になるため、それぞれの語基について、名詞性語基、動詞性語基、形容詞性語基、接辞性語基などと振り分ける。電気学における三字語の全容が捉えるために、次の表にまとめる。

表3-7　二字語基と一字語基の品詞性及び構成パターン

|  | 動+名 | 名+名 | 名+動 | 形+名 | 副+名 | 合計 |
|---|---|---|---|---|---|---|
| 2+1型 | 56（46.67） | 57（47.50） | 5（4.17） | 2（1.67） | 0 | 120（80.00） |
| 1+2型 | 8（26.67） | 7（23.33） | 0 | 11（36.67） | 4（13.33） | 30（20.00） |
| 合計 | 64（42.67） | 64（42.67） | 5（3.33） | 13（8.67） | 4（2.67） | 150（100） |

　三字語電気用語では2+1型と1+2型を問わず、前部語基が後部語基を修飾、限定する結合関係になるのが普通である。たとえば、2+1型「名+名」構造の三字語なら、「発電+器＝発電の器」のように、或いは、1+2型「動+名」構造の三字語なら、「陰+電気＝陰性質の電気」のように解釈できる。

　表3-7から大きな特徴が二つ見られる。一つは2+1型三字語で「名+名」と「動+名」で構成された三字語がほぼ同じ割合で全語数の47.50%と46.67%を占めている。1+2型三字語で「形+名」で構成された三字語が36.67%を占めている。「動+名」で構成された三字語は26.67%である。もう一つは2+1型三字語が抽出語全体の8割を占めるのに対し、1+2型の三字語が2割を占めている。したがって、本節では主に2+1型三字語を中心に考察する。

### 3.1 前部二字語基の考察

　前部二字語基の品詞性、結合関係と造語力から2+1型三字語の造語形式を考察する。異なり語基の造語力を踏まえて、品詞性、結合関係、出典状況を考察する。

#### 3.1.1 前部二字語基の造語力

　ここで視点を変えて、前部二字語基の実例に基づいて、その造語力を見てみる。二字語基は後部一字語基と結合して出来た三字語の数が多ければ多いほど、造語力が強いと考えられる。造語数の多い順に二字語基とその語例をあげると、次のとおりである。

表3-8　前部二字語基の造語力

| 造語数 | 語基数 | 語基と語例 |
|---|---|---|
| 13 | 1 | 電気（−機、−灯、−滅、−局、−力、−浪、−溜、−路、−熱、−器、−数、−学、−増） |
| 7 | 2 | 正電（−極、−力、−路、−体、−梳、−指、−池）<br>負電（−極、−力、−路、−体、−梳、−指、−池） |
| 6 | 1 | 通電（−料、−器、−路、−体、−物、−線） |
| 5 | 1 | 吸鉄（−気、−器、−針、−性、−石） |
| 4 | 1 | 附電（−性、−堆、−力、−圏） |
| 3 | 1 | 引電（−質、−架、−器） |
| 2 | 9 | 阻力（−質、−器）、阻電（−率、−力）、陰電（−極、−溜）、陽電（−極、−溜）、回光（−泡、−器）、放電（−桿、−又）、発電（−体、−器）、鑼鐵（−器、−圏）、蓄電（−瓶、−針） |
| 1 | 57 | 愛摂（−力）、愛吸（−力）、北極（−気）、変電（−器）、単層（−池）、電報（−線）、電磁（−浪）、電動（−力）、電光（−灯）、電行（−路）、電力（−較）、電路（−体）、電牽（−力）、電線（−圏）、動物（−電）、法耳（−台）、法通（−線）、反響（−器）、防雷（−鉄）、負極（−点）、感電（−圏）、琥珀（−気）、化電（−器）、接電（−台）、静電（−器）、聚光（−泡）、絶電（−質）、来頓（−瓶）、冷熱（−電）、量電（−器）、螺絲（−圏）、煤電（−灯）、煤気（−灯）、摩電（−器）、南極（−気）、内衡（−器）、千里（−信）、乾電（−機）、収電（−器）、双層（−池）、松香（−質）、探電（−器）、外衡（−器）、無極（−針）、吸驅（−力）、吸物（−力）、顕電（−器）、顕光（−器）、顕転（−器）、勻電（−器）、増力（−器）、真空（−管）、正極（−点）、正負（−極）、指字（−機）、助声（−器）、貯電（−箱） |
| 120 | 73 | （1語基あたりの平均造語数は約1.64語） |

　　つまり、今回の調査で「電気」は13語の三字語が構成されており、造語力の最も強い二字語基としてあげられる。ただし、これはむしろ資料の性格がもたらしたもので、その他の二字語基を見ると、造語数4語の場合は6語基だけというように、造語数の多いものが少数に限られているのに対し、造語数の1語だけの二字語基で構成されている三字語が57語なので、1語基あたりの平均造語数が約1.64語になる。この結果は

後部一字語基との間での格差が見られ、注目すべきである。

3.1.2前部二字語基の語構成

　前部二字語基はその全体を一つの意味単位とする時の品詞性を有すると同時に、これをさらに二つの一字語基に細分するときの内部の品詞構成がある。清末在華宣教師資料における三字語だけに終わるのではなく、明治期資料、20世紀初頭清末資料の三字語との比較対照をするには、二字語基内部の品詞構成に踏み込んで検討してみる必要があると考えられている。そこで、2+1型三字語の120語について、前節で前部二字語基の造語力を考察した。それを踏まえて、73種の前部二字語基の品詞性とともに、その下位分類となる語基内部の品詞構成と結合関係を整理すると、下の表のようになる。

**表3-9　前部二字語基の語構成**

| 二字語基の品詞性 | 内部の結合関係 | 語数 | 語例 |
|---|---|---|---|
| 動詞性語基37（50.68） | 動＋名述客関係 | 29（39.73） | 発電（器）、接電（台） |
| | 形＋動連用修飾関係 | 2（2.74） | 内衡（器）、外衡（器） |
| | 名＋動主述関係 | 3（4.11） | 電行（路）、電牽（力） |
| | 動＋動連用修飾関係 | 2（2.74） | 愛吸（力）、愛摂（力） |
| | 動＋動並列関係 | 1（1.37） | 吸驅（力） |
| 名詞性語基34（46.58） | 名＋名連体修飾関係 | 14（19.18） | 電気（器）、負電（体） |
| | 形＋名連体修飾関係 | 11（15.07） | 単層（池）、双層（池） |
| | 動＋名連体修飾関係 | 4（5.48） | 阻力（質）、附電（力） |
| | 音訳 | 4（5.48） | 法通（線）、来頓（瓶） |
| | 名＋名並列関係 | 1（1.37） | 鑼鉄（器） |
| 形容詞性語基2（2.74） | 形＋形並列関係 | 2（2.74） | 冷熱（電）、正負（極） |

　表3-9によって、二字語基内部の結合関係を細かく見ていくと、動詞性語基が全語数で50.68％を占めているので、三字語の中核を担っている。電気用語の前部二字語基が朱京偉（2011b）では名詞性二字語基、

動詞性語基、形容詞性語基のラングとなっていることと異なり、動詞性語基がやや多くなっている。注意したいところは「動＋名」で構成された三字語が39.73％を占めて、圧倒的に多い。名詞性語基のほうが「名＋名連体修飾関係」「形＋名連体修飾関係」「動＋名連体修飾関係」に属する二字語基が合わせて、三字語の構成要素で39.73％を占めている。清末在華宣教師資料ではどのような二字語基が三字語の構成要素になれるかを示してあり、それなりに重要なものである。語基の多い結合関係を示すと、次のとおりである。

（1）述客関係

述客関係を結ぶ二字語基は後部語基が名詞で、しかも前部動詞性語基が働く対象となっている。朱京偉（2011b）と同じように、「動＋名」述客関係を結ぶ語基が圧倒的に多く、39.73％を占めている。

変電－、発電－、反響－、反響－、放電－、感電－、化電－、回光－、接電－、聚光－、絶電－、量電－、摩電－、収電－、探電－、通電－、吸鉄－、吸物－、顯電－、顕光－、顕転－、蓄電－、引電－、匀電－、増力－、指字－、助声－、貯電－、阻電－

（2）連体修飾関係

連体修飾関係を結ぶ二字語基は後部語基が名詞性のもので、前部語基の品詞性により「名＋名」「形＋名」「動＋名」の3タイプに振り分けられる。連体修飾関係を結ぶ前部二字語基は39.73％を占めている。

（名＋名）　北極－、電報－、電磁－、電光－、電力－、電路－、電気－、電線－、螺絲－、煤電－、煤気－、南極－、千里－、松香－

（形＋名）　単層－、負電－、負極－、静電－、乾電－、双層－、陽電－、陰電－、真空－、正電－、正極－

（動＋名）　動物－、附電－、無極－、阻力－

3.1.3　2+1型三字語の出典

清末在華宣教師資料に見える2+1型三字語電気用語は宣教師による造

語なのか、それとも、漢籍にその出典があるのか。これは2+1型三字語の形成を考えるにあたって、非常に重要な問題である。2+1型三字語内部構造を知るために、前部二字語基の出典を詳しく考察するべきである。漢籍と重なる前部二字語基が多いかそれとも清末在華宣教師資料のみにある語基が多いのかということを究明するのは清末在華宣教師資料で出典がある2+1型三字語が少ない原因が分かる。『漢語大詞典』（電子版）、『漢籍全文検索』（電子版）、CCL検索した。ここで前部二字語基を検査した結果、漢籍との関係を以下のようにまとめる。

表3-10　2+1型三字語電気用語の出典状況

| 清末在華宣教師資料 | 出典あり | 新義あり | 出典なし | 合計 |
|---|---|---|---|---|
| 2+1型三字語 | 1（0.83） | 0 | 119（99.17） | 120 |
| 前部二字語基 | 18（24.66） | 12（16.44） | 43（58.90） | 73 |

　2+1型三字語出典状況を考察するとともに、前部二字語基の出典状況も詳しく考察した。以下では各欄の状況を実例に基づいてまとめておきたい。

　（1）「出典あり」の2+1型三字語

　以上で分かるように、清末在華宣教師資料における2+1型三字語は「出典なし」の三字語が9割以上になるので、清末在華宣教師資料で「出典なし」の2+1型三字語が新造語の可能性が高いということが分かる。

　清末在華宣教師資料で「出典あり」の三字語は1語だけあって、「吸鉄石」である。ここで「吸鉄石」を例に取り上げる。

　□吸鉄石

　水晶珠兒一百串。珊瑚珠兒一百串。犀角一十斤。象牙三十斤。吸鉄石二十斤。（元『老乞大新釈』）

　償於電池有工作，電気発出時，馬掌形鉄已得吸他等鉄之力。試即知其與吸鉄石無異。（『格致質学啓蒙』十一章44上）

　三字語の出典を通し、ある程度、近代までの三字語の状況がうかがえ

る。清末在華宣教師資料に用いられる三字語はただ1語だけであること
から、近代以前は電気用語の未発達が見られる。言い換えれば、残りの
119語が新（造）語といえる。

（2）「出典あり」の前部二字語基

「出典あり」の前部二字語基とは漢籍において、同形の三字語の用例
がないが、前部二字語基と同形の用例が見られるものである。語レベル
では「出典あり」の語が少ないが、語基レベルでも同じである。漢籍と
清末在華宣教師資料両方の用例をあげると、たとえば、

□（漢籍）琥珀→（宣）琥珀気

金華紫輪帽，金華紫羅面衣，織成上襦，織成下裳，五色文綬，鴛鴦
襦，鴛鴦褥，金錯繍襠，七宝纂履，五色文玉環，同心七宝釵，黄金歩
搖，合歡圓。琥珀枕，亀文枕，珊瑚瑪瑙區，雲母扇……（東漢『全
漢文』）

問：其二何也。

答：玻璃一塊，揩令幹溫，以碎紙近之，即被玻璃吸起，此玻璃中電気
発現也。玻璃揩熱，可吸煙草，中國以此法辨琥珀之真偽，始而西国名，
為電気，為琥珀気。（『格物入門』電学入門2上）

□（漢籍）螺絲→（宣）螺絲圏

造鳥銃之法，後門有螺絲轉者，此銃腹，長放過後內常作濕，二三日要
洗一次，用挩仗展水布一方，蘸水入洗之。如鉛子在內，或克火門等項，
取開後門絲転，以便修整，最為易便。（明 戚継光『紀效新書』）

凡電気行過通電之物，則其通電物有吸鉄之性。因電行之時，物之外面
顯出螺絲圏形之電気吸鉄力。（『通物電光』巻一9下）

このように、前部二字語基に関しては、漢籍にほぼ同じ意味の用例が
見られるので、漢籍語の借用ということになるが、「琥珀、螺絲」の用
例が漢籍で見つからず、「琥珀気、螺絲圏」のような三字語も文献で見
つからなかった。この場合の「琥珀、螺絲」は本節で「出典あり」の語
基にあたる。その例として、次の諸語基が挙げられる。

表3-11　「出典あり」の前部二字語基の造語数

| 造語数 | 語基数 | 語基 |
|---|---|---|
| 5 | 1 | 吸鉄‒ |
| 2 | 2 | 回光‒、鑷鉄‒ |
| 1 | 15 | 北極‒、南極‒、単層‒、動物‒、冷熱‒、煤気‒、千里‒、双層‒、松香‒、顕光‒、増力‒、正負‒、内衝‒、螺絲‒、琥珀‒ |

　前述の「出典あり」の三字語の場合に比べ、漢籍での用例が各ジャンルに分散していて、出典資料の特定が難しい。しかも、「出典あり」の前部二字語基が「出典あり」の三字語より多く、25.00％を占めている。

　しかし、重要なのは「琥珀」と「気」、「螺絲」と「圏」は語基のレベルでいえば、いずれも漢籍にあったものであるが、これらを「琥珀気、螺絲圏」のような一語に結合させることによって、ある概念が語の形で表現されるようになったということである。この意味で、「琥珀気、螺絲圏」のような多くの三字語の出現は清末在華宣教師資料における新造語というべきである。造語の多い「出典あり」の前部二字語基が少なく、ほとんど1語だけ造る。つまり、「出典あり」の前部二字語基による造語が少ない。

（2）「新義あり」の前部二字語基

「新義あり」の二字語基とは漢籍において、三字語の語形が見当たらないものだが、二字語基と同形の用例も見つかったが、意味が違うものである。漢籍と清末在華宣教師資料両方の用例をあげると、たとえば、

　□（漢籍）収電→（宣）収電器

　（匈奴）至如猋風，去如收電。（『漢書・韓安国傳』）

　電学家頼以上之理，作摩電器。其法用玻璃円板，令其与墊相切，而転動之。另加收電器与附電圏等件，此類摩電器之式甚多。（『通物電光』巻二　3上）

　□（漢籍）無極→（宣）無極針

　女德無極，女怨無終。（『左傳・僖公二十四年』）

太子方富于年，意者久耽安楽，日夜無極。（漢 枚乗『七発』）

問：無極針何物。

答：両頭相同之磁針是也。両頭既同，便不分南北，故名無極。或以磁針二條，顛倒並為一條，或以二條顛倒，居中安一横欅懸之，均不能指南北也。（『格物入門』電気入門40上）

『漢書・韓安国傳』において、「収電」の「電」が迅速の意味である。中国古代で、「電」が稲妻、雷のことを指しているので、そこからのたとえである。

中国漢籍では「無極」が「無限」の意味を表している。同時に、中国古代哲学が宇宙が万物の源である「無極」である。たとえば、「無極而太極。太極動而生陽，動極而静，静而生陰 …… 陰陽一太極也，太極本無極也。」（宋 周敦頤『太極図説』）

清末在華宣教師資料における「無極針」は「極」がpoleの対訳で、漢籍の「無極」と比べ、意味が違う。

「無極、収電」のように、語基「極、電」の意味変化により、「無極、収電」全体の意味も変わるようになる。次の諸例も同じタイプに属している。語基の意味変化により語全体に意味変化をもたらすタイプである。「新義あり」の前部二字語基は以下のようにある。

表3-12 「新義あり」の前部二字語基の造語数

| 造語数 | 語基数 | 語基 |
|---|---|---|
| 3 | 1 | 引電– |
| 2 | 1 | 陰電– |
| 1 | 10 | 電行–、電光–、感電–、電動–、静電–、絶電–、真空–、指字–、無極–、収電– |

「新義あり」の前部二字語基「収電」と「器」、「無極」と「針」は語基のレベルでいえば、いずれも新義があったものであるが、これらを「収電器、無極針」のように一語に結合させることによって、ある概念が語の形で表現されるようになったということである。この意味で、

「収電器、無極針」のような多くの三字語の出現は清末在華宣教師資料における新造語というべきである。造語の多い「新義あり」の前部二字語基が少ない。つまり、「新義あり」の前部二字語基による造語が少ない。

（3）「出典なし」の前部二字語基

「出典なし」の二字語基とは漢籍において、三字語の語形も前部二字語基と同形の用例も見当たらないものである。2+1型三字語の中で、この種に属するものが最も多く、全体の7割以上を占めている。この種の二字語基に関しては、宣教師による造語の可能性が高い。たとえば、

□来頓→来頓瓶

前八十一欸所言錫箔與玻璃片之器，其理與来頓瓶通，將玻璃片曲成瓶形，錫箔一鋪其内，一裏其外，即成来頓瓶。（『電学綱目』21下）

如用大来頓瓶置電気於内，則易令克路克司泡破裂，故此工所用来頓瓶之大小，須与克路克司泡内真空之大小相配。（『通物電光』巻三2下）

後所言来頓瓶之試験，亦有相感之理，労德基稱為同音之瓶，亦借声学之名以言瓶也。（『無線電報』14上）

清末在華宣教師資料における「来頓瓶」は前部二字語基が「出典なし」の音訳語で、後部一字語基「瓶」と組み合わせて、新造語「来頓瓶」になる。

語構成から言えば、「出典なし」の二字語基はとくに、「動+名」述客関係が多くなっていることが調査から明らかになった。連体修飾関係になる「動+名」が5.79％を占めている。「出典なし」の前部二字語基は以下の諸例もある。

表3-13 「出典なし」の前部二字語基の造語数

| 造語数 | 語基数 | 語基 |
|---|---|---|
| 13 | 1 | 電気- |
| 7 | 2 | 負電-、正電- |
| 6 | 1 | 通電- |

統表

| 造語数 | 語基数 | 語基 |
|---|---|---|
| 4 | 1 | 附電– |
| 2 | 6 | 発電–、放電–、阻電–、陽電–、阻力–、蓄電– |
| 1 | 32 | 愛摂–、愛吸–、変電–、電報–、電磁–、電力–、電路–、電牽–、電線–、法耳–、法通–、反響–、防雷–、負極–、化電–、接電–、聚光–、量電–、正極–、探電–、煤電–、摩電–、乾電–、外衛–、匀電–、吸驅–、顕電–、顕転–、増力–、助声–、貯電–、来頓– |

「負電」は語基のレベルでいえば、出典がないものであるが、これらを「負電極」のように一語に結合させることによって、ある概念が語の形で表現されるようになったということである。この意味で、「負電極」のような多くの三字語の出現は清末在華宣教師資料における新造語というべきである。造語が1語を造る「出典なし」の語基が多いが、「出典あり」「新義あり」の前部二字語基より多い。

### 3.2 後部一字語基の考察

前で二字語基の造語力、結合関係、出典状況を分析したが、本節で2+1型三字語後部一字語基を語基の造語力、漢籍との関係から考察する。

#### 3.2.1 後部一字語基の造語力

後部一字語基は基本的には名詞性のものが多い。ただし、実際にその中身を見れば、実質的な意味を表し、単独でも使えるような語基性が強いものだから、意味が形式化される。ここでは前部二字語基との比較をするため、それを倣い、後部一字語基の造語力についてまとめたい。

表3-14　後部一字語基の造語力

| 造語数 | 語基数 | 語基と語例 |
|---|---|---|
| 24 | 1 | 器（変電–、電気–、発電–、反響–、化電–、回光–、静電–、摩電–、内衛–、鑷鉄–、量電–、収電–、探電–、通電–、外衛–、吸鉄–、顕電–、顕転–、顕光–、匀電–、引電–、増力–、助声–、阻力–） |

| 造語数 | 語基数 | 語基と語例 |
|---|---|---|
| 12 | 1 | 力（愛吸−、愛摂−、電動−、電気−、電牽−、附電−、負電−、吸驅−、吸鉄−、吸物−、正電−、阻電−） |
| 5 | 4 | 極（負電−、正電−、陰電−、陽電−、正負−）<br>体（電路−、発電−、負電−、通電−、正電−）<br>圏（電線−、附電−、感電−、螺絲−、鑷鉄−）<br>路（電気−、電行−、負電−、正電−、通電−） |
| 4 | 3 | 質（松香−、絶電−、引電−、阻力−）<br>灯（電光−、電気−、煤気−、煤電−）<br>池（単層−、双層−、正電−、負電−） |
| 3 | 5 | 線（電報−、法通−、通電−）、溜（陰電−、陽電−、電気−）、<br>気（北極−、南極−、琥珀−）針（無極−、蓄電−、吸鉄−）、<br>機（乾電−、指字−、電気−） |
| 2 | 9 | 指（正電−、負電−）、性（附電−、吸鉄−）、台（法耳−、接電−）、<br>梳（負電−、正電−）、瓶（来頓−、蓄電−）、泡（聚光−、回光−）、<br>浪（電気−、電磁−）、電（動物−、冷熱−）、点（正極−、負極−） |
| 1 | 19 | 叉（放電−）、桿（放電−）、堆（附電−）、架（引電−）、<br>管（真空−）、較（電力−）、料（通電−）、減（電気−）、<br>局（電気−）、率（阻電−）、熱（電気−）、石（吸鉄−）、<br>数（電気−）、鉄（防雷−）、物（通電−）、箱（貯電−）、<br>信（千里−）、学（電気−）、増（電気−） |
| 120 | 42 | （1語基あたりの平均造語数は約2.86語） |

　表3−14で分かるように、1語基での最も多い造語数は24語を造る。残念ながら、1語基だけにとどまる。造語数1語だけの語基は19語基がある。このような語基分布の特徴を前部二字語基の場合（表11）と比較すると、両者の違いがよく分かる。120語の2+1型三字語を構成するのに、前部二字語基では73種の語基が用いられ、1語基あたりの平均造語数が約1.64語である。一方、後部一字語基では42種の語基が用いられ、1語基あたりの平均造語数が約2.86語となっている。

　朱京偉（2011a）では蘭学資料で2+1型三字語は前部二字語基が種類が豊富で、平均造語数が少ない前部二字語基に対して、後部一字語基は種類が少なくて平均造語数が多いという特徴を持っていると指摘した。本章で考察した清末在華宣教師資料における2+1型三字語電気用語は朱

氏（2011a）と同じ傾向を呈している。清末在華宣教師資料において、
2+1型三字語電気用語は種類が豊富で、平均造語数が少ない前部二字語
基に対し、後部一字語基は種類が少ないが、平均造語数が多いという特
徴を持っている。少なくとも、日本語を導入するまでの中国では、宣教
師の三字語電気用語がその造語について、語構成上、後部一字語基によ
る造語はすでに系統性を備えている状態であると言える。

### 3.2.2 後部一字語基の出典

後部一字語基は品詞性の面だけでなく、前部二字語基との結合関係も
比較的単純である。しかし、中国漢籍で二字語の後部語基になりやすい
語基が2+1型三字語後部一字語基になるのは稀である。それに漢籍語と
の影響関係も問題である[①]。三字語電気用語に含まれた後部一字語基は
漢籍との関係、意味変化の有無により、以下のようにまとめる。

表3-15　後部一字語基の造語機能と意味変化

| 造語機能 | 意味変化 | 漢籍と一致 | 単独使用 |
|---|---|---|---|
| 造語機能が変わらない語基 | 意味が変わる語基 | 1（2.38） | |
| | 意味が変わらない語基 | 20（47.62） | |
| 造語機能が変わる語基 | 意味が変わる他語基 | | 2（4.76） |
| | 意味が変わらない語基 | | 19（45.24） |
| 合計 | | 21（50.00） | 21（50.00） |

表3-15では後部一字語基の状況に基づいて、「漢籍と一致」と「単独
使用」に分けて、この表をとおし、漢籍からの影響がうかがえる。「単
独使用」の語基は漢籍で三字語の造語例を見出せず、宣教師が自ら造語
機能を付与したと思われる一字語基である。

「漢籍と一致」の語基と「単独使用」の語基を比べると、両者は同じ
数である。つまり、造語機能が変わると変わらない後部一字語基がそれ
ぞれ半分を占めている。意味変化の有無により意味が変わる語基と変わ

---

① 朱京偉.蘭学資料の三字漢語についての考察.国語研プロジェクトレビュー，2011（4）：12

らない語基に分けている。したがって、清末在華宣教師資料における後部一字語基は以下の4種に分けられる。（1）造語機能と意味が変わらない語基、「－器、－力、－体、－圏、－灯、－線、－気、－性、－瓶、－局、－学、－箱、－石、－桿、－信、－管、－又、－台、－堆、－針」という20語基がある；（2）造語機能が変わり、意味が変わらない語基、「－極、－路、－質、－機、－指、－泡、－浪、－点、－溜、－熱、－減、－較、－数、－増、－鉄、－料、－物、－架、－率」という19語基がある；（3）造語機能と意味が変わる語基、「－電、－梳」；（4）造語機能が変わらない、意味が変わる語基、「－池」がある。後部一字語基の造語数を以下のようにまとめる。

表3-16　後部一字語基の重なり状況

| | 造語数 | 語基 |
|---|---|---|
| 漢籍と一致21<br>（50.00） | 12-24 | －力、－器 |
| | 4-6 | －灯、－圏、－体 |
| | 2-3 | －線、－気、－池、－性、－瓶 |
| | 1 | －局、－学、－箱、－石、－桿、－信、－管、－又、－台、－堆、－針 |
| 単独使用21<br>（50.00） | 4-6 | －極、－路、－質 |
| | 2-3 | －機、－指、－梳、－泡、－浪、－電、－点、－溜 |
| | 1 | －熱、－減、－較、－数、－増、－鉄、－料、－物、－架、－率 |

　表3-16では後部一字語基の状況に基づいて、「漢籍と一致」と「単独使用」に分けている。この表では漢籍からの影響がうかがえる。全体的には「単独使用」の語基が多い。「漢籍と一致」の語基も「単独使用」の語基もいずれも造語数の多い語基が少ない。造語の多い後部一字語基は中国漢籍と一致する語基「－力、－器、－灯、－圏、－体」である。「単独使用」の後部一字語基は4語以上を造った語基が「－極、－路、－質」という3語基だけある。したがって、清末在華宣教師資料において、2+1型三字語電気用語が発達していない状態をそこからうかがえるようになる。造語の多い「－力、－器、－灯、－圏、－体」と造語機能が変わり、

意味が変わらない「−極、−路、−浪」、造語機能と意味が変わる「−電」、造語機能が変わらない、意味が変わる「−池」を具体例として検討する。

（1）造語機能と意味が変わらない語基

漢籍でそのまま見つかった三字語が1語だけある。それと比べると、造語機能と意味が変わらない語基が一層多くなる。これらの語基が2+1型三字語の後部一字語基としての用法があるが、少ない。ここでは「−器」「−力」「−体」「−圏」「−灯」といった造語が割合多い語基を実例として検討してみる。

−器

漢籍では古くから「楽器、兵器、石器、玩器」などのように、二字語が中心である。三字語の用例はごく少数にとどまる。たとえば、「藤線器、飲水器」などのが挙げられる。

余曽自作一飲水器，……其制一一与此相合，但此前端用杓，更為妙耳。（鄧玉函 王徴『遠西奇器図説録最』1626）

有藤線器求其力 如上用法得其角矣。用八十四款比例則得所求如上図甲乙一分。甲至丙為八分，則八分止。用一分之能力矣。（鄧玉函 王徴『遠西奇器図説録最』1626）

しかし、「器」に関する造語法は漢籍において、早くから存在していた。ただし、多くの場合は三字語の場合ではなく、「取水之器、藤線之器」のように、「之器」の句形式で表現されていたと見られる。一方、清末在華宣教師資料における「器」を含む三字語は

変電器、電気器、発電器、反響器、化電器、回光器、静電器、摩電器、内衡器、鑷鉄器、量電器、収電器、探電器、通電器、外衡器、吸鉄器、顕電器、顕転器、顕光器、匀電器、引電器、増力器、助声器、阻力器

のように挙げられる。前部二字語基が「2字出典なし」の語が多い。「回光器、顕光器、吸鉄器、増力器」のような「2字出典あり」の語が多い。「器」が後部一字語基としての用法がいっそう強くなる。

−力

「−力」で構成される三字語は漢籍で希である。「磁石力、感応力、造

化力」の3語だけ見つかった①。

如磁石力令鉄転移，雖無有心，似有心者。(『喩林』明 徐元太 1615 )

但衣食為善縁而已，獲是感応力，於今十方普供養。(『雞肋集』巻六十九 晁補之 北宋10世紀後半 )

攬彼造化力，持為我神通。(『李天白文集』巻八 宋 宋敏求編 1064 )

清末在華宣教師資料では「−力」で構成される三字語電気用語が「負電力、愛吸力」のような「2字出典なし」の三字語である。たとえば、

其負電力強於彼極，両極之陰陽，進電路与出電路，雖属迭更，而此強力必恒於一方向内，顕出。(『通物電光』巻二 18上 )

前第二款將鋅与鉑各一條，置酸水内，其鋅与水之氧気有極大愛攝力，鋅鉑一相切，即顕吸力，其氧気与鋅化合，因此成化電気。(『電気綱目』41下 )

のように、前部二字語基が全部で「出典なし」なのである。清末在華宣教師資料が「−力」の造語機能をいかして、積極的に新語を造り出そうとする姿勢が見られる。

−体

漢籍では、17世紀以降の漢訳洋学書をはじめ、「天体、地体、物体、定体、流体」などの二字語、「正方体、尖円体」がある。従って、「−体」に関する三字語の造語機能が中国側で早くから用意されていたといえる②。清末在華宣教師資料における電気用語は全部で「2字出典なし」の三字語である。たとえば、

自正電路体起至負電路体而止，而負電路体相切之水点所放軽気，再無氧気与之化合，故存其気質之形，即在電路体上，漸聚成気泡放散。此理為古羅拖司所設，尚未有確實之據，不過其化分之意各能解明。(『電気綱目』52下 )

---

① 朱京偉.蘭学資料の三字漢語についての考察.国語研プロジェクトレビュー,2011(4):15

② 朱京偉.蘭学資料の三字漢語についての考察.国語研プロジェクトレビュー,2011(4):19

のように、前部二字語基が「出典なし」である。清末在華宣教師資料が「－体」の造語機能をいかして、積極的に新語を造り出そうとする姿勢が見られる。

－圏

二字語の後部語基としての造語が「円圏、手圏、烟圏、箆圏」のような言葉が多い。「圏」が漢籍で三字語後部一字語基としての用法が希である。いまでは見つかったやや早い用例が南宋『佛語録』からの「金剛圏」である。

金剛圈栗棘蓬，玄沙三種病。石鞏一張弓。直截為君説。新羅在海東。（南宋『佛語錄』）

関聖賢仔細看來，原来是羊角山羊角道德真君的石井圈兒。這個圈兒不至緊，有老大的行藏。（明『三寶太監西洋記』）

這位神聖下世，出在陳塘関，乃薑子牙先行官是也；靈珠子化身。金鐲是"乾坤圈"，紅綾名曰"混天綾"。（明『封神演義』）

一方、清末在華宣教師資料では「電線圏、附電圏」のような前部二字語基が「出典なし」のものと「螺丝圏」のような前部二字語基が「出典あり」のものが挙げられる。たとえば、

問：以電懸物，其法何如。

答：懸螺絲圈，両頭接於兩極，則電行其上，以鉄置圈内，便能中懸，若電池大而絲圈寛，則電多而力厚。（『格物入門』電学入門 32 上）

のような用例がある。意味が漢籍と比べ、あまり変わりがない用法である。

－灯

「灯」が漢籍で見つかった二字語「油灯、慧灯、明灯、禅灯、法灯、心灯」などがある。三字語は「耀華灯、智慧灯、正法灯、世間灯」だけ見つかった。たとえば、

朗華鐘之妙音，耀華燈之清影。（六朝『全梁文』）

是故生悲涼。又見衆生処無明，不知熾然智慧燈明。是故生悲。（六朝『佛経』）

のような用例がある。「耀華灯」以外の「智慧灯、正法灯、世間灯」はすべて六朝『佛経』からのものである。

一方、清末在華宣教師資料において、「灯」を含む三字語は「電気灯、電光灯、煤気灯」がある。たとえば、

問：接電台何物。

答：系四足木幾也。足以玻璃為之，使電気不得帰地。如欲聚電於物，將物置於台上，以引電練依之，電気便聚於物矣。若人立台上，手持引電練，則電気入身，將見其発豎立，以指近其耳鼻等処，皆有火星迸出，且聞爆響矣。以西国煤灯近之，可以然著。(『格物入門』電気入門4下)

このように、清末在華宣教師資料において「灯」を含む三字語は「照明用の器具」の「耀华灯」と比べ、清末在華宣教師資料における後部一字語基「灯」は意味が同じである。しかし、詳しくみると、経典からの「世間灯、智慧灯」のような用例において、「灯」は単なる「照明用の器具」だけではなく、「人を善に導く」ためのものとなっている。

（2）造語機能が変わり、意味が変わらない語基

漢籍で二字語後部一字語基になりやすい語基が2+1型三字語の後部一字語基になるのは稀である。清末在華宣教師資料で造語機能が拡大され、意味が変わらない語基が割合多い。ここでは「－極、－路、－浪」を実例として検討してみる。

－極

漢籍では「登極（皇帝の即位）」がある。早期漢訳洋学書には「南極、北極」という「名＋名」連体修飾関係を表す二字語がある。「南極、北極」において、二字語後部語基としての「－極」は「pole」の対訳語である。漢籍では三字語については見当たらなかった。前部二字語基は清末在華宣教師資料では「出典なし」の「負電極、正電極、陰電極、陽電極、正負極」がある。たとえば、

如化電器一件，或転成電器一件，所発之力不足，則可依第二十一圖之法連之成一幅，即此件之正電極，与彼件之負電極相連，而其与正負通電極，亦以同法連之。(『通物電光』巻二 10下)

このような用例では「極」が「pole」の対訳語である。それは早期漢訳洋学書からの「南極、北極」の後部語基意味と一致している。「極」は「正電」のような「出典なし」の前部二字語基と「双層、単層」のような「出典あり」の前部二字語基と組み合わせる。また、清末在華宣教師資料における用例の分布から見ると、「正電極、負電極」は『格致質学啓蒙』、『通物電光』、『無線電報』という20世紀後期の資料に見え始めた。

－路

「路」は漢籍で「道路、岐路、水路、帰路」のような用例と「子路」のような名前を表している用例が見られる。たとえば、

先主奔青州，刺史袁潭奉迎道路，馳以白父紹，紹身出鄴二百里與先主相見。公壮羽勇鋭，拝偏將軍。（六朝史書『華陽国志』）

単將鋭卒，深入虜庭，胡人衆多，鈔軍前後，断截帰路。豫乃進軍，去虜十餘裏結屯營，多聚牛馬糞然之，従他道引去。（六朝史書『三国志』）

このように、漢籍では名詞性、動詞性語基と組み合わせるものである。一方、清末在華宣教師資料では「新義あり」の前部二字語基「電行」と「路」を組み合わせる「電行路」と「出典なし」の前部二字語基「電気、負電、通電、正電」と「路」を組み合わせる「電気路、負電路、通電路、正電路」のような用例がある。清末在華宣教師資料からの三字語を構成する後部一字語基「路」は「電気線路」の意味を指している。たとえば、

凡電気化分等事，常法以鉑片等合用之料，置所化分水内，令電気通至両片，其両片所発電気，即従水内行過，則電気入水之片，謂之正電路。電気出水之片，謂之負電路。如無此水，則両片不過栄満正負電気。（『電学綱目』46下）

稱通電路之意，謂電気所経過之全路。従発電之源起至収電，而作各工之器止。其間相連之器，或所配之通断電各器，均稱之謂通電路。（『通物電光』巻二 12下）

このような三字語後部一字語基としての用法がある。清末在華宣教師資料において「路」が積極的に新語を造り出そうとする姿勢が見られる。

－浪

「浪」漢籍で「波浪、水浪」のような用例と「流浪、孟浪」のような
用例が見られる。たとえば、

鱗介之物，不達皇壤之事；毛羽之族，不識流浪之勢。（晋 孫綽『喩
道論』）

得手応心，奚事揣摩之計，入経出傳，耻為孟浪之談。（明 呉承恩『寿
王可斎七秩障詞引』）

このように「浪」が二字語後部語基としての用法が「波浪」から意味
が徐々に拡大されるようになる。

一方、清末在華宣教師資料において、「電磁浪、電気浪」のような三
字語を構成される「浪」の用法がある。ここで「浪」は「波浪」の比喩
的な意味「波浪」のようなものの意を用いている。例えば、

以脱傳曰功力成浪形，浪之長短不一。人目所能収者謂之光。人身所能
覚之他種浪，謂之熱。又有一浪，惟精製之機器，始能考出，即電気、磁
電気也。開裏非尼侯雲，目能収光，猶勃藍利所造之黏合機器，為視電気
之目，而能収赫而此電気浪也。（『無線電報』3上）

このように、「電気浪」が見つかった。清末在華宣教師資料には「電
浪」という二字語がある。三字語「電気浪」は「気」の脱落により二字
語「電浪」となっている。同じ現象では、「電気灯、電気鈴、電気車、
電気路、電気学」といった用例が挙げられる。

（3）造語機能と意味が変わる語基

造語機能も意味も変わる語基は希で、ただ「－電、－梳」がある。こ
こでは「－電」を実例として取り上げる。

－電

「電」は中国漢籍で「雷、稲妻」の意味で使われている。それで、「雷、
稲妻」から「速度が速い、素早か」のたとえで使われている。「流電、
閃電、雷電」のような二字語の後部語基の用法が見つかった。例えば、

蓋人生天地之間也，若流電之過戸牖，軽塵之栖弱草。（『芸文類聚』巻
六引 三国 魏 李康『游山序』）

是日疾風暴雨，雷電晦冥。"(『後漢書・列女傳・許昇妻』)

このように、「電」が前部動詞性語基、名詞性語基と組み合わせ、二字語後部語基としての用法が見つかった。

一方、清末在華宣教師資料に「動物電、冷熱電」のような2+1型三字語後部一字語基としての用法が存在している。例えば、

動物電　凡動物生活之時、其体必有電気。有数種動物発電極多。如電魚。(『通物電光』巻二1下 )

故欲用冷熱電得大力、必将多熱対相連而用之，有数種成顆粒之体，如土馬令或鋅養矽養與石英與金雑鈉霜等物，或加熱不匀，或変冷不匀。則其対端亦有相反之電気。(『通物電光』巻二2上 )

明らかに、清末在華宣教師資料で見つかった「動物電、冷熱電」の「電」が「雷、稲妻」の意味ではなく、「電気」の意を用いている。したがって、「電」が漢籍の意味と比べ、意味も造語機能も変わるタイプである。

（4）造語機能が変わらない、意味が変わる語基

造語機能が変わらない、意味が変わる語基も少ない。「池」だけあるので、「池」を実例として取り上げる。

－池

漢籍で「天池、酒池、沟池、泉池、城池、園池」のような二字語が多く見られる。「蓬莱池、太液池」などの三字語が見られる。たとえば、

始元元年春二月。黄鵠下建章宮。太液池中。公頃上壽。賜諸侯王列候宗室金錢各有差。(東漢 史論『前漢紀』荀悦)

其西則唐中，數十裏虎圈。其北治大池，漸台高二十餘丈，命曰太液池，中有蓬萊、方丈、瀛洲、壺梁，象海中神山亀魚之属。其南有玉堂、璧門、大鳥之属。(『二十五史 史記』)

閏五月作蓬萊池周廊四百間。十三年二月詔六軍使創麟德殿之右廊。又浚龍首池起承暉殿飾綺煥徒置佛寺之花木以充焉。(北宋『史記 冊府元』)

このような用例がある。しかし、「池」を含む三字語は「蓬莱池、太液池」だけ見つかった。これらの用例において「池」が「水を蓄えると

ころ」の意味を表している。

　一方、清末在華宣教師資料で取り上げられる用例は「正電池、単層池、双層池」がある。たとえば、

　問：何式電池合用?

　答：有用但氏者，有用葛氏者。蓋合玻筒二金二水為一具，応用電池若干具，視其路上長短，送信之遠近以為則。無論数具或数十具，以銅糸聯之一処，即為一電池也，電路雖長，其正電池不過一処，惟中途有接信之処。若驛站然，該処設有電機，必有副電池以済之。(『格物入門』電気入門 49 下)

　このように用例において、「池」が「水を蓄えるところ」から「電気を蓄えるところ」へと転換している。清末在華宣教師資料における「池」は漢籍と違う意味合いを持っていることが見られる。

### 3.3 語基間の組み合わせ方式

　以上のように、2+1型三字語は前部二字語基と後部一字語基の出典により、10種の組み合わせるタイプに分けられる。一番多いのは「出典なし＋造語機能と意味が変わらない」タイプで、51語あり、42.50%を占めている。二番目に多いのは「出典なし＋造語機能が変わり、意味が変わらない」タイプで、30語あり、25.00%を占めている。三番目に多いのは「出典あり＋造語機能と意味が変わらない」タイプで、16語あり、13.33%を占めている。四番目に多いのは「新義あり＋造語機能と意味が変わらない」タイプで、8語あり、6.67%を占めている。五番目に多いのは「新義あり＋造語機能が変わり、意味が変わらない」タイプで、5語あり、4.17%を占めている。六番目は「出典あり＋造語機能が変わり、意味が変わらない」タイプで、3語を造り、2.50%を占めている。七番目は「出典あり＋造語機能が変わらない、意味が変わる」タイプ、「出典なし＋造語機能と意味が変わる」タイプ、「出典あり＋造語機能と意味が変わる」タイプで、それぞれ2語を造り、1.67%を占めている。八番目は「出典なし＋造語機能が変わらない、意味が変わる」タイプで、

1語を造り、0.83%を占めている。ここでは造語の多い「出典なし＋造語機能と意味が変わらない」タイプで、「出典なし＋造語機能が変わり、意味が変わらない」タイプを取り上げる。

（1）出典なし＋造語機能と意味が変わらない

変電器、電気器、発電器、反響器、化電器、静電器、摩電器、量電器、探電器、通電器、外衛器、顕電器、顕転器、匀電器、増力器、助声器、阻力器、愛吸力、愛摂力、電気力、電牽力、附電力、負電力、吸驅力、吸物力、正電力、阻電力、電路体、発電体、負電体、通電体、正電体、電線圏、附電圏、電気灯、煤電灯、電報線、法通線、通電線、蓄電針、附電性、法耳台、接電台、来頓瓶、蓄電瓶、放電叉、放電桿、附電堆、電気局、貯電箱、電気学

（2）出典なし＋造語機能が変わり、意味が変わらない

正電極、負電極、阻電極、電気路、負電路、正電路、通電路、引電質、阻力質、聚光泡、電気浪、電磁浪、正電点、負電点、引電架、電力較、通電料、電気減、電気増、阻電率、電気熱、電気数、防電鉄、通電物、陽電溜、電気溜、乾電機、電気機、負電指、正電指

### 3.4 本節のまとめ

清末在華宣教師資料から150語の三字語電気用語を抽出した。このうち、語数が圧倒的に多い、120語の2+1型三字語を検討対象に、さらに、前部二字語基と後部一字語基に分けて、それぞれの性質を見ていくことにした。検討の結果について次のようにまとめる。

（1）語基の造語力。前部二字語基と後部一字語基は三字語の構成要素としてそれぞれ違う特徴を持っている。前部二字語基は種類が多い、1語基あたりに平均造語数が1.64語になるのに対し、後部一字語基は種類が少なくて、1語基あたりに平均造語数が2.86語になる。従って、清末在華宣教師資料では、安定性を備える後部一字語基で、入れ替えが激しいのは前部二字語基になる。

（2）前部二字語基の品詞性と結合関係。品詞性から言えば、前部二字

語基は動詞性語基の方が圧倒的に多く、50.68%を占めて、名詞性語基が46.58%を占めて、形容詞性語基が2.74%を占めている。前部二字語基が述客関係と連体修飾関係を結ぶ前部二字語基が同じく、39.73%を占めている。ついでに、並列関係、連用修飾関係を結合する前部二字語基はそれぞれ5.48%を占めている。

（3）2+1型三字語の出典。出典を調べてみたところ、「出典なし」の2+1型三字語が99.17%を占めている。これに対して、「出典あり」の前部二字語基は24.66%を占めている。「新義あり」の前部二字語基が16.44%で、「出典なし」の前部二字語基が58.90%を占めている。一方、後部一字語基のうち、清末在華宣教師資料「単独使用」の後部一字語基が50.00%を占めている。造語機能と意味が変わらない語基が多く、47.62%を占めている。

（4）2+1型三字語の組み合わせるタイプ。語基出典と造語力により、「出典なし＋造語機能と意味が変わらない」という組み合わせ方式による造語が多く、42.50%を占めている。「出典なし＋造語機能が変わり、意味が変わらない」という組み合わせ方式による造語が25.00%を占めている。

## 4. 四字語電気用語の考察

清末在華宣教師資料から四字語とみなされるものを抽出し、当時の使用状況を語構成の特徴を明らかにすることで、さらに、明治期資料、20世紀初頭清末資料における四字語を対照する為に、清末在華宣教師資料における四字語の語構成を考察する。構成パターンの相違で振り分けると、表3–17のようになる。電気用語四字語が7割以上が3+1型である。

表3-17　四字語電気用語の構成パターン

| 構成パターン | 語数 | 語例 |
|---|---|---|
| 3+1型 | 37（58.73） | 愛克司+光、傳電気+質 |
| 2+2型 | 21（33.33） | 玻璃+電気、防雷+鉄索 |
| 1+3型 | 5（7.94） | 次+発電器、附+吸鉄気 |
| 合計 | 63 | |

　清末在華宣教師資料において、3+1型四字語は38語で58.73％を占めて、2+2型四字語は21語で33.33％を占めて、1+3型四字語は7.94％を占めている。本節では割合の高い3+1型四字語と2+2型四字語を中心に分析する。同時に、明治期資料、20世紀初頭清末資料との対照をする為に、ここでは2+2型、3+1型の順にして考察する。

### 4.1 2+2型四字語電気用語

　清末在華宣教師資料における2+2型四字語が2+2型四字語は前部二字語基と後部二字語基の品詞性と結合関係、語基の造語力、出典から考察する。

#### 4.1.1 二字語基の造語力

　ある二字語基が他の二字語基と結合して造られた四字語の数が多ければ多いほど、その二字語基の造語力が強いということになる。まず清末在華宣教師資料から抽出した四字語電気用語の前部二字語基について考察する。四字語電気用語が少ないので、一つの表にまとめ、造語数の多い順に語基と語例を示す。

　表3-18によると、前部二字語基で最も多くの四字語を作り出したのは造語数4語の「電気-」である。造語数2語以上のものを合わせても、僅か2語基に過ぎない。これに対し、造語数1語だけの前部二字語基が15語基に達している。異なり語基数の88.24％を占めている。そのため、1語基あたりの平均造語数は1.24語という低い数値になっている。つづいて、後部二字語基についても、同じ方法で語基ごとに四字語の造語

数を調べた。造語数の最も多いのは四字語5語を作りだした「－電気、－機器」であり、造語数3語の「－電報」がこれに続く。造語数2語以上のものは計3語基で、前部二字語基に比べやや多くなっているが、造語数1語だけの語基は8語基もあり、語基数全体の72.73％をしめ、圧倒的に多い。

表3-18　2+2型四字語二字語基の造語力

| 前部二字語基 | | | 後部二字語基 | | |
|---|---|---|---|---|---|
| 造語数 | 語基数 | 語基と語例 | 造語数 | 語基数 | 語基と語例 |
| | | | 5 | 2 | 電気（火漆－、松香－）<br>機器（傅電－、電気－） |
| 4 | 1 | 電気（－機器、－通標） | 3 | 1 | 電報（海底－、無線－） |
| 2 | 1 | 傅電（－機器、－横杆） | | | |
| 1 | 15 | 単線（－電路）、<br>摩成（－電気）など | 1 | 8 | 電路（単線－）、<br>電光（通物－）など |
| 21 | 17 | （1語基あたりの平均造語数は1.24語になる） | 21 | 11 | （1語基あたりの平均造語数は1.91語になる） |

　表3-18では、後部二字語基の平均造語数は約1.91語で、前部二字語基の1.24語と比べ、1語基あたりの造語力はやや高くなっている。生産性の高い基本語基が少ない。4語を造る前後二字語基はただ三つだけある。

### 4.1.2 2+2型四字語の語構成

　2+2型四字語が21語あるものの、明治期資料、20世紀初頭清末資料との比較をするために、ここで取りあげる。2+2型四字語の語構成に目を向けた時にまず前部二字語基と後部二字語基の品詞性が問題になるが、研究対象となった21語では全ての語基を名詞性語基、動詞性語基の2類に分けるられる。その分布状況は表3-19のとおりである。

表3-19　2+2型四字語二字語基の品詞性

| 品詞性 | 前部二字語基 | 後部二字語基 | 合計 |
|---|---|---|---|
| 名詞性語基 | 9（52.94） | 10（90.91） | 19（67.86） |
| 動詞性語基 | 8（47.06） | 1（9.09） | 9（32.14） |
| 合計 | 17 | 11 | 28 |

　表3-19で分かるように、前部二字語基では名詞性語基と動詞性語基がそれぞれ9語基、8語基がある。後部二字語基がほとんど名詞性語基に集中している。朱京偉（2013）は清末在華宣教師資料における四字語の品詞性と比べ、同じ状態を呈している。つまり、名詞性語基、動詞性語基、形容詞性語基のタンクで並んでいる。ただ、電気用語四字語前後二字語基が形容詞性語基がない。

　前部二字語基と後部二字語基では、品詞性の分布がかなり違うことが分かる。品詞性分布の違いは四字語内部の結合関係と密接な関係があると思われる。そのため、語基の品詞性とともに、前部二字語基と後部二字語基はどのような文法的な結合関係で結ばれているのかということが四字語の語構成を考えるにあたっては重要なポイントになる。

表3-20　2+2型四字語内部の結合関係

| 結合関係 | | 語数 | 語例 |
|---|---|---|---|
| 連体修飾関係20語（95.24） | 名+名 | 11（52.38） | 玻璃+電気 |
| | 動+名 | 9（42.86） | 摩成+電気 |
| 連用修飾関係1語（4.76） | 名+動 | 1（4.76） | 電気+通標 |

　表3-20で分かるように、清末在華宣教師資料における2+2型四字語電気用語は連体修飾関係、連用修飾関係しか結んでいない。本節で述べた電気用語四字語結合関係は朱京偉（2013）は清末在華宣教師資料で連体修飾関係の四字語が最も多いと表したものと同じ結論が出た。

（1）連体修飾関係の2+2型四字語

表3-20によると、連体修飾関係を結ぶ電気用語四字語は四字語全体の95.24％を占めており、清末在華宣教師資料の2+2型四字語における代表的な構成パターンといえる。連体修飾関係下で後部二字語基が全て名詞性語基であるので、前部二字語基の品詞性の違いによって、さらに、名+名、動+名という2種の構造に細分することができる。

名+名連体修飾関係の2+2型四字語は二つの名詞性二字語基が修飾と被修飾の関係で結合されるものである。2+2型四字語で最も語数の多いパターンである。　たとえば、「単線電路」は「単線の電路」のように解釈できる。ただ「松香電気」、「玻璃電気」は単に、「松香の電気、玻璃の電気」のように理解できない。「松香、玻璃」はそのような電気を生ずる典型的な材料で、そのような性質を帯びる電気を指している。たとえば、

従此分為二類電気，一為玻璃質所能生者，故俗謂之玻璃電気。一為火漆含松香質等所生者，故俗謂之松香電気。(『電学綱目』17上）

問：海底電報其式何如。

答：陸路不過単條鉄線耳，用於海底則需數條，以至於十數條，編成巨纜，即名電纜。陸路不用銅糸，海底用之，間於鉄糸之中，取其通電較易。至堅固則有鉄糸衛之也，有用一條銅糸者有用数條銅絲者。(『格物入門』電学入門52下）

動+名連体修飾関係の四字語は動詞性の前部二字語基が名詞性の後部二字語基を修飾する関係で結合されたもので、前述の名+名構造についで語数が二番目に多いパターンとなっている。たとえば、「発号機器」は「発号する機器」のように解釈できる。たとえば、

考究通物電光，不免有多名目，而其解釈為最要因無一定之名目。則議論不能暢達，而其名目與光学、電学源流有相関渉，故応詳論之。(『通物電光』巻三8上）

4.1.3 2+2型四字語の出典

四字語の構成要素としての二字語基はおおよそ漢籍から借用したもの

と宣教師による新造されたものの二種に分類出来ると思われる。この二種の語基はそれぞれどれぐらいあるのか、また前部二字語基と後部二字語基でどのように分布しているのか。2+2型四字語電気用語の性質を検討するにあたって、まずこうした問題に直面する。

表3-21　2+2型四字語電気用語の出典状況

| | 出典あり | 新義あり | 出典なし | 合計 |
|---|---|---|---|---|
| 2+2型四字語 | 0 | 0 | 21（100） | 21 |
| 2+2型四字語前部二字語基 | 6（35.29） | 4（23.53） | 7（41.18） | 17 |
| 2+2型四字語後部二字語基 | 3（27.27） | 1（9.09） | 7（63.64） | 11 |

　前述と同じようなやり方に従い、前部二字語基と後部二字語基に分けて考察する。データを検索してみると、以下のようにまとめる。

　調査の結果は2+2型四字語、前部二字語基、後部二字語基を「出典あり」、「新義あり」、「出典なし」という三つのパターンにまとめることができる。「出典あり」の2+2型四字語がないということは清末在華宣教師資料における2+2型四字語が全部で新造語ということである。「出典なし」の2+2型四字語だけあるので、語レベルの分析を省略する。2+2型四字語内部構造を究明するために、表3–21に基づいて、各欄を考察する。

（1）「出典あり」の二字語基

「出典あり」の二字語基とは漢籍において、四字語の用例がないが、前部或いは後部二字語基と同形の用例が見られるものである。たとえば、

□（漢籍）玻璃→（宣）玻璃電気

　三個人笑在一處，問是什麼話，大家也學著叫這名字，又叫錯了音韻，或忘了字眼，甚至　於叫出"野驢子"來，引的合園中人凡聽見無不笑倒。宝玉又見人人取笑，恐作賤了他，忙又　說："海西福朗思牙，聞有金星玻璃宝石，他本国番語以金星玻璃名為"溫都裏納"。如今將你比作他，

就改名喚叫 "温都裏納" 可好？ "芳官聽了更喜，説："就是這樣罷。"因此又喚了這名。眾人嫌拗口，仍翻漢名，就喚"玻璃"。（曹雪芹『紅楼夢』1784）

　　従此分為二類電気，一為玻璃質所能生者，故俗謂之玻璃電気，一為火漆含松香質等所生者，故俗謂之松香電気。（『電学綱目』17上）

　「玻璃電気」のような四字語が清末在華宣教師資料で使われている。四字語の形で検索をしても、古い漢籍での用例が見つからないが、前部二字語基に限定して、データーベースで検索してみると、上のような用例が得られる。

　このように、「玻璃」は古い漢籍に存在した語であり、しかも、清末在華宣教師資料、乃至現代語においても基本義を覆すような意味変化が認められないので、「出典あり」の語基に分類することができる。

　ここで語基の異なり語数を数え、「出典あり」の前後二字語基が以下のようである。

表3-22　「出典あり」の二字語基の造語数

| 造語数 | 語基数 | 前部二字語基（6） | 後部二字語基（3） |
|---|---|---|---|
| 4 | 1 | | −機器 |
| 1 | 8 | 単線−、海底−、火漆−、松香−、通物−、玻璃− | −横桿、−鉄索 |

　表3-22で分かるように、漢籍に由来した「出典あり」の語基が前部二字語基の方がやや多いとはいえ、造語数2語以上のものは前後語基を問わずに、ともに少ない。それぞれ0語、1語だけにとどまる。残りはみな造語数1語だけのものである。また、前後二字語基の両方に用いられたものはない。このような状況は少なくとも、当時電気用語という領域で重要な概念を担う漢籍からの二字語基の重複使用率が高くないということである。

（2）「新義あり」の二字語基

　「新義あり」の二字語基とは古い漢籍において、四字語の用例がない

ものの、前部或いは後部二字語基と同形の用例も見当たるものである。
たとえば、

　　□（漢籍）収電→（宣）収電機器

　（匈奴）至如猋風，去如収電。（『漢書・韓安国伝』）

　　又如労得基馬柯尼以傳電機器置収電機器於他室或遠処電之功力，能立
傳過牆或書及他物。（『無線電報』4下）

　　□（漢籍）発号→（宣）発号機器

　　舉事戾蒼天，発号逆四時，春秋縮其和，天地除其德。（『淮南子・覓
冥訓』）

　　以義征伐，発号回応，天下可傳檄而定。（漢　枚乘『七発』）

　　經善思者思之，即悟妙理，故可以此二物為収號発号機器之始，電気機
器之感圈為発号機器亦名攔動機器。（『無線電報』27上）

　『漢書・韓安国伝』において、「収電」の「電」が迅速の意味である。
古代中国において、「電」が稲妻、雷のことを指しているので、そこか
らのたとえである。

　中国漢籍では「発号」が「命令をだす」の意味を表している。宣教師
衛理『無線電報』において「発号」が「発電号、記号」の意味である。
清末在華宣教師資料における「発号」は「号」が漢籍と比べ、意味が
違う。

　「収電、発号」のように、語基「電、号」意味の変わりにより、「収
電、発号」全体の意味も変わるようになる。次の諸例も同じタイプに属
している。語基の意味変化により語全体に意味変化をもたらすタイプで
ある。ほかは「有線（電報）、無線（電報）、（通物）電光」も同じタイ
プに属している。

　二字語「電光」が新義語であり、2+2型四字語後部二字語基として二
次造語して、新語を構成する。2+2型四字語の中で、この種に属するも
のが以下のようにまとめる。

表3-23　「新義あり」の二字語基の造語数

| 造語数 | 語基数 | 前部二字語基（4） | 後部二字語基（1） |
|---|---|---|---|
| 1 | 5 | 収電–、有線–、無線–、発号–（4） | –電光（1） |

　「新義あり」の語基は平均造語数が1語しかない。それに、前後二字語基の両方に用いられたものはない。このような状況では少なくとも、当時電気用語という領域で重要な概念を担う漢籍からの二字語基の重複使用率が高くないといえる。

（3）「出典なし」の二字語基

　「出典なし」の二字語基とは漢籍で前部または後部二字語基と同形の用例が見当たらないものである。清末在華宣教師資料から2+2型四字語電気用語が21語しかない。たとえば、

　□電気

　從此分為二類電気，一為玻璃質所能生者，故俗謂之玻璃電気，一為火漆含松香質等所生者，故俗謂之松香電気。（『電学綱目』17上）

　佐藤享（2007）によると、「電気」を含む早い用例は裨治文『大美聯邦志略』（1840）で、たとえば、「其引電気之法，大率与火船引取水気之力，同功而異同」のようである。

　「電気」が前後語基として造語できるので、「電気」を例にとってみる。「電気」が前後語基として、清末在華宣教師資料から「電気機器、電気通標、電気陽線、電気陰線」と「玻璃電気、火漆電気、附成電気、摩成電気、松香電気」の四字語を抽出した。いずれも漢籍で見つからなかった用例である。このように、「電気」が前部二字語基、後部二字語基に用いられ、電気領域で重要な概念を担っている。「出典なし」の前後二字語基が以下のようである。

表3-24　「出典なし」の二字語基の造語数

| 造語数 | 語基数 | 前部二字語基（7） | 後部二字語基（7） |
|---|---|---|---|
| 5 | 1 | | –電気 |

続表

| 造語数 | 語基数 | 前部二字語基（7） | 後部二字語基（7） |
|---|---|---|---|
| 4 | 1 | 電気– | |
| 3 | 1 | | –電報 |
| 1 | 11 | 粘合–、附成–、摩成–、傳電–、防雷–、電機– | –電路、–動勢、通標、–陰線、–陽線 |

　表3–24をみて分かるように、「出典なし」の語基が前述の「出典あり」「新義あり」の語基と比べ、造語数が多い。しかし、同じように、造語数が2語以上のものが全体的に少ない。造語数1語だけのものが多数をしめるという分布上の傾向が確認できる。「電気」が二字語基として、活躍的に語を造っている。

　4.1.4語基間の組み合わせ方式

　以上のように、前後二字語基の出典によると、組み合わせるタイプは6種類に分けられる。そのうち、「出典あり＋出典なし」の組み合わせが一番多く、6語、28.57%を占めている。ついで、「出典なし＋出典なし」と「出典なし＋出典あり」の組み合わせがそれぞれ5語あり、23.81%を占めている。三番目は「新義あり＋出典あり」と「新義あり＋出典なし」の組み合わせがそれぞれ2語あり、9.52%を占めている。最後は「出典あり」＋「新義あり」の組み合わせで、1語あり、4.76%を占めている。ここでは造語の多い「出典あり＋出典なし」、「出典なし＋出典なし」、「出典なし＋出典あり」を取り上げる。

　（1）出典なし＋出典なし

　電機動勢、電気通標、電気陰線、電気陽線、附成電気、摩成電気

　（2）出典あり＋出典なし

　玻璃電気、単線電路、海底電報、火漆電気、松香電気

　（3）出典なし＋出典あり

　傳電横桿、傳電機器、電気機器、防雷鉄索、粘合機器

### 4.2 3+1型四字語電気用語

　清末在華宣教師資料では3+1型四字語が37語あり、四字語では圧倒的に多く、58.73％を占めている。3+1型四字語は2+1型三字語と似ている語構成を持っている。まず後部一字語基の役割に注目したい。後部一字語基の造語実態は以下のようになる。

器（10）発電気＋器、化電気＋器、量電気＋器、摩電気＋器、摩附電＋器、収電気＋器、通電気＋器、顕電気＋器、蓄電気＋器、増電気＋器

体（6）　放電気＋体、負電路＋体、負電気＋体、通電気＋体、正電気＋体、正電路＋体

質（4）　傅電気＋質、化電流＋質、通電気＋質、無電気＋質

点（2）　正電極＋点、負電極＋点

線（2）　特律風＋線、負電気＋線

物（2）　傅電気＋物、不傅電＋物

筒（2）　発電気＋筒、化電気＋筒

力（2）　収電気＋力、増電気＋力

光（1）　愛克司＋光

局（1）　電気機＋局

管（1）　該司拉＋管

法（1）　連通電＋法

式（1）　電報機＋式

針（1）　化電気＋針

性（1）　正電気＋性

　上記の後部一字語基はそのほとんどが2+1型三字語の後部一字語基もかねており、現代中国語に受け継がれている。19世紀後半という時期に、このような2+1型や3+1型を構成する後部一字語基がすでに中国に

存在し、しかも、三字語、四字語を派生的に構成する兆しが見え始めていたことは近代以降の中国語の語構成を考える際に重要な意味を持っている。

　また、前部三字語基の構造は3+1型四字語の形成に直接関わるので、調べる必要がある。前部三字語基を大きく2+1型と1+2型に二分し、それぞれの中で結合関係を振り分けていくと次のようになる。

表3-25　3+1型四字語における前部三字語基の語構成

| 形式 | 結合関係 | 語基と語例 |
|---|---|---|
| 2+1型 | 名+名連体修飾関係 | 電報+機、負電+極、正電+極、負電+路、正電+路、正電+極 |
| | 動+名述客関係 | 連通+電 |
| 1+2型 | 動+名述客関係 | 傅+電気、発+電気、放+電気、化+電流、化+電気、量+電気、摩+電気、摩+附電、収+電気、通+電気、無+電気、顕+電気、蓄+電気 |
| | 形+名連体修飾関係 | 負+電気、正+電気 |
| | 副+動連用修飾関係 | 不+傅電 |
| | 音訳語 | 愛克司、該司拉、德律風 |

　このうち、2+1型「動+名」述客関係では「連通する」のような「動+動」連用修飾関係を持つ動詞性前部二字語基が用語をつとめ、目的語の名詞性後部一字語基「電」を支配する形で、2+1型「動+名」述客関係をなしている。

　また、1+2型では「動+名」述客関係をあらわす前部三字語基が多数を占めている。動詞性前部一字語基が述語をつとめ、「電気」のような名詞性二字語基が目的語を担うようになっている。「形+名」連体修飾関係は形容詞性前部一字語基「負、正」が後に続く名詞性後部二字語基の「電気」を修飾する形となっている。

### 4.3本節のまとめ

　清末在華宣教師資料から63語の四字語を抽出した。本書は主に2+2

型四字語を検討するので、2+2型四字語、3+1型四字語の順で逐次に考察を行った。その内容を以下のようにまとめる。

（1）語基の造語力。四字語を前部二字語基と後部二字語基に分けて、その造語力を見た場合、造語数の多い語基がかなり少ない。また造語数が減少するにつれ、当該の語基が逆に数を増す傾向が見られる。前部二字語基は1語基あたりの平均造語数が1.24語で、後部二字語基は1語基あたりの平均造語数が1.91語である。清末在華宣教師資料における2+2型四字語後部二字語語基が中心的な要素といえる。前部二字語基の造語力が弱く、安定性が低いと考えられる。

（2）語基の品詞性と結合関係。品詞から言えば、前後二字語基は名詞性と動詞性語基に集中している。名詞性前後二字語基はそれぞれ52.94％、90.91％を占めているのに対して、動詞性後部二字語基はそれぞれ47.06％、9.09％を占めている。清末在華宣教師資料では2+2型電気用語が連体修飾関係を結ぶタイプが多く95.24％を占めている。

（3）2+2型四字語の出典。出典を調べてみたところ、「出典なし」の2+2型四字語は100％を占めている。前後語基に分けて、それぞれの出典を求めると、「出典あり」の前後二字語基はそれぞれ35.29％、27.27％を占めている。「新義あり」の前後二字語基はそれぞれ23.53％、9.09％を占めている。「出典なし」の前後二字語基はそれぞれ41.18％、63.64％を占めている。

（4）2+2型四字語の組み合わせるタイプ。語基の出典と造語力により、「出典あり」前部二字語基と「出典なし」後部二字語基という組み合わせ方式による造語多い。

（5）3+1型四字語について。造語の多い後部一字語基「－器、－体、－質」は2+1型三字語の後部一字語基と共通している。前部三字語基は1+2型のほうがわりに多い。

## 5.本章のまとめ

　本章では清末在華宣教師資料から抽出された電気用語346語（異なり語数）を中心に、形態別に、それぞれ結合関係、出典など語構成の面から考察した。その内容を以下のようにまとめる。

　（1）品詞性と造語力の関係。名詞、動詞は語だけでなく、構成成分の中核でもある。名詞性二字語が60.15%、動詞性二字語が39.85%を占めている。2+1型三字語は基本的に名詞である。前部二字語基において、動詞性、名詞性、形容詞性のものがそれぞれ50.68%、46.58%、2.74%を占めている。2+2型四字語において、名詞性前後二字語基はそれぞれ52.94%、90.91%を占めているのに対して、動詞性後部二字語基はそれぞれ47.06%、9.09%を占めている。言い換えれば、名詞性二字語が語だけでなく、造語要素としても重要である。ついでに動詞性二字語である。

　（2）結合関係と造語力の関係。連体修飾関係は各造語形式で主な結合関係である。二字語の場合では連体修飾関係を表す二字語は57.89%を占めて、2+1型三字語はもちろん、前後語基が基本的に連体修飾関係を結ぶ。2+2型四字語の場合では連体修飾関係を表すのは95.24%を占めている。2+1型三字語において、前部二字語基の場合でも述客関係、連体修飾関係を表す前部二字語基は同じく39.73%を占めている。

　（3）語基の位置と造語力の関係。二字語の前部語基の平均造語数が2.51語で、後部語基の1.82語より多い。2+1型三字語前部二字語基の平均造語数が1.64語より、後部一字語基が2.86語である。2+2型四字語の後部二字語基の平均造語数が1.91語で、前部二字語基の1.24語より多く、造語の中心的な要素になる。3+1型四字語は2+1型三字語と同じような構造を持って、後部一字語基が造語力が強い。

　（4）出典と造語力の関係。語レベルからすれば、「出典あり」の二字語が34.59%、「新義あり」の二字語が13.53%、「出典なし」の語が二字語では51.88%を占めている。2+1型三字語で、「出典あり」の語が0.83%、

「出典なし」の語が99.17％を占めている。2+2型四字語では「出典なし」の語が100％を占めている。つまり、二字語、2+1型三字語、2+2型四字語では宣教師による新造語が多い。語基レベルからすれば、2+1型三字語では前部二字語基は「出典あり」の語基が24.66％、「新義あり」の語基が16.44％、「出典なし」の語基が58.90％である。一方、造語機能と意味が変わらない後部一字語基が多く、47.62％を占めている。「単独使用」の後部一字語基が半分を占めている。2+2型四字語は「出典あり」の前後二字語基がそれぞれ35.29％、27.27％を占めている。「新義あり」の前後二字語基はそれぞれ23.53％、9.09％を占めている。「出典なし」の前後二字語基は41.18％、63.64％を占めている。

（5）語基間の組み合わせと造語力の関係。語基の出典と造語力により、2+1型三字語において、造語の多いタイプは「出典なし＋造語機能と意味が変わらない」タイプで、2+2型四字語においては「出典あり＋出典なし」による造語がいちばん多い。

# 第四章　明治資料における電気用語

　清朝はアヘン戦争後、多くの宣教師が中国に来て、布教をしながら、先進的な科学知識をもたらした。同時に、日本も1868年から明治時代に入り、蘭学時代と違い、当時の日本は目をアメリカ、イギリスなどの先進国に向け、色々な科学知識を取り入れた。物理学もこの時期において、蘭学時代の芽生え状態から迅速に発展した時期に入った①。電気学も同じ段階を経ていた。

　どんな時代でも、他人の作品を翻訳して独自のイノベーションを起こすまでの期間があるが、電気工学も同じだと言える。明治初期には、知識人が物理学関係の資料を大量に翻訳していたが、1890年代になると徐々に翻訳から編纂へと変化していった。使う用語も必ず変化がある。それで本章では、明治時代40年間の電気用語の語構成特徴の考察をとおし、明治期における術語の語構成特徴や変遷などを見る。

　本章は片山淳吉『改正増補物理階梯』（1876）、飯盛挺造『物理学』（1881）、藤田正方『簡明物理学』（1884）、木村駿吉『新編物理学』（1890）、中村清二『近世物理学教科書』（1902）、本多光太郎・田中三四郎の『新選物理学』（1903）といった6種文献を対象にし、その中の電気用語を抽出し、語構造特徴を考察する。

---

①　日本物理学会.日本物理学.平塚：東海大学出版社，1978：55

## 1.電気用語の抽出と整理

　本節では前で整理した資料に視野をおいた。電気学という「新分野」における電気用語を中心に考察を加える。片山淳吉『改正増補物理階梯』（1876）、飯盛挺造『物理学』（1881）、藤田正方『簡明物理学』（1884）、木村駿吉『新編物理学』（1890）、中村清二『近世物理学教科書』（1902）、本多光太郎・田中三四郎『新選物理学』（1903）という6種文献から電気学に関する用語は総語数480語（延べ語数）があり、それぞれ片山淳吉（1876）から36語、飯盛挺造（1881）から143語、藤田正方（1884）から61語、木村駿吉（1890）から63語、中村清二（1902）から77語、本多光太郎・田中三四郎（1903）から101語を抽出した。これらの電気用語を形態別に整理したところ、次表のとおりとなる。

表4-1　明治期資料から抽出した電気用語の一覧表（延べ語数）

| 文献名 | 二字語 | 三字語 | 四字語 | 合計 |
|---|---|---|---|---|
| 『改正増補物理階梯』（1876） | 25 | 11 | 0 | 36 |
| 『物理学』（1881） | 53 | 65 | 24 | 142 |
| 『簡明物理学』（1884） | 26 | 27 | 8 | 61 |
| 『新編物理学』（1890） | 31 | 25 | 7 | 63 |
| 『近世物理学教科書』（1902） | 34 | 34 | 9 | 77 |
| 『新選物理学』（1903） | 42 | 47 | 12 | 101 |
| 合計 | 211 | 209 | 60 | 480 |

　6種文献のうち、片山淳吉『改正増補物理階梯』（1876）、飯盛挺造『物理学』（1881）、藤田正方『簡明物理学』（1884）は明治前期の文献であるのに対し、木村駿吉『新編物理学』（1890）、中村清二『近世物理学教科書』（1902）、本多光太郎・田中三四郎『新選物理学』（1903）という3資料は明治後期の文献である。

　この6種文献から電気用語を抽出する。語数の多い二字語、三字語、

四字語を中心に考察するつもりである。

### 1.1 片山淳吉『改正増補物理階梯』(1876)

（1）著者と著書の紹介

片山淳吉は天保8年（1837）舞鶴で生まれ、1864年軍事、測量学、運用学、器械など、さらに本格的な洋学修行を命じられ、1865年、福沢諭吉塾に学び、蘭学から英学を学ぶことになった。片山氏は1867年『西洋衣食住』を編纂し、1872年に『物理階梯』を編訳した。その後、植物に関する『百科全書　植物生理学』（1874）、地理学書『万国地誌要略』（1877–79）、博物書『文部新刊小学懸図　博物教授書』（1876–77）、物理に関する『改正増補　物理階梯』（1876）、『改正物理階梯字引』（1876）などを編纂した。つまり、片山氏は物理学以外に、植物、地理、博物など方面の著作もあった①。

翻訳したとき、用語の選択も標準も題言に明らかに表示していた。「訳字ハ総テ博物新編、格物入門、気海観瀾等先哲撰用ノモノニ従フトハ雖トモ或ハ其創見ニ係リ訳例ニ乏レキカ如キ若シ原語ヲ存シ注訳ヲ加フルトキハ幼童ノ為メ亦誦読ニナラサルヲ覚ユ因テ姑ク之を填スルニ原語ト相類似スル字ヲ以テレ其欠ヲ補フ」とあり、訳語はできるだけ先哲から選び出し、できない場合は原語と最もふさわしい言葉を使った。上の題言の内容からも、『物理階梯』は必ずしも翻訳だけでかかれているわけではないことが分かる。

『改正増補物理階梯』は上中下巻からなる。下巻は「電気論」「磁石論」「天体論」「四季論」「太陽及び恒星論」「遊星論」などの10課からなる。

「電気」と「磁石」に関する内容は44頁で、計9千ぐらい字数がある。本書が使用したのは明治九年文部省により出版されたものである。

---

① https://ja.wilipedia.org/wili/片山淳吉

（2）電気用語の抽出（36）

二字語（25）

北極、傳和、傳引、磁石、導力、導体、導線、抵拒、電光、電力、電気、電素、功程、機法、機力、積極、経路、聚導、聚動、聚蓄、絶縁、摩擦、南極、消極、引力

三字語（11）

避雷器、不導体、傳信機、磁石力、磁石針、電気力、発電体、減電気、列田鑵、流動体、増電気

## 1.2 飯盛挺造『物理学』( 1881 )

（1）著者と著書の紹介

飯盛挺造は嘉永四年（1851）8月24日佐賀市赤松町に生まれ、明治四年（1871）外務省洋語学所に入り、ドイツ語学を修め、明治七年（1874）ドイツ語教員として東京外国語学校に雇われた。1875年東京医学校に転職し、明治十一年一月（1878）から東京大学医学部講師を務め、十四年（1881）七月東京大学助教授に任命される。十七年（1884）六月私費でドイツへ留学に行った。ドイツのフライブルグ府大学で勉強し、十九年（1886）三月「ドクトル、フィロソフィー」の学位を受けた。飯盛氏は『物理学』（1879–80）、『物理問答』（1894）、『女子物理学』（1900）、物理学講義（年代不詳）、中等教育物理提要（1900）、『物理近説』（1908）などを編纂した[①]。

「例言」によると、『物理学』はドイツのミュルレル氏及びアイゼンロール氏の物理学より訳出され、また、ロフマン氏、ウュルネルし、デシャテル氏などの諸書を参考し、増補したものである。

『物理学』は上中下の三篇となり、本書は下篇を言語資料にする。言語資料は四つの部分からなり、第一編は磁石力、第二編は摩擦電気、第三編は触発電気（瓦爾華尼電気）、最後は付録部分である。計6万1千

---

① https://ja.wikipedia.org/wiki/飯盛挺造

字ある。本書は使用したのが14版である。

（2）電気用語の抽出（142）

二字語（53）

北極、斥力、傳達、傳導、傳線、磁石、磁力、磁気、磁針、導体、導線、抵抗、電槽、電車、電池、電光、電灯、電撃、電力、電量、電流、電瓶、電気、電箱、電信、電源、電柱、鍍金、反撃、放電、分極、分解、副線、感動、感応、弧灯、積極、絶縁、拡布、流通、流体、輪道、摩擦、南極、潜電、通信、強度、吸引、消極、引力、遊離、張力、逐斥

三字語（65）

本導通、本電流、本螺線、閉合線、不導体、測電盤、測電器、稠密器、傳導体、傳話機、磁石極、磁石力、磁石針、電話機、電流計、電気臭、電気力、電気量、電気車、電気鈴、電気溜、電気卵、電気盤、電気体、電信機、断絶器、発電機、発電器、発電体、放電子、分解物、負荷力、副導線、副螺線、感受器、感応機、交換機、静電気、計測盤、聚電器、巻絡線、絶縁体、良導体、螺旋線、列田壜、圈輪機、熱電気、熱電源、熱電柱、受電柱、受話器、受信器、送話器、透過力、蘇言機、無電体、吸引力、蓄電池、圧榨器、験電器、陽電気、陰電気、増電計、正螺線、逐斥力

四字語（24）

倍重電計、閉合電流、並行電流、不変電源、不良導体、熾灼電灯、触発電気、単一振子、第二電流、第一電流、電気験器、感応電流、積極電気、乾燥電柱、交叉電流、結合電気、熱性電流、熱性電源、熱性電柱、樹脂電気、無定位針、硝子電気、消極電気、重複振子

### 1.3 藤田正方『簡明物理学』（1884）

（1）著者と著書の紹介

藤田正方の祖父の藤田天洋は漢方医学・オランダ医学を修め、丸岡藩主の御側医師を務めた人物で同藩の蘭学医術開祖として後進を育成した。幼年時代に漢学を学んだ後、1863年黒川良安の門に入り蘭学修行

に励んだ。1868年9月医学校に入学し、イギリス人医師ウィアム・ウィリス、オランダ人医師アントニウス・ボードウィン、ドイツ人医師テオドール・ホフマンらに師事し、西洋医薬学を学んだ[①]。

1873年にはアメリカ人のカッケンボスの物理学教科書Natural Philosophyが藤田の翻訳により『理学新論』上下巻として出版されている。藤田が亡くなる2年前の1884年には『簡明物理学』の教科書が物理装置の図なども入れた教科書として出版されていた[②]。藤田氏の著作がそれほど多くなかったので、以上のように簡単に紹介する。

『簡明物理学』は十篇からなり、その内容は物性、器械、液体平均及運動、気体、熱、光、音、電気、磁石、気中現象である。本節で対象にしたのは404頁から444頁までの電気学の内容で、計6千字ある。磁石の内容も触れる。本書が使用したのは1884年、大日本薬舗会印刷委員により出版されたものである。

（2）電気用語の抽出（61）

二字語（26）

北極、衝拆、衝斥、磁石、導体、導線、電池、電流、電気、電線、電源、電柱、分解、感動、積極、絶縁、拡布、流通、螺線、摩擦、南極、強度、吸引、消極、引力、脹力

三字語（27）

半導体、絆羈力、不導体、測電器、稠電気、磁石力、磁石針、単触法、電気臭、電気盤、電気学、動電流、発電体、発動力、発動器、放電叉、分触法、複触法、副螺線、好導体、静電流、絶縁体、列田壜、熱電気、験電器、増電計、正螺線

四字語（8）

触発電気、積極電気、乾燥電柱、熱性電気、樹脂電気、消極電気、硝子電気、遊離電気

---

① https://www.weblio.jp/wkpja/content/藤田正方

② https://www.weblio.jp/wkpja/content/藤田正方

### 1.4木村駿吉『新編物理学』(1890)

（1）著者と著書の紹介

　木村駿吉は1866年江戸の生まれで、1884年東京大学理学部物理学科に入学した。1893年ハーバード大学に留学した。1895年エール大学に移り、四元数研究推進同盟を設立して、1896年学位取得し、第二高等学校の教授になり、無線通信の研究を始めた。1900年海軍教授になり1914年特許弁理士登録し、1938年亡くなった[①]。

　木村氏は物理学者だから、物理に関するものを多く編纂した。例えば、『新編物理学』(1890)、『物理学現今之進歩』(1890)、『新編小物理学』(1892)、『新編中物理学』(1893)、『磁気と電気』(1898)など編纂した[②]。

　木村氏は明治期で、有名な物理学者でもあるので、彼の物理作品を対象にしなければならない。

　『新編物理学』はイギリスのエヴェレット氏の物理学教科書第三版に基づき、編纂されたもので、同時に、ダニエルデシャネルなど諸氏の教科書を引用し、参考したものである。全書は壱の二冊、あわせて、六編からなる。第壱冊は、第一編から第三編まで、第一編は力学、第二編は流動静力学、第三編は熱学で、第弐冊は第四編から第六編まで、第四編上は電気学、第四編下は流動電気学、第五編は光学、第六編は音響学である。第弐冊第四編上、第四編下を対象に、1頁から134頁にかけては電気学の内容で、計2万字ある。本章で使用したのは内田老鶴圃に、1890年（明治23年）出版されたものである。

（2）電気用語の抽出（63）

　二字語（31）

北極、斥力、傳導、磁極、磁力、磁気、磁針、導体、抵抗、電池、電鈴、電流、電気、電線、電信、鍍金、分極、分解、感応、交代、絶縁

---

① https://www.weblio.jp/wkpja/content/木村駿吉

② https://www.weblio.jp/wkpja/content/木村駿吉

流体、輪道、摩擦、南極、仕事、炭灯、陽極、陰極、引力、直流

　三字語（25）

白熱灯、避雷針、不導体、傳導度、磁気力、磁気体、磁気学、電動力、電話機、電流計、電気灯、電気鈴、電気溜、電気盆、電気学、電気験、電信機、発電機、分解極、記信機、熱電流、熱電気、受電体、蓄電板、蓄電器

　四字語（7）

電気分解、電気密度、接触電気、静力電気、流動電気、相互感応、自己感応

### 1.5中村清二『近世物理学教科書』（1902）

（1）著者と著書

　中村清二は明治2年9月24日生まれ、1892年（明治25）東京帝国大学を卒業し、1900年（明治33）東京帝国大学助教授になった。1903–1906年ドイツ、フランスに留学し、光学、結晶学などを研究し、1911年東京帝大理学部教授になった。1953年11月文化功労者となり、1960年7月18日過労のため没した。

　氏は生涯において多くの物理書を編纂した。例えば、『近世物理学教科書』（1899）、『実験物理学』（1902）、『普通物理学講義』（1914）、『レンズ収差論』（1916）、『結晶光学講義』（1916）、『岩波講座物理学及び化学.物理学』（1931–33）、『中等新物理学』（1936）、『物理学周辺』（1938）、『一般物理学（上下巻）』（1956）などを編纂した。

　そのうち、『近世物理学教科書』という物理教科書が1899年初版刊行され、その後重版を続け、その数は30回に近いという。

　王季烈の『近世物理学教科書』が中村清二『近世物理学教科書』の1902年版を底本に訳されたものであるという[①]。上海広智書局に出版された林国光の『中等教育物理学』（1906）、上海商務印書館に出版され

---

① 王广超.王季烈译编两本物理教科书初步研究.中国科技史杂志,2015（2）：191–202

た杜亜泉『物理学新式教科書』（1907）、民国初年中華書局に出版された『中華教科書・物理学』（1913）、中村清二の『近世物理学教科書』に基づいて、編纂されたものである①。そのため、本章では、中村氏の『近世物理学教科書』1902年版を使用した。

『近世物理学教科書』の第八篇、第九篇を対象にした。323頁から431頁までの内容は電気に関する知識で、計2万字ある。

（2）電気用語の抽出（77）

二字語（34）

北極、斥力、傳導、磁場、磁力、磁石、磁気、導体、導線、抵抗、電槽、電塲、電池、電灯、電鍍、電鈴、電流、電気、電位、對流、放電、分極、感応、弧灯、絶縁、輪道、摩擦、南極、排斥、吸引、陽極、陰極、引力、中和

三字語（34）

白熱灯、避雷針、電磁石、電動力、電鍍術、電話機、電解物、電流計、電気灯、電気計、電気盆、電気針、電信機、発電体、発信機、放電叉、輻射熱、副電池、感応器、絶縁体、内抵抗、起電機、熱電流、受話器、受信機、外抵抗、微音器、蓄電槽、蓄電池、蓄電器、驗電器、陽電気、陰電気、指力線

四字語（9）

電気密度、電気振動、電気振子、感応電流、自己感応、鏡電流計、相互感応、無定位針、無線電信

## 1.6 本多光太郎・田中三四郎『新選物理学』（1903）

（1）著者と著書

本多光太郎は1870年3月24日三河国（今の岡崎市）生まれで、1881年桑子尋常小学校を卒業、1889年第一高等中学校入学し、1894年東京帝国大学理科大学物理学科に進学し、ついでに、ドイツ、イギリス留

---

① 王广超.王季烈译编两本物理教科书初步研究.中国科技史杂志，2015（2）：191–202

学、1911年東北帝国大学理科大学物理学科教授になり、1916年臨時理化学研究所第二部研究主任、翌年、KS鋼を発明し、1931年6月15日東北帝国大学総長に就任し、1934年新KSを発明した。1937年4月28日第一回文化勲章を受章した。1949年4月1日東京理科大学初代学長に就任した。1954年2月12日亡くなった[①] 。

　氏は一生主に『新選物理学』（1901）、『新式物理学教科書』（1905）、『新選物理学教科書』（1906）、『物理学解義：理論計算』（1906）、『物理学的勢力不滅論』（1907）、『最新物理学教科書』（1908）、『物理学詳解講義』（1910）、『磁気と物質』（1917）、『物理学通論』（1915–49）、『物理学本論』（1937）、『新式物理学本論』（1952）など編纂した[②] 。

　田中三四郎の生涯は不詳である。

　日本語版明治三十六年に出版された『新選物理学』の緒言には「本版に於いては、第一篇第一章より第四章まで大に訂正を施せり、特に等加速運動に関する事項は多少高等数学の観念を有せざれば、十分之を理解すること能はざるを以て、本文より省きて」と指摘し、日本語版と中国語版を比較し、中国語版1903年版を底本にしたと分かった。だから、本章で、使用した『新選物理学』1903年版である。

　『新選物理学』は六篇からなり、本節では、第六篇の内容を対象にした。231頁から316頁までは電気学の部分で、計1万8千字ある。

　（2）電気用語の抽出（101）

　二字語（42）

北極、磁塲、磁力、磁気、磁石、斥力、傳導、帯電、導体、導線、抵抗、電槽、電塲、電池、電灯、電話、電鈴、電気、電流、電位、電信、電線、對流、放電、分極、感応、共鳴、行並、呼鈴、弧灯、絶縁、列並、輪道、摩擦、南極、排斥、強度、仕事、吸引、陽極、陰極、真空

　三字語（47）

白熱灯、避雷柱、不導体、磁気波、帯電体、電磁石、電動力、電鍍術、

① https：//ja.wikipedia.org/wiki/本多光太郎・田中三四郎
② 国立国会図書館デジタルコレクションを参考にする。

電話機、電解物、電流計、電気波、電気計、電気量、電気盆、電気学、
電信機、電圧計、動電力、発電体、発信機、発信器、放電叉、輻射熱、
副電池、感応器、継電器、絶縁体、内抵抗、起電機、乾電池、全抵抗、
熱電堆、熱電流、受話器、受信機、受信器、送話器、外抵抗、微音器、
蓄電槽、蓄電池、蓄電器、験電器、陽電気、陰電気、指力線

　四字語（12）

電磁気波、電気感応、電気密度、電気振子、電気分解、感応電流、接触
電気、鏡電流計、無定位針、無線電信、自己感応、相互感応

### 1.7電気用語の整理

　本節では片山淳吉『改正増補物理階梯』（1876）、飯盛挺造『物理
学』（1881）、藤田正方『簡明物理学』（1884）、木村駿吉『新編物理
学』（1890）、中村清二『近世物理学教科書』（1902）、本多光太郎・田
中三四郎『新選物理学』（1903）といった6資料から総数480語の電気
用語を選び出し、文献数、電気用語字数により整理し、それが表4-2に
なる。

表4-2　明治資料から抽出した電気用語の一覧表[①]（異なり語数）

| 出現文献数 | 二字語 | 三字語 | 四字語 | 合計 |
|---|---|---|---|---|
| 6種共通 | 6（2.33） | 0 | 0 | 6（2.33） |
| 5種共通 | 5（1.95） | 2（0.78） | 0 | 8（3.11） |
| 4種共通 | 9（3.50） | 5（1.95） | 0 | 13（5.06） |
| 3種共通 | 13（5.06） | 15（5.84） | 4（1.56） | 33（12.84） |
| 2種共通 | 16（6.23） | 30（11.67） | 13（5.06） | 58（22.57） |
| 1種のみ | 43（16.73） | 74（28.79） | 22（8.56） | 139（54.09） |
| 合計 | 92（35.80） | 126（49.03） | 39（15.18） | 257（100） |

　以上のように、各文献において、電気に関する用語を抜き出し、整理
した。明治資料では三字語が主な造語形式ということが分かる。明治

---

① 明治資料における電気用語の分布を付録4にまとめる。

資料に、二字語が92語、全体で35.80%を占めている、三字語が126語、全体で49.03%を占めている。四字語が39語、全体で15.18%を占めている。少なくとも、明治資料では三字語が主な造語形式になる。

次に、明治資料において、電気用語の共通度が低いことが基本語が少ないといえる。明治資料から延語数481語を抽出した。得られた異なり語数が257語になる。2種文献以上に共通する電気用語が118語で、45.91%をしめている。日本では、明治期に至って、電気用語は蘭学時代より共通度が高くなり、1種のみの電気用語が54.09%を占めている。かといって、全体から言えば、基本語が少ない。

### 1.8本節のまとめ

以上のように、各文献において、明治資料から257語（異なり語数）の電気用語を抜き出し、整理した。ここでは本節の内容を簡単にまとめる。

（1）明治資料では三字語が主な造語形式であること。明治資料に二字語が92語、三字語が126語、四字語が39語ある。三字語が49.03%を占めているので、主な造語形式である。

（2）明治時代において、電気領域で基本語が多くなったが、使用頻度から見れば、言語資料における電気用語の共通度も低いといえる。明治資料から延語数483語を抽出した。得られた異なり語数が257語になる。2種文献以上に共通する電気用語が118語で、45.91%を占めている。かといって基本語も少ない。

## 2.二字語電気用語の考察

明治資料における二字語電気用語は語構成の面において、蘭学資料、清末在華宣教師資料の電気用語との相違、しかも、二字語電気用語が単独に使われているほか、三字語、四字語の構成要素としても重要な役割を果たしていたが、このような複合による造語方式が明治資料での実態

を調べてみる必要がある。なお、明治資料の二字語電気用語にはどれが宣教師により造られたのか、どれが蘭学者により造られたのか、どれが古い中国漢語にあった古来の語なのか。これらも解明すべき問題である。

### 2.1 二字語の語構成

二字語電気用語は二つの一字語基からなる複合語であるという語構成意識がかなり薄れているようだが、中日近代電気用語比較対照研究は内部構造に基づいた分析が求められるので、二字語の前後語基間の関係を考察する。筆者は朱京偉（2016）に基づいて、明治資料の二字語電気用語を振り分けた結果は次のようになる。

表4-3　二字語電気用語の語構成

| 品詞性 | 結合関係 | 語数 | 語例 |
|---|---|---|---|
| 名詞54<br>（58.70） | 名+名連体修飾関係 | 33（35.87） | 電場、磁場 |
| | 動+名連体修飾関係 | 14（15.22） | 斥力、積極 |
| | 形+名連体修飾関係 | 5（5.43） | 強度、副線 |
| | 名+動主述関係 | 1（1.09） | 電流 |
| | 名+名並列関係 | 1（1.09） | 功程 |
| 動詞38<br>（41.30） | 動+動並列関係 | 20（21.74） | 傳導、抵抗 |
| | 動+名述客関係 | 7（7.61） | 放電、通信 |
| | 動+動連用修飾関係 | 4（4.35） | 対流、聚導 |
| | 形+動連用修飾関係 | 2（2.17） | 反撃、直流 |
| | 名+動連用修飾関係 | 4（4.35） | 電鍍、電撃 |
| | 副+動連用修飾関係 | 1（1.09） | 共鳴 |
| 合計 | | 92（100） | |

表4-3によると、明治資料の二字語電気用語には名詞性のものが最も多く、全体の58.70%を占めている。動詞性のものが4割程度で全体の

41.30%となっている。

　二字語電気用語の語構パターンについては、前部語基と後部語基の文法的な関係に基づいて連体修飾関係、並列関係、連用修飾関係、述客関係、主述関係の5種に分類しているが、明治資料には実例の見当たらないものや語数の少ないものがあるので、以下では主なパターンについて触れておく。

### 2.1.1連体修飾関係

　連体修飾関係を結ぶ電気用語は後部語基が名詞である。後部語基が名詞性のものは前部語基の品詞性の違いによって、「名＋名」、「動＋名」、「形＋名」の3タイプに振り分けられる。連体修飾関係を結ぶ二字語電気用語は52語、56.52%を占めている。明治資料の二字語電気用語ではこの六者の勢力がアンバランスで、「名＋名」、「動＋名」、「形＋名」が順に並んでいる。

（名＋名）　北極、磁場、磁気、磁極、磁力、磁石、磁針、電槽、電場、電車、電池、電灯、電光、電話、電力、電量、電鈴、電瓶、電気、電素、電位、電線、電箱、電信、電源、電柱、弧灯、機法、機力、輪道、螺線、南極、炭灯

（動＋名）　斥力、傳線、導力、導体、導線、呼鈴、積極、経路、流体、仕事、消極、引力、張力、脈力

（形＋名）　副線、強度、陽極、陰極、真空

　ここで注意すべきものは「名＋動」の「電流、電溜、電行」である。「電流」を例に取り上げる。前部語基「電」と後部語基「流」の意味組み合わせは後部語基「流」が動詞義から、状態へと変わりつつあり、「水のように流れる電気」のことを指すようになる。

### 2.1.2並列関係

　並列関係の二字語は品詞性の同じ前部語基と後部語基（動＋動、名＋名、形＋形）からなり、しかも語基同士が語義の形成においてはほぼ同

等の役割を担っているものをさす。並列関係を結ぶ二字語電気用語は22.83%を占めている。明治資料に見られるものは「動+動」[名＋名]の組み合わせがある。前部語基と後部語基の意味的関係で見ると、「摩擦」のように、前後語基がほぼ同等の重さで語の意味を分け合っている。

（動+動）　衝拆、衝斥、傳達、傳導、傳和、傳引、抵抗、分解、感
　　　　　動、感応、交代、拡布、流通、摩擦、排斥、吸引、遊離、
　　　　　中和、逐斥
（名+名）　功程

## 2.2 語基の造語力

語基の造語力とは明治資料において、どの一字語基が二字漢語の構成によく用いられたかを調べ、同一の語基で構成される二字漢語が多ければ多いほど当該語基の造語力が強いということになる。

### 2.2.1 前部語基

二字語電気用語に用いられた前部語基を造語数の多い順に並べると、次の表4-4の通りになる。

表4-4　前部語基の造語力

| 造語数 | 語基数 | 語基と語例 |
|---|---|---|
| 22 | 1 | 電（－槽、－場、－車、－池、－灯、－鑷、－光、－話、－撃、－力、－量、－鈴、－流、－瓶、－気、－素、－位、－線、－箱、－信、－源、－柱） |
| 6 | 1 | 磁（－気、－場、－極、－力、－石、－針） |
| 5 | 1 | 傳（－引、－線、－和、－導、－達） |
| 3 | 2 | 導（－体、－線、－力）、聚（－導、－蓄、－動） |
| 2 | 6 | 衝（－拆、－斥）、抵（－抗、－拒）、分（－解、－極）、感（－動、－応）、機（－法、－力）、流（－体、－通） |

続表

| 造語数 | 語基数 | 語基と語例 |
|---|---|---|
| 1 | 41 | 北（－極）、斥（－力）、帯（－電）、鍍（－金）、対（－流）<br>反（－撃）、放（－電）、副（－線）、功（－程）、共（－鳴）<br>行（－並）、呼（－鈴）、弧（－灯）、積（－極）、交（－代）<br>経（－路）、絶（－縁）、拡（－布）、列（－並）、輪（－道）<br>螺（－線）、摩（－擦）、南（－極）、排（－斥）、潜（－電）<br>強（－度）、仕（－事）、炭（－灯）、通（－信）、吸（－引）<br>消（－極）、陽（－極）、陰（－極）、引（－力）、遊（－離）<br>張（－力）、脹（－力）、真（－空）、直（－流）、中（－和）<br>逐（－斥） |
| 92 | 52 | （1語基あたりの平均造語数は約1.77語になる） |

　表4-4によると、前部語基として最も多く用いられたのは「電－」であり、構成された二字語電気用語は22語となっている。52種の前部語基を造語数2語以上と1語の二つグループに分けてみれば、前者は11語基（21.15％）なのに対して、後者は41語基（78.85％）を占めている。このように、前部語基では造語数の多い語基が少ないので、1語基あたりの平均造語数は約1.77語という低い数値となっている。

### 2.2.2 後部語基

　二字語電気用語の後部語基についても前部語基と同じ方法で整理してみた結果、前部語基との間にいくつかの点で相違が見られることが明らかになった。

**表4-5　後部語基の造語力**

| 造語数 | 語基数 | 語基と語例 |
|---|---|---|
| 8 | 2 | 極（北－、磁－、分－、積－、南－、消－、陰－、陽－）<br>力（斥－、磁－、導－、電－、機－、引－、張－、脹－） |
| 5 | 1 | 線（傅－、導－、電－、副－、螺－） |
| 3 | 4 | 斥（排－、衝－、逐－）、灯（電－、弧－、炭－）、電（帯－、放－、潜－）、流（電－、対－、直－） |
| 2 | 11 | 導（傅－、聚－）、並（行－、列－）、場（電－、磁－）、動（聚－、感－）、和（傅－、中－）、撃（電－、反－）、鈴（電－、呼－）、気（電－、磁－）、体（導－、流－）、信（電－、通－）、引（傅－、吸－） |

続表

| 造語数 | 語基数 | 語基と語例 |
|---|---|---|
| 1 | 37 | 道（輪−）、擦（摩−）、池（電−）、布（拡−）、槽（電−）、拆（衡−）、車（電−）、程（功−）、達（傳−）、代（交−）、鍍（電−）、度（強−）、法（機−）、光（電−）、話（電−）、解（分−）、抗（抵−）、金（鍍−）、離（遊−）、空（真−）、拒（抵−）、量（電−）、路（電−）、鳴（共−）、瓶（電−）、石（磁−）、素（電−）、事（仕−）、位（電−）、通（流−）、箱（電−）、蓄（聚−）、応（感−）、源（電−）、縁（絶−）、針（磁−）、柱（電−） |
| 92 | 55 | （1語基あたりの平均造語数は約1.67語なる） |

表4-5によると、後部語基は造語数が4語以上のものは「−力、−極、−線」の3語基である。さらに、前部語基に倣って、55の後部語基を造語数2語以上と1語だけの二つグループに分けてみると、前者は18語基（32.73％）で、後者は37語基（67.27％）となる。前部語基2語以上の21.15％、1語だけの78.85%に比べれば、造語数の多い後部語基は前部語基のそれより割合が高いことがわかる。　詳しく見ると、2語を造る後部語基は前部語基より多いが、3語以上を造る前部語基は後部語基より多い。以上のように、語基の数による前部語基と後部語基の比較であるが、二字語電気用語の数で見ていくと、両者の格差があまりない。たとえば、造語数2語以上の語基で構成された二字語の語数は前部語基では51語で、全語数（92）の55.43％となっているのに対し、後部語基では55語で、全語数（92）の59.78％を占めている。

### 2.3 二字語の出典

本章で扱った明治資料は片山淳吉の『改正増補物理階梯』（1876）、飯盛挺造『物理学』（1881）、藤田正方の『簡明物理学』（1884）、木村駿吉『新編物理学』（1890）など清末在華宣教師資料の一部と時間的重なりがある。したがって、用語出典の判定は非常に難しい。一方、蘭学資料の出版時間が明治資料より早いので、中における電気用語は明治資料と重なるものもあるわけである。明治資料が蘭学資料、清末在華宣教

師資料との関係を探りながら、以下、明治資料に用いた電気用語をあげていくことにする。

　ここでは「蘭と宣と一致」、「蘭とのみ一致」、「宣とのみ一致」、「単独使用」という四つの項が並んでいる。「蘭と宣と一致」とは明治資料が蘭学資料と清末在華宣教師資料とともに一致する語、「蘭とのみ一致」とは蘭学資料とのみ一致する語、「宣とのみ一致」とは清末在華宣教師資料とのみ一致する語、「単独使用」とは新たに加えられた語という4タイプを指している。表4-6のようにまとめる。

表4-6　二字語電気用語の出典状況

|  | 蘭と宣と一致 | 蘭とのみ一致 | 宣とのみ一致 | 単独使用 | 合計 |
|---|---|---|---|---|---|
| 出典あり | 6（6.52） | 1（1.09） | 2（2.17） | 12（13.04） | 21（22.83） |
| 新義あり | 1（1.09） | 1（1.09） | 2（2.17） | 3（3.26） | 7（7.61） |
| 出典なし | 1（1.09） | 7（7.61） | 12（13.04） | 44（47.83） | 64（69.57） |
| 合計 | 8（8.70） | 9（9.78） | 16（17.39） | 59（64.13） | 92（100） |

　表4-6を見ると、「出典あり」の語が22.83%、「新義あり」の語が7.61%、「出典なし」の語が69.57%を占めている。「出典なし」の語には明治資料「単独使用」の語が明治知識人による新造語だと思われている。抽出語の中で「蘭と宣と一致」の語が8.70%、「蘭とのみ一致」の語が9.78%、「宣とのみ一致」の語が17.39%、「単独使用」語が64.13%を占めている。「単独使用」の語がもっとも多いことは明治資料が蘭学資料、清末在華宣教師資料から借用された用語がそれほど多くないことが分かる。以下は実例に基づいてまとめておきたい。

2.3.1「出典あり」の二字語

「出典あり」の二字語は中国漢籍で同形同義の語が見つかった語を指している。中では具体的に「蘭と宣と一致」の語、「蘭とのみ一致」の語、「宣とのみ一致」の語、「単独使用」の語に小分けして、逐次に分析する。

（1）「蘭と宣と一致」の語

「蘭と宣と一致」の語は中国漢籍からの同形同義の語が蘭学資料、清末在華宣教師資料、明治資料で見つかった。たとえば、

□磁石[1]

其察言也不失，若磁石之取針，舌之取燔骨。（『鬼谷子・反応』）

磁石極に数個の細環を掛け、他の磁石の同名極をこれに近づくれば、其一二環落ち、これに反して、異名極を加ふれは。（『気海観瀾広義』巻十三13下）

問：磁石為何物。

答：一名吸鉄石有自然生於鉄鉱者，系生鉄与氧気合成，望之似石，故名磁石。有出於人力造成者，系以軟鉄，故名磁鉄。（『格物入門』電学入門31上）

磁石は能く鉄を引き、また鉄に引かれるる性質を具え。（『改正増補物理階梯』19上）

のように、中国漢籍、蘭学資料、清末在華宣教師資料、明治資料にも同形同義の「磁石」が見つかった。このような用語は以下の語もある。

南極、北極、摩擦、感動、吸引

（2）「蘭とのみ一致」の語

「蘭とのみ一致」の語は中国漢籍からの同形同義の語が蘭学資料、明治資料で見つかった。たとえば、

□電光

電光劃劃遶巌壁，雷声隠隠生山陬。（宋 梅尭臣『和謝舎人洊震』）

越列幾とはどう見てもこう見ても電光と一致や。（『民間格致問答』巻五　19下）

この塔の落成を俟ちその最高頂のところより、銅線を繋げ以て電光を試験せしと欲せしに其営築緩慢にして竣功の期後るに因り、痛くその心を焦し …（『改定増補物理階梯』下巻4上）

---

[1]　第二章と同じ例を取り上げる。

　このように、明治資料における「電光」は中国漢籍における「電光」と比べ、同じように、「雷雲中や雷雲間、または雲と地面との間に起こる、火花放電の際の発光現象」を表す。

（3）「宣とのみ一致」の語

「宣とのみ一致」の語は中国漢籍からの同形同義の語が清末在華宣教師資料、明治資料で見つかった。たとえば、

　□流通

　教順施続，而知能流通。由此観之，学不可以已明矣。（西安 劉安『淮南子』CCL）

　電気流通（…）今銅と亜鉛を、金属線を以て連繋する電気流通をなし、其導線に因って流通する方向は積極電気は銅より発し、消極電気は亜鉛より銅に流移す（『簡明物理学』427）

　このように、「流通」は中国漢籍、明治資料で移動、流動する意味を表す。このような用語は以下の語もある。

　通信

（3）「単独使用」の語

「単独使用」の語は中国漢籍からの語が同形同義の語が明治資料のみで見つかった。たとえば、

　□感応

　柔上而剛下，二気感応以相与。（『易・咸』）

　電気の引力斥力は二種の運動を生じ、一には受電体其物を運動せしめ、一には受電体の表面及びその内に電気を移動せしむ。故に、導体にて作られたる二つの球に各異号の電気を掛けて、付近れば、二つの球は一体として互いに相引くのみならず、実は各球にある電気も相引くものなるがために電気は遠きところ集るべし、この如き現象を名づけ、感応といい或いはまた特に静力電気の感応という。（『新編物理学』6）

　このように、中国漢籍における「感応」は「影響を受けて変化をもたらす」意味を表す。明治資料における「感応」も受電体が電気の影響をうけて変化をもたらす意味である。ここから考えて、意味が同じだと思

われれる。このような用語は以下のような語もある。

衝斥、傳達、抵拒、反撃、鍍金、交代、功程、経路、聚蓄、排斥、逐斥

### 2.3.2「新義あり」の二字語

「新義あり」の二字語電気用語は中国漢籍に同形の語がありながら、意味が変わる語を指している。具体的に「蘭と宣と一致」の語、「蘭とのみ一致」の語、「宣とのみ一致」の語、「単独使用」の語に小分けして、各欄を見てみる。

（1）「蘭と宣と一致」の語

「蘭と宣と一致」の語は同形の語が蘭学資料、清末在華宣教師資料、明治資料で使用されている語である。たとえば、

□真空

自非道登正覚，安住于大般涅槃；行在真空，深入于无爲般若。」（南朝 陳 徐陵『長干寺众食碑』）。

念念説空，不識真空。（唐 慧能『壇経・般若品』）

空気が甚希薄くて真空になる場所の越列幾素質が自ら火炎と現れ …（『民間格致問答』巻五27下）

電学家常備容各種薄気或薄霧之管，其作法先令管容所須気質，再以抽気罩之幾至真空為止，此種管謂之電火真空管。（『電学綱目』64下）

熾灼ところの物体には可及的真空になしたる硝子鐘を覆う熾灼体の材料には特別に製したる堅剛の炭を用い白金線に由て両極線と連結しうる装置にして、第百四一図に於いて其全形を示すが如し、而してこの種の電灯は十乃至五十燭光の強度に達する光を放す。（『物理学』193）

このように、中国漢籍における「真空」は仏用語である。蘭学資料、清末在華宣教師資料、明治資料における二字語「真空」は「周囲に比べて十分圧力が低い状態。物質が全く存在しない空間」という意味を表すようになる。中国漢籍の仏用語から物理用語になり、言語使用域が変わる。

（2）「蘭とのみ一致」の語

「蘭とのみ一致」の語は蘭学資料、明治資料で中国漢籍から同形の語が見つかりながら、違う意味を用いている。たとえば、

□絶縁

夫以心縁心，則受諸受若正受生慧，曰得常心。慧心既常，則於正無受，何等為絶縁？心亦無縁絶，湛然常寂，何所住乎？（宋『雲笈七籤』CCL）

又、絶縁し或は越歴を他物に送るには、よく導子を拭ひ、水湿を防ぐべし。(『気海観瀾広義』巻十一 5 下）

若しくは他の不導体を用いて造りたる卓上に置くに若乾燥せる空気これを囲み、電素の洩散すへき経路を絶つときはこれを絶縁と名づく。(『階梯増補物理階梯』下巻4上）

のように、「絶縁」という語は中国漢籍で縁談、縁を絶える意味を有している一般的な用語である。蘭学資料、明治資料において、「不導体によって、電気や熱が通じるのを断つ」意味を使用されいている。乃至現代に至っても使われている用語である。

（3）「宣とのみ一致」の語

「宣とのみ一致」の語は清末在華宣教師資料、明治資料で中国漢籍から同形の語でありながら、違う意味を用いている。たとえば、

□傳引

不匱純孝也。莊工雖失之於初孝心不忘考叔感而通之所謂永錫爾類詩人之作各以情言君子論之不以文害意，故春秋傳引詩不皆與今說詩者同餘皆仿此。(北宋『冊府元亀』)

如天空二雲，一為電陰気，一具電陽気，二雲相近，勢必陰陽傳引，轟撃発声，見火呼為電，聞声呼為雷，此乃電気陰陽不和之據也。(『博物新編』50下）

若し右手をその一面に触れ、左手を他の面に触れて傳引するが如き電素直ちに人心に感じてその体中を経過するを覚え。(『改定増補物理階梯』下巻5上）

このように、中国漢籍における「傳引」は「引用」の意味であるのに対し、清末在華宣教師資料、明治資料における「傳引」は「伝え、吸引、ひく」の意味である。このような用例は以下の語もある。

中和

（4）「単独使用」の語

「単独使用」の語は中国漢籍に同形の語がありながら、明治資料にだけ違う意味を持っている語である。たとえば

□抵抗

趙氏嘗用之河東、太原之戰，忠献王振鼓大呼，童貫以走。太祖起自龍翔，太宗討定兩河，皆用功臣親總軍令，乃忽變舊制，恐兵心離不聽。詰旦早朝，邁坐待漏院，淵揚馬鞭過罵之曰：“癡南虜，敢言我家兄弟耶？”邁遂求出知鄭州，淵恐其抵抗，改潞州兼督軍糧，欲坐以軍興乏食之罪，淵令其弟害之。（北宋『南遷錄』）

オームの法則　甲乙二器の水平の差を一定に保ち、種々の太の管を以って、両器をつなぐに、同一時間に其の中の流るる水量に多少あり、同様に電池の両極を種々の針金にて連結するに針金の品質及び形状によりて、これを流るる電流に強弱あり、この場合には是等の針金の抵抗異なるという。（『近世物理学教科書』264）

のように、「抵抗」という語は漢籍で「戦い、外部から加わる力に対し、はむかうこと」の意を持っている。明治資料における「抵抗」は「物理用語として、電流に対する電気抵抗など」の意味を表している。今日でも「戦う、はむかう」の意味も持てば、「電気の抵抗」としても使われている。このような用語は以下の語もある。

傳導、分解

2.3.3「出典なし」の二字語

「出典なし」の二字語とは明治資料における電気用語は中国漢籍で同形の語が見つからない。具体的に「蘭と宜と一致」の語、「蘭とのみ一致」の語、「宜とのみ一致」の語、「単独使用」の語に小分けして、各欄をそれぞれ見てみる。

（1）「蘭と宜と一致」の語

「蘭と宜と一致」の語は中国漢籍で見つからない語が蘭学資料、清末在華宣教師資料、明治資料で見つかった電気用語である。たとえば、

□引力

越列吉的爾者、琥珀之謂也。初由琥珀発明此性力。因為其名是亦一種流動質，而凡百体中莫不具有。斯質比如気火性，在其引力與張力相平均之中，雖無以見之，一失其平均，則顕其作用也。斯為之質，多者與寡，寡者取多，必得其平均而後止。（『気海観瀾』22下）

吸鉄推力比尋常吸鉄引力更小。凡物質能為吸鉄所推者，惟鉍所收推力為最大，但其推力比鉄所收引力，小至難比。（『電学綱目』15上）

磁極の強さ　これ即ち一定の距離にある一定の磁極に対し出すところの引力または斥力にて計らるるものなり。（『新編物理学』94）

このように、蘭学資料、清末在華宣教師資料、明治資料における「引力」は電気或いは磁気の互いに引きあう力の意味を用いている。中国漢籍で見つからない語である。

（2）「蘭とのみ一致」の語

「蘭とのみ一致」の語は中国漢籍で見つからない語は蘭学資料、明治資料で見つかった電気用語である。たとえば、

□導体

凡物之於越列吉的爾質也，直摩其体，可以發之者，謂之原体。若琥珀硫黄瀝青玻璃絹布等又不直摩之，唯触他，既被揮発之体，而可以増減其質者，謂之導体。（『気海観瀾』23上）

物体互いに電気を容易に経過せしむると、これを抵拒するとの異あること猶温を導達する物体に其難易あるか如し故に又是れを汎称して、その電気を容易に経過せしむるもの、これを電気の導体と名づけ、抵抗するものを不導体と名づく。（『増補改定物理階梯』下巻3上）

このように、「導体」は蘭学資料、明治資料だけで見つかったので、蘭学資料から受け継がれた用語だと思われる。このような用語は以下の語もある。

　導線、積極、機法、消極、流体、張力

（3）「宣とのみ一致」の語

「宣とのみ一致」の語は中国漢籍で見つからない語は清末在華宣教師資料、明治資料で見つかった語である。たとえば、

□陰極、陽極

問：何為二極。

答：二気之所聚是也。蓋二気名分陰陽，陽気聚於陽極，陰気聚於陰極。欲令隔断不通，則電気不能放出矣。須以引電之物，使由此極達於彼極，則電有路，而気可達矣。（『格物入門』電学入門5上）

　器に水を盛り、これを少量の硫酸を混じ、銅及び亜鉛の板を液中に対立せしむるときは銅のポテンシャルは亜鉛のポテンシャルよりも高く、そ差略。一ポテンシャルとなる銅や亜鉛を電池の極といい、銅を陽極、亜鉛を陰極という。（『新選物理学』258）

　このように、「陰極、陽極」は「負極、正極」の意味として、清末在華宣教師資料、明治資料で使用された。資料の出版時間と清末在華宣教師資料『格物入門』の影響力を考えて、明治資料の「陰極、陽極」は清末在華宣教師資料の影響をうけていたと考えられている。明治資料が清末在華宣教師資料とのみ一致の用語は以下の語もある。

　　磁気（宣1868　明1881[①]）　　電信（宣1886　明1881）

　　電線（宣1851　明1884）　　　電気（宣1851　明1876）

　　電流（宣1900　明1881）　　　電鈴（宣1899　明1890）

　　電力（宣1868　明1976）　　　電灯（宣1879　明1881）

　　電池（宣1868　明1881）　　　電車（宣1899　明1881）

　明治資料二字語電気用語は清末在華宣教師資料と一致するものが「蘭と一致」の語に比べると多い。おそらく明治資料が清末在華宣教師資料から借用した用語があると思われる。しかし、簡単に宣教師から取り入れたものだとは言えない。「電信、電流、電鈴、電灯、電車」といった5

---

①　考察資料で出現時間が一番早い時間のみ記している。

語は中国側の『申報』を調べ、最も早い用例がそれぞれ電信（1902）、電流（1903）、電鈴（1883）、電灯（1879）、電車（1881）が見出される。したがって、以上の用語出現時間を対照してみると、借用ルートが不明であるものがある。

（4）「単独使用」の語

「単独使用」の語は中国漢籍、蘭学資料、清末在華宣教師資料でも見つからなくて、明治資料でだけ使用される語である。たとえば、

□直流

三八八　直流及び交代の電流（……）第一三二図に示すものはシーメンス氏の直流ダイナモに付属してあるコンムタートルにして、（……）（『新編物理学』106）

このように、データベースを検索すると、中国漢籍で出てきた「直流」は

陸氏懼怕起来，拿了書急急走進房裏来，剔明燈火，仔細看時，那書上写道：“十年結発之夫，一生祭祀之主朝連暮以同歓，資有餘而共聚。忽大幻以長往，慕他人而輕許。遺棄我之田疇，移蓄積於別戶。不念我之雙親，不恤我之二子。義不足以為人婦，慈不足以為人母。吾已訴諸於上蒼，行理對於冥府。”陸氏看罷，嚇得冷汗直流，魂不附體，心中懊悔無及。（明『二刻拍案驚奇』）

のような例が出てくる。「直流」は「汗がだらだら流れてきた」と翻訳したほうがいい。中国漢籍から出てきた「直流」はいつも「冷汗直流、鮮血直流、熱汗直流」の表現で、前部語基「直」と後部語基「流」は「副詞＋動詞」になり、連用修飾動詞を結ぶ。しかし、漢籍からの例文における「直流」はまだ一つの語になっていない状態だと思われる。明治資料における「直流」は「時間的に流れる方向が変わらない電流、また、方向と同時に大きさも変化しない電流」のことを指している。明治期資料における「直流」はすでに一つの語になり、中国漢籍にない意味と姿が世に出る。このような用語は以下の語もある。

衝拆、傅和、傅線、磁場、磁極、磁力、磁針、斥力、帯電、導力、電

槽、電場、電鍍、電話、電撃、電量、電瓶、電素、電位、電箱、電源、電柱、対流、放電、分極、副線、共鳴、行並、呼鈴、弧灯、機力、聚動、聚導、拡布、列並、輪道、螺線、潜電、強度、仕事、炭灯、遊離、脹力

### 2.4本節のまとめ

明治資料から抽出した92の二字語電気用語を中心に、語構成パターンをはじめ、いくつかの側面から考察をおこない、以下のようにまとめる。

（1）品詞性と結合関係。明治資料からの実例を連体修飾関係、並列関係、連用修飾関係、述客関係、主述関係の5種に分類している。その内、連体修飾関係、並列関係が主な結合関係である。連体修飾関係による造語は56.52%、並列関係による造語は22.83%を占めている。名詞性二字語が58.70%を占めて、動詞性二字語が41.30%を占めている。

（2）語基の造語力。明治資料において、前部語基と後部語基は1語基あたりに平均造語数がたいてい同じであるが、前部語基は1語基あたりに1.77語を造るのに対して、後部語基は1語基あたりに1.67語を造る。

（3）二字語の出典。二字語電気用語の出典を調べてみると、「出典あり」の二字語は22.83%、「新義あり」の語が7.61%、「出典なし」の語が69.57%を占めている。

（4）影響関係。抽出語の中で「蘭と宣と一致」の語が8.70%、「蘭とのみ一致」の語が9.78%、「宣とのみ一致」の語が17.39%、「単独使用」語が64.13%を占めている。「単独使用」語がもっとも多いことは明治資料が蘭学資料、清末在華宣教師資料から借用した用語がそれほど多くないので、先行文献からの影響が小さいといえる。

## 3. 2+1型三字語電気用語の考察

明治資料から126の三字語を抽出した。全体から見ると、全ての語が

2+1型と1+2型という二つの構成パターンに分類できる。構成要素となる漢字2字の部分と漢字1字の部分はそれぞれ二字語基と一字語基にあたる。三字語の語構成を考えるに際して、二字語基と一字語基の品詞性が有用な情報になるため、それぞれの語基について、名詞性語基、動詞性語基、形容詞性語基などと振り分ける。電気学における三字語の全容を捉えるために、次の表にまとめる。

表4-7　二字語基と一字語基の品詞性及び構成パターン

|  | 動＋名 | 名＋名 | 形＋名 | 名＋動 | 形＋動 | 接＋名 | 合計 |
|---|---|---|---|---|---|---|---|
| 2+1型 | 64（50.79） | 32（25.40） | 5（3.97） | 2（1.59） | 0 | 0 | 103（81.75） |
| 1+2型 | 3（2.38） | 1（0.79） | 14（11.11） | 0 | 4（3.17） | 1（0.79） | 23（18.25） |
| 合計 | 67（53.17） | 33（26.19） | 19（15.08） | 2（1.59） | 4（3.17） | 1（0.79） | 126（100） |

　三字語電気用語では2+1型と1+2型を問わず、前部語基が後部語基を修飾し、限定する結合関係になるのが普通である。たとえば、2+1型「動＋名」構造の三字語なら、「閉合＋線＝閉合の線」のように、或いは、1+2型「形＋名」構造の三字語なら、「本＋電流＝本来の電流」のように解釈できる。

　表4-7から大きな特徴が二つ見られる。一つは「動＋名」で構成された2+1型三字語が50.79%を占めている。「形＋名」で構成された1+2型三字語が11.11%を占めている。もう一つは2+1型三字語が抽出語全体の8割以上を占めているのに対し、1+2型三字語が2割未満を占めている。したがって、本節では主に2+1型三字語を中心に考察する。

### 3.1 前部二字語基の考察

　表4-7で分かるように、2+1型三字語後部一字語基はたいてい名詞性語基で、2+1型三字語は原則的には前部二字語基と後部一字語基が連体修飾関係を結ぶ造語形式である。造語特徴を詳しく考察するために、前後語基に分けて、ここでは前部二字語基の造語特徴は造語力、品詞と結

合関係、出典という三面から考察する。

3.1.1 前部二字語基の造語力

前部二字語基の実例に基づいて、その造語力を見てみる。二字語基は後部一字語基と結合して出来た三字語の数が多ければ多いほど、造語力が強いと考えられる。造語数の多い順に二字語基とその語例をあげると、次のどおりである。

表4-8　前部二字語基の造語力

| 造語数 | 語基数 | 語基と語例 |
|---|---|---|
| 16 | 1 | 電気（−波、−車、−臭、−灯、−計、−力、−量、−鈴、−溜、−卵、−盤、−盆、−体、−学、−験、−針） |
| 4 | 3 | 熱電（−堆、−流、−柱、−源）、蓄電（−板、−槽、−池、−器）、磁気（−波、−力、−体、−学） |
| 3 | 3 | 発電（−機、−体、−器）、磁石（−極、−力、−針）、避雷（−器、−針、−柱） |
| 2 | 9 | 発信（−機、−器）、分解（−物、−極）、感応（−機、−器）、受電（−体、−柱）、受信（−機、器）、傳導（−度、−体）、測電（−盤、−器）、動電（−力、−流）、発動（−器、−力） |
| 1 | 48 | 白熱（−灯）、絆羂（−力）、閉合（−線）、稠電（−器）、傳話（−機）、傳信（−機）、帯電（−体）、単触（−法）、電磁（−石）、電動（−力）、電話（−機）、電鍍（−術）、電解（−物）、電流（−計）、電信（−機）、電圧（−計）、断絶（−器）、放電（−叉）、分触（−法）、輻射（−熱）、負荷（−力）、複触（−法）、感受（−器）、計測（−盤）、記信（−機）、継電（−器）、聚電（−器）、交換（−機）、巻絡（−線）、列田（−壜）、絶縁（−体）、流動（−体）、螺旋（−線）、起電（−機）、乾電（−池）、圏輪（−機）、受話（−器）、送話（−器）、蘇言（−機）、透過（−力）、微音（−器）、無電（−体）、吸引（−力）、圧榨（−器）、増電（−計）、験電（−器）、指力（−線）、逐斥（−力） |
| 103 | 64 | （1語基あたりの平均造語数は約1.61語） |

つまり、今回の調査で「電気」は16語の三字語が構成されており、造語力の最も強い二字語基としてあげられる。ただし、これはむしろ資料の性格がもたらしたもので、その他の二字語基を見ると、造語数4語の場合は4語基だけというように、造語数の多いものが少数に限られて

いるのに対し、造語数の1語だけの二字語基で構成されている三字語が
48語なので、1語基あたりの平均造語数が約1.61語になる。この結果は
後部一字語基との間での格差が見られ、この点は注目すべきである。

　3.1.2　前部二字語基の語構成

　二字語基はその全体を一つの意味単位とする時の品詞性を有すると同
時に、これをさらに二つの一字語基に細分するときの内部の品詞構成が
ある。明治資料における三字語だけに終わるのではなく、20世紀初頭
清末資料の三字語との比較対照をするには、二字語基内部の品詞構成に
踏み込んで検討してみる必要があると考えられている。そこで、3.11で
前部二字語基の造語力を考察した。それを踏まえて、64種の前部二字
語基の品詞性を考察する。同時に、その下位分類となる語基内部の品詞
構成と結合関係を整理すると、下の表のようになる。

**表4-9　前部二字語基の語構成**

| 二字語基の品詞性 | 内部の結合関係 | 語数 | 語基と語例 |
|---|---|---|---|
| 動詞性語基46<br>（71.88） | 動+名述客関係 | 22（34.38） | 発信（器）、送話（器） |
| | 動+動並列関係 | 17（26.56） | 感応（器）、交換（機） |
| | 名+動連用修飾関係 | 4（6.25） | 電解（物）、電鍍（術） |
| | 形+動連用修飾関係 | 2（3.13） | 単触（法）、復触（法） |
| | 名+動主述関係 | 1（1.56） | 電動（力） |
| 名詞性語基17<br>（26.56） | 名+名連体修飾関係 | 8（12.50） | 磁石（針）、電気（計） |
| | 形+名連体修飾関係 | 4（6.25） | 稠電（器）、乾電（池） |
| | 動+名連体修飾関係 | 2（3.13） | 動電（力）、指力（線） |
| | 音訳 | 2（3.13） | 列田（壩）、蘇言（機） |
| | 名+動主述関係 | 1（1.56） | 電流（計） |
| 形容詞性語基1<br>（1.56） | 形+形並列関係 | 1（1.56） | 白熱（灯） |

　上の表4-9によって、二字語基内部の結合関係を細かく見ていくと、
動詞性語基が全語基数で71.88%を占めて、2+1型三字語の中核を担って

いる。清末在華宣教師資料と比べ、動詞性語基の方が圧倒的に多い。動詞性語基のほうが「動＋名述客関係」「動＋動並列関係」「名＋動連用修飾関係」「形＋動連用修飾関係」「名＋動主述関係」に属する二字語基が合わせて、三字語の構成要素で71.88％を占めている。名詞性語基が動詞性語基ほど多くないが、「名＋名連体修飾関係」による造語が割合多い。明治資料ではどのような二字語基が三字語の構成要素になれるかを示していたので、その点は重要なものである。語基の多い結合関係を示すと、次のとおりである。

（1）述客関係

述客関係を結ぶ二字語基は後部語基が名詞で、しかも前部動詞性語基が働く対象となっている。述客関係を結ぶ前部二字語基は34.38％を占めている。

避雷–、測電–、傳話–、傳信–、帯電–、発電–、発動–、発信–、放電–、計信–、継電–、聚電–、絶縁–、起電–、受電–、受話–、受信–、送話–、蓄電–、験電–、増電–、指力–

（2）並列関係

並列関係を結ぶ二字語基は前後語基が意味反対或いは類似したものとなっている。明治資料で並列関係を結ぶタイプは「動＋動」「形＋形」という2タイプがある。並列関係を結ぶ前部二字語基は28.13％を占めている。

（動＋動）　絆羈–、閉合–、傳導–、断絶–、分解–、分触–、負荷–、感受–、感応–、計測–、交換–、巻絡–、流動–、透過–、吸引–、圧榨–、逐斥–

（形＋形）　白熱–

（3）連体修飾関係

連体修飾関係を結ぶ二字語基は後部語基が名詞性のもので、前部語基の品詞性によって「名＋名」「形＋名」「動＋名」の3タイプに振り分けられる。連体修飾関係を結ぶ前部二字語基は21.88％を占めている。

（名＋名）　磁気–、磁石–、電磁–、電気–、電信–、電話–、電圧–、

　　　　　　圏輪−

（形+名）　稠電−、乾電−、熱電−、微音−

（動+名）　動電−、無電−

### 3.1.3 2+1型三字語の出典

　明治資料に見える2+1型三字語電気用語は明治期知識人による造語なのか、それとも、先行する蘭学資料、中国側の清末在華宣教師資料でその出典が見出せるのか。これは三字語の形成を考えるにあたって、非常に重要な問題である。それに、2+1型三字語内部構造を知るために、前部二字語基の出典も詳しく考察する。造語の多い前部二字語基は蘭学資料或いは清末在華宣教師資料のそれと重なるものがそれほど多くないことが分かる。逆に、明治資料で造語成分としての語基は自ら新しいものが多いということが分かる。

**表4-10　2+1型三字語電気用語の出典状況**

| | | 蘭と一致 | 宣と一致 | 単独使用 | 合計 |
|---|---|---|---|---|---|
| 出典あり | 2+1型三字語 | 0 | 0 | 0 | 0 |
| | 前部二字語基 | 2（3.13） | 0 | 15（23.44） | 17（26.56） |
| 新義あり | 2+1型三字語 | 0 | 0 | 0 | 0 |
| | 前部二字語基 | 0 | 1（1.56） | 6（9.38） | 7（10.94） |
| 出典なし | 2+1型三字語 | 3（2.91） | 7（6.80） | 93（90.29） | 103（100） |
| | 前部二字語基 | 0 | 5（7.81） | 35（54.69） | 40（62.50） |
| 合計 | 2+1型三字語 | 3（2.91） | 7（6.80） | 93（90.29） | 103（100） |
| | 前部二字語基 | 2（3.13） | 7（10.94） | 55（85.94） | 64（100） |

　『漢語大詞典』（電子版）、『漢籍全文検索』（電子版）、CCLを検索した結果、漢籍からの出典が見つかる単独使用の2+1型三字語が一つもない。したがって、明治資料にある2+1型三字語は「出典なし」の語だけある。そのうち、単独使用の2+1型三字語が9割以上になるので、蘭学資料、清末在華宣教師資料からの影響をほとんど受けておらず、ささ

やかで、明治知識人による新造語が多いことが分かる。「出典あり」「新義あり」の語がないので、本節では「出典なし」の語のみ考察する。

　2+1型三字語の内部構造を考察するために、前部二字語基の出典状況に基づいて、「出典あり」の語基が26.56%、「新義あり」の語基10.94%、「出典なし」の語基が62.50%を占めている。先行文献との重なりにより、「蘭と一致」、「宣と一致」、「単独使用」に小分けする。実例に基づいて実情を考察する。

　3.1.3.1「出典なし」の2+1型三字語

　「出典なし」の2+1型三字語は中国漢籍で見つからない語である。ここでは先行文献との重なりにより「蘭と一致」「宣と一致」「単独使用」に分けて、考察する。

　（1）「蘭と一致」の語

　「蘭と一致」の語とは明治資料で蘭学資料と一致する2+1型三字語が見つかる語である。抽出語の103語で「蘭と一致」の三字語が2.91%を占めている。ここで「磁石極」を例に取り上げる。

　□磁石極

　磁石極に数個の細環を掛け、他の磁石の同名極をこれに近づくれば、其一二環落ち、これに反して、異名極を加ふれは。（『気海観瀾広義』巻十三13下）

　傾斜して反対に進めばなどの如く傾斜し、両磁石極上に達すれば垂直に定位せざるを得ざるや必せり。（『物理学』45）

　蘭学資料と明治資料における「磁石極」は磁石の極の意味で使われている。以下、明治資料で用いた「蘭と一致」の三字語をあげていく。

　磁石力、磁石針

　（2）「宣と一致」の語

　「宣と一致」の語は明治資料で見つかった清末在華宣教師資料と一致する2+1型三字語である。抽出語の103語で「宣と一致」の三字語が6.80%を占めている。ここで「電動力」を例として取り上げる。

□電動力

前在一百一十八欸，所説電気流行之力，可謂之電動力，如將吸鉄針懸之，令易転動，另有阻電気之器，則能量器電力。（『電学綱目』38上）

たとえば、純粋なる水は電池より出る電流に対してほとんど完き不導体なれどもわずかな湿気は発電機より電流を容易に導き得べし、電池より出る電流のこの如く弱気をなづけ、電気の電動力は発電機の電動力より極めて小なりという。（『新編物理学』62）

清末在華宣教師資料と明治資料で使われる「電動力」は「電力で動くこと、動力に電気を使うこと」の意味を持っている。以下、明治期資料に用いた「宣と一致」の三字語をあげていく。

電動力（宣1879　明1890①）　　電気灯（宣1879　明1890）

電気力（宣1879　明1876）　　電気学（宣1886　明1884）

発電器（宣1879　明1881）　　発電体（宣1899　明1876）

放電叉（宣1868　明1903）

明治資料2+1型三字語は清末在華宣教師資料と一致するものが7語だけである。清末在華宣教師資料と一致する三字語が「蘭と一致」の語に比べると多い。おそらく明治資料が清末在華宣教師資料から借用する造語があると思われる。しかし、簡単に宣教師から取り入れたものだとは言えない。以上のように、「電動力、電気灯、電気力、電気学、発電器」は清末在華宣教師資料、明治資料で出現時間が重なったが、中国側の『申報』を調べ、「電動力（1913②）」、「電気灯（1878）」、「電気力（1906）」、「電気学（1873）」、「発電器（1886）」が見出される。「発電体」を含む例文がない。したがって、以上の用語出現時間を対照してみると、借用ルートが不明であるものが多い。

（3）「単独使用」の語

「単独資料」の2+1型三字語とは蘭学資料、清末在華宣教師資料で見つからなく、中国漢籍でも見つからない語である。抽出語103語の中

① 考察資料で最も早い用例の出現時間のみ記している。

② 最も早い用例の出現時間

で、「単独使用」の語がもっとも多く、90.29%を占めている。ここで「電気波」を例に取り上げる。

□電気波

電場の強さが波動的に伝播するを電気波といい、磁場の強さが波動的に伝播するを磁気波という。(『新選物理学』307)

「電気波」は「無線周波」のことを指している。「出典なし」の三字語である。蘭学資料には無線通信に関する内容がまだ出てこない。清末在華宣教師資料において、「電浪、電気浪」で「電気波」のことを表す。以下、明治資料に用いた「単独使用」の三字語をあげていく。

電気波、電気臭、電気車、電気計、電気量、電気鈴、電気溜、電気卵、電気盤、電気盆、電気体、電気験、電気針、熱電流、熱電源、熱電柱、熱電堆、蓄電板、蓄電槽、蓄電池、蓄電器、磁気波、磁気力、磁気体、磁気学、発動力、発動器、避雷器、避雷針、避雷柱、分解極、分解物、発信機、発信器、感応機、感応器、受電体、受電柱、受信機、受信器、傳導度、傳導体、測電盤、測電器、動電力、動電流、白熱灯、絆羈力、閉合線、稠電器、傳話機、傳信機、電磁石、帯電体、単触法、電話機、電鍍術、電解物、電流計、電信機、電圧計、断絶器、発電機、分触法、輻射熱、負荷力、複触法、感受器、計測盤、記信機、継電器、聚電器、交換機、巻絡線、流動体、列田壜、絶縁体、螺旋線、起電機、乾電池、圏輪機、受話器、送話器、蘇言機、透過力、微音器、無電体、吸引力、圧榨器、増電計、験電器、指力線、逐斥力

明治期資料2+1型三字語は単独使用の語が93語、明治期資料の90.29%に達している。『漢語大詞典』(電子版)、『漢籍全文検索』(電子版)、CCLを検索した結果、漢籍からの出典が見つかる単独使用の2+1型三字語が一つもない。言い換えれば、蘭学資料、清末在華宣教師資料と一致する2+1型三字語があるにもかかわらず、その数は少ない。それらからの影響が電気学という特別な領域では大きくないようである。明治資料で2+1型三字語は新造語のほうが多い。

3.1.3.2「出典あり」の前部二字語基

「出典あり」の二字語基とは中国漢籍で二字語基による2+1型三字語の形が見つからず、同形同義の二字語が見つかるものを指している。先行資料との重なりにより、「蘭と一致」「単独使用」に分けている。

（1）「蘭と一致」の語基

「蘭と一致」の語基は明治資料でも蘭学資料でも同じ前部二字語基を持って造語する語基である。「蘭と一致」の語基が2語基あり、3.13％を占めている。例えば、

□（漢籍）磁石→（蘭）磁石極、磁石力、磁石針、磁石機

（明）磁石極、磁石力、磁石針

其察言也不失，若磁石之取針，舌之取燔骨。（『鬼谷子・反応』）

磁石極に数個の細環を掛け、他の磁石の同名極をこれに近づくれば、其一二環落ち、これに反して、異名極を加ふれは。（『気海観瀾広義』巻十三13下）

傾斜して反対に進めばなどの如く傾斜し、両磁石極上に達すれば垂直に定位せざるを得ざるや必せり。（『物理学』45）

このように、前部二字語基に関しては、中国漢籍にほぼ同じ意味の用例が見られるので、中国漢籍からの借用ということになるが、「磁石」の用例が中国漢籍で見つかったが、「磁石極、磁石力、磁石針」のような三字語が文献で見つからなかった。そのような用例として、次の語基が挙げられる。

□流動→（蘭）流動質、流動物

（明）流動体

（2）「単独使用」の語基

「単独使用」の語基は中国漢籍で同形同義の二字語が見つかり、蘭学資料、清末在華宣教師資料では見つからない語基を指している。「出典あり」の「単独使用」の語基が23.44％を占めている。例えば、

□（漢籍）逐斥→（明）逐斥力

告門人曰：“以我逸才，持我正論，逐斥世親，挫其鋒鋭，無令老叟独

擅先名。"（唐『大唐西域記』）

　二個の電気体間における吸引、逐斥力は距離の自乗に反比例す。（『物理学』73）

　例文において「逐斥」は排斥、追い払うの意味を表す。このように、漢籍にほぼ同じ意味の用例がみられるので、漢籍語の借用ということになるが、「逐斥」の用例が漢籍で見つかったが、「逐斥力」のような三字語が文献で見つからなかった。このような例として、次の諸語基が挙げられる。

発信−、発動−、感応−、傳話−、傳信−、断絶−、感受−、計測−、交換−、螺旋−、送話−、透過−、吸引−、指力−

　「出典あり」の前部二字語基の造語数を以下のようにまとめる。

表4-11 「出典あり」の前部二字語基の造語数

| 造語数 | 語基数 | 語基 |
|---|---|---|
| 3 | 1 | 磁石− |
| 2 | 3 | 発信−、発動−、感応− |
| 1 | 13 | 傳話−、傳信−、断絶−、感受−、計測−、交換−、螺旋−、送話−、透過−、吸引−、指力−、逐斥−、流動− |

　前述の「出典あり」の2+1型三字語と比べ、「出典あり」の前部二字語基は漢籍での用例が各ジャンルに分散している。造語の多い前部二字語基がなく、ほとんど2語、1語に集中している。つまり、電気領域で重要な概念を担う「出典あり」の前部二字語基が少ないといえる。

　3.1.3.3「新義あり」の前部二字語基

　「新義あり」の二字語基とは中国漢籍で三字語の形が見つからず、同形の二字語が見つかり、意味が変わる語基を指している。先行資料との重なりにより、「宣と一致」「単独使用」に分けている。

　（1）「宣と一致」の語基

　「宣と一致」の語基は中国漢籍で三字語の形が見つからず、清末在華宣教師資料、明治資料で造語成分の前部二字語基が中国漢籍で前部二字

語基と同形の二字語が見つかったが、意味が変わる語基を指している。
例えば、

　　□（漢籍）電動→（宣）電動力（1879、1899）

　　　　　　　　　　（明）電動力（1890、1902、1903）

　電動岱陰，風掃沂嶧。（『魏書・邢巒伝』）

　前在一百一十八歎，所説電気流行之力，可謂之電動力，如将吸鉄針懸
之，令易転動，另有阻電気之器，則能量器電力。（『電学綱目』38上）

　たとえば、純粋なる水は電池より出る電流に対してほとんど完き不導
体なれどもわずかな湿気は発電機より電流を容易に導き得べし、電池よ
り出る電流のこの如く弱気をなづけ、電気の電動力は発電機の電動力よ
り極めて小なりという。（『新編物理学』62）

　中国漢籍における「電動」の「電」は「雷」を指しているので、「電
動」に意味変化をもたらすわけで、「雷のように振動」の意味を表すの
に対し、清末在華宣教師資料、明治資料における「電動力、電動機」の
「電動」は「電気で動く」の意味を表す。したがって、中国漢籍における
意味と比べ、意味が変わるタイプである。

（2）「単独使用」の語基

　「単独使用」の語基は蘭学資料、清末在華宣教師資料で見つからなず、
しかし、中国漢籍で見つかりながら、意味が異なる語基である。「単独
使用」の語基が6つあり、全体の9.38％を占めている。漢籍と明治期資
料両方の用例をあげると、たとえば、

　　□（漢籍）負荷→（明）負荷力

　行於其郊，而少者扶其羸老，壮者代其負荷於道路。（宋 歐陽修『吉州
学記』）

　臣雖闒茸，名非先賢，蒙被朝恩，負荷重任。（『後漢書・公孫瓚伝』）

　蹄鉄磁石は其の両極互いに近位に対向して、存じ、これによって共同
に重物を挙上しうるをもて、もっとも負荷に適せり、すなわち、先鍍金
と名づくる一片の軟鉄を極に吸着せしむること。第十八図に示す如し、
而して、これに負荷せしむべき重さを懸垂す。これ今該磁石の負荷力を

験測せんと欲せば…(『物理学』26)

宋 歐陽修『吉州学記』、『後漢書・公孫瓚傳』における「負荷」は「負う」意味である。『漢語大詞典』を調べ、「電気的、機械的なエネルギーを消耗する」意味には例文がない。明治資料における「負荷力」は「電気的、機械的なエネルギーを消耗する力」の意味である。語基の意味変化により語全体の意味変化をもたらすタイプである。このようなタイプの語基が以下のものもある。

傳導–、分解–、絶縁–、起電–、電流–

「絶縁」は蘭学資料で二字語の形式で出現したが、造語成分としての形式が見つからなかった。「絶縁」が造語成分として再造語する形式は明治資料で見つかった。データペースを検索すると、「起電–」はただ宋詞でのみ見つかった。たとえば、「銀塘江上，展皎綃初見，長天一色。風拭菱花光照眼，誰許紅塵軽積。転盻馮夷，奔雲起電，両岸驚濤拍」のようである。宋詞で見つかった「起電」の「電」は雷の意味である。明治資料における「起電」と比べ、意味が異なる「新義あり」類に属する。

「新義あり」の前部二字語基はその造語数を以下のようにまとめることができる。

表4-12 「新義あり」の前部二字語基の造語数

| 造語数 | 語基数 | 語基 |
|---|---|---|
| 2 | 2 | 傳導–、分解– |
| 1 | 5 | 絶縁–、起電–、負荷–、電流–、電動– |

「新義あり」の前部二字語基は漢籍での用例が各ジャンルに分散している。造語の多い前部二字語基がなく、ほとんど2語、1語に集中している。つまり、電気領域で重要な概念を担う「新義あり」の前部二字語基が少ないといえる。

3.1.3.4「出典なし」の前部二字語基

「出典なし」の二字語基とは中国漢籍で2+1型三字語の形が見つから

なく、前部二字語基と同形の二字語も見つからない語基を指している。先行資料との重なりにより、「宣と一致」「単独使用」に分けている。

（1）「宣と一致」の語基

「宣と一致」の語基は明治資料で清末在華宣教師資料と同じような出典なしの語基が見つかった前部二字語基である。「宣と一致」の語基がのみである。例えば、

□電磁→（宣）電磁浪（1900）

　　　　（明）電磁石（1902、1903）

潑利斯試験之最要者，用動電質功力，使成一種電，名曰緩動之電磁浪。(『無線電報』19上）

凡て鉄心の周囲に導線を巻き、これに電流を通して、強き磁石を得る装置を電磁石という。（中村清二『近世物理学教科書』373）

このように、清末在華宣教師資料、明治資料という二種資料に同じ前部二字語基を含む三字語が見つかった。そのような例として、次の諸語が挙げられる。

□発電→（宣）発電器（1879、1899）、発電体（1899）

　　　　（明）発電器（1881）、発電体（1876、1881、1884、1902、

　　　　1903）、発電機（1881、1890）

□放電→（宣）放電叉（1868）、放電桿（1886）

　　　　（明）放電叉（1881）

□乾電→（宣）乾電機（1881）

　　　　（明）乾電池（1903）

□電気→（宣）電気機、電気灯、電気減、電気局、電気力、電気浪、

　　　　電気溜、電気路、電気熱、電気器、電気数、電気学、電

　　　　気増

　　　　（明）電気波、電気車、電気臭、電気灯、電気計、電気力、

　　　　電気量、電気鈴、電気溜、電気卵、電気盤、電気盆、電気

　　　　体、電気学、電気験、電気針

清末在華宣教師資料と一致する前部二字語基が「蘭と一致」の語基に

比べると多くみられる。おそらく明治資料が清末在華宣教師資料から借用する造語成分があると思われる。同じ造語成分でありながらも、三字語も同じであるわけではでない。たとえば、「電気−、電磁−、乾電−」。それに、「電気−」のような語基は清末在華宣教師資料において、造語成分としての造語が13語、明治期資料において、さらに多く、16語に達している。清末在華宣教師資料における用語の出現時間と比べ、清末在華宣教師資料から借用されるとは言えないものもある。たとえば、「発電、電磁、乾電」のようである。

（2）「単独使用」の語基

「単独使用」の語基は明治資料で中国漢籍で同形の二字語、蘭学資料、清末在華宣教師資料で見つからなかった前部二字語基である。例えば、

□避雷→避雷針、避雷器、避雷柱

空気若し強盛に電気性となるときは夜間塔、避雷針、帆檣などの尖端より叢光の状における電気の放流をみる。（『物理学』138）

「避雷−」は明治資料で造語成分として「避雷針、避雷器、避雷柱」のような三字語が作り出された。このような用例は次の諸例がある。
熱電−、蓄電−、磁気−、受信−、測電−、動電−、電解−、受電−、白熱−、絆羈−、閉合−、稠電−、帯電−、単触−、電話−、電鍍−、電信−、電圧−、分触−、輻射−、複触−、記信−、継電−、聚電−、巻絡−、列田−、圏輪−、受話−、蘇言−、微音−、無電−、圧榨−、増電−、験電−

「出典なし」の前部二字語基の造語数を以下のようにまとめる。

表4-13 「出典なし」の前部二字語基の造語数

| 造語数 | 語基数 | 語基 |
|---|---|---|
| 16 | 1 | 電気− |
| 4 | 5 | 熱電−、蓄電−、磁気−、避雷−、発電− |
| 2 | 4 | 受信−、測電−、動電−、電解− |
| 1 | 30 | 受電−、白熱−、絆羈−、閉合−、稠電−、帯電−、単触−、電磁−、電話−、電鍍−、電信−、電圧−、分触−、輻射−、複触−、放電−、乾電−、記信−、継電−、聚電−、巻絡−、列田−、圏輪−、受話−、蘇言−、微音−、無電−、圧榨−、増電−、験電− |

「出典なし」の前部二字語基は漢籍での用例が各ジャンルに分散している。造語の多い前部二字語基が少なく、ほとんど2語、1語に集中している。つまり、電気領域で重要な概念を担う「出典なし」の前部二字語基が少ないといえる。だが、4語を造った前部二字語基は3語基で、電気領域で基本語基になる。しかし「出典あり」「新義あり」の前部二字語基より多い。

### 3.2 後部一字語基の考察

中国漢籍で後部一字語基は二字語の後部に来るものが多い。2+1型三字語の後部一字語基としての造語が稀である。明治資料における2+1型三字語電気用語の後部一字語基は造語特徴を明らかにするために、造語力、造語機能と意味が中国古典、蘭学資料、清末在華宣教師資料との関係から考察する。

#### 3.2.1 後部一字語基の造語力

後部一字語基は基本的に名詞性のものが多い。前部二字語基との比較をするために、それを真似て、後部一字語基の造語力を考察したい。

表4-14　後部一字語基の造語力

| 造語数 | 語基数 | 語基と語例 |
|---|---|---|
| 18 | 1 | 器（避雷−、測電−、稱電−、断絶−、発電−、発動−、発信−、感応−、感受−、継電−、聚電−、受話−、受信−、送話−、微音−、圧榨−、験電−、蓄電−） |
| 13 | 1 | 機（傳話−、傳信−、電話−、電信−、発電−、発信−、感応−、記信−、交換−、起電−、圏輪−、受信−、蘇言−） |
| 11 | 1 | 力（絆羈−、磁石−、磁気−、電動−、電気−、動電−、発動−、負荷−、透過−、吸引−、逐斥−） |
| 9 | 1 | 体（傳導−、磁気−、帯電−、電気−、発電−、絶縁−、受電−、流動−、無電−） |
| 4 | 2 | 線（巻絡−、閉合−、螺旋−、指力−）<br>計（電流−、電気−、電圧−、増電−） |

統表

| 造語数 | 語基数 | 語基と語例 |
|---|---|---|
| 3 | 4 | 針（避雷−、電気−、磁石−）、法（単触−、複触−、分触−）<br>盤（測電−、計測−、電気−）、柱（避雷−、受電−、熱電−） |
| 2 | 7 | 灯（白熱−、電気−）、流（動電−、熱電−）、物（電解−、分解−）、波（磁気−、電気−）、学（磁気−、電気−）、池（蓄電−、乾電−）、極（磁石−、分解−） |
| 1 | 18 | 板（蓄電−）、槽（蓄電−）、車（電気−）、臭（電気−）、<br>叉（放電−）、堆（熱電−）、度（傅導−）、量（電気−）、<br>鈴（電気−）、溜（電気−）、卵（電気−）、盆（電気−）、<br>石（電磁−）、術（電鍍−）、熱（輻射−）、壊（列田−）、<br>驗（電気−）、源（熱電−） |
| 103 | 35 | （1語基あたりの平均造語数は2.90語） |

　　上の表4-14で分かるように、1語基でもっとも多い造語数は18語を造る。残念ながら、1語基だけにとどまる。造語数1語だけの語基は18語基がある。このような語基分布の特徴を前部二字語基の場合（表4-8）と比較すると、両者の違いがよく分かる。103語の2+1型三字語を構成するのに、前部二字語基では48種の語基が用いられ、1語基あたりの平均造語数が約1.61語である。一方、後部一字語基では35種の語基が用いられ、一語基あたりの平均造語数が2.90語となっている。

　　本章で対象とした明治資料における2+1型三字語電気用語は清末在華宣教師資料における2+1型三字語電気用語と同じ傾向を呈している。明治資料において、2+1型三字語電気用語は種類が豊富で、平均造語数が少ない前部二字語基に対し、後部一字語基は種類が少ない、平均造語数が多いという特徴を持っている。明治資料の三字語電気用語がその造語について、語構成上、後部一字語基による造語は多く、系統性を備えている状態であると言える。

### 3.2.2 後部一字語基の出典

　　後部一字語基の造語力の考察をとおし、後部一字語基の造語力が強いことが分かる。後部一字語基は中国古典で二字語の後部語基としての用法が多い代わりに、2+1型三字語後部一字語基としての用法が希にある。

問題になるのは後部一字語基が中国漢籍、蘭学資料、清末在華宣教師資料との関係である。したがって、2+1型三字語電気用語に含まれる後部一字語基は蘭学資料、清末在華宣教師資料、明治資料という3種資料ともある語基、蘭学資料のみと一致する語基、清末在華宣教師資料のみと一致する語基、明治資料「単独使用」の語基として、分類する。中国漢籍との関係を「造語機能、意味変化の有無」により、分類する。

表4-15　後部一字語基の造語機能と意味変化

| 造語機能 | 意味 | 蘭と宣と一致 | 蘭とのみ一致 | 宣とのみ一致 | 単独使用 | 合計 |
|---|---|---|---|---|---|---|
| 造語機能が変わらない語基 | 意味が変わる語基 | 0 | 0 | 1（2.86） | 0 | 1（2.86） |
| | 意味が変わらない語基 | 5（14.29） | 0 | 5（14.29） | 2（2.86） | 12（34.29） |
| 造語機能が変わる語基 | 意味が変わる語基 | 0 | 2（5.71） | 0 | 0 | 2（5.71） |
| | 意味が変わらない語基 | 3（8.57） | 0 | 2（5.71） | 15（42.86） | 20（57.14） |
| 合計 | | 8（22.86） | 2（5.71） | 8（22.86） | 17（48.57） | 35（100） |

　表4-15をとおし、蘭学資料、清末在華宣教師資料からの影響とともに、造語機能と意味変化の有無もうかがえる。「単独使用」語基は中国漢籍で三字語の造語例を見出せず、明治知識人が自ら造語機能を付与したと思われる一字語基である。「単独使用」の後部一字語基は48.57%を占めている。つまり、先行文献と重なった後部一字語基は51.43%を占めている。

　造語機能、意味変化の有無により、後部一字語基は4種に分類できる。（1）造語機能と意味が変わらない語基。「－器、－力、－体、－灯、－線、－学、－石、－叉、－堆、－針、－法、－柱」。（2）造語機能が変わり、意味が変わらない語基。「－極、－機、－物、－熱、－盤、－波、－板、－車、－

臭、−流、−槽、−度、−量、−鈴、−溜、- 盆、−卵、−術、−壜、−源 」。
（3）造語機能と意味が変わる語基。「−計、−験」。（4）造語機能が変わら
ない、意味が変わる語基。「−池」。

先行資料との重なりにより、さらに4種に分類できる、その詳細は以
下のようになる。

表4-16　後部一字語基の重なり状況

|  | 造語数 | 語基 |
|---|---|---|
| 蘭と宣と一致8<br>（22.86） | 11–18 | −器、−機、−力 |
|  | 4–9 | −体、−線 |
|  | 2–3 | −針、−物、−極 |
| 蘭とのみ一致2<br>（5.71） | 4–9 | −計 |
|  | 1–3 | −験 |
| 宣とのみ一致8<br>（22.86） | 2–3 | −灯、−池、−学 |
|  | 1 | −叉、−堆、−溜、−熱、−石 |
| 単独使用17<br>（48.57） | 3 | −法、−柱 |
|  | 1 | −盤、−波、−板、−車、−臭、−流、−槽、−度、−量、−鈴、−盆、−卵、−術、−壜、−源 |

蘭学資料、清末在華宣教師資料と重なる語基が多いので、ここでは蘭
学資料より造語が多い「−計」、清末在華宣教師資料より造語の多い「−
機」、「达独使用」の「−波」を例に取り上げる。

−計

「計」は中国漢籍で「数える、はかる」の意味をあらわし、「計算、合
計、統計、総計」などがある。「はかる器具」の意味をあらわす「計」
の用法は『漢語大詞典』ではただ「体温計、晴雨計」の用例をあげるだ
けで、出典がない。したがって、日本語の影響を受ける可能性が高いと

推測できる。

　ところで、今の段階では「計」を含む2+1型三字語の早い用例は蘭学資料からのものである。「越歴計」のように三字語の後部一字語基としての用法を用いている。たとえば、

　越歴発動ヲ試ベシ、即越歴僅ニ発動スルトキ、コレニ関シテヨク摆開スルヲ以テ。コレ　ヲ越歴計（エレキテロメートル）と名づく。（『気海観瀾広義』巻十一　7上）

　このような用例では「エレキテロメートル」がオランダ語「elektrometer」の対訳語である。『舎密開宗』（1837）には「越列機的爾墨多爾（エレキテルメートル）」（巻九）のように漢字で表記するケースもある。明らかに、「越歴をはかる器具」の意味をあらわす。「計」が後部一字語基としての造語形式が明治期に引き継がれ、「電気計、電流計、増電計、電圧計」のような蘭学資料より多くの電気用語が造り出された。

　−機

　漢籍では「からくり、細かい部品で組み合わせ、働くしかけ」をあらわす「機会、機関、機密」や「きっかけ」をあらわす「機会、機密」のものがある。しかし、「機」が2+1型三字語の後部一字語基としてはまだ見つからない。

　朱京偉（2011）で、蘭学資料における「無形機、分析機、神経機、形器機」の後部語基「機」が「機能」の意味を担っていると指している。しかし『気海観瀾広義』において、このような例文が見出される。たとえば、

　越歴の作用と其性を眼前に発見せしめ、自然に万物中に発見する象をしむがために、越歴機（エレキテリセールマシネ）を製す。この器数種あり。(『気海観瀾広義』巻十一7上)

　このように、「越歴機」という用語が出てきた。後部の「この器数種あり」にもとづいて、「越歴機」は器具の意味を担っていることが分かる。しかし、蘭学資料における三字語後部一字語基としての「機」の用

法は稀である。

　一方、清末在華宣教師資料において、「電気機、指字機、乾電機」がある。出典がやや早いのは「電気機、乾電機」がある。たとえば、

　問：諸物分列陰陽，其序何如。

　答：即如絲細，較火漆為陽，較玻璃為陰。以探電易分也。至他物亦如是。凡二物相摩而生電，必一受陰気，一受陽気也。如電気機。玻箭為陽，皮墊為陰。至若貓皮、玻璃、鳥翎、羊毛、粗紙、絲細、火漆、硫磺，此八物皆有定序。（『格物入門』電学入門9上）

　のように、全文から見て、ここの「電気機」の「機」は「機能」の意味だと理解するほうがいいと思われる。また、同書同頁に、たとえば、

　問：乾電機何物。

　答：所以収聚電気，而使之発動也。製造機式，則有精粗大小之懸殊矣。（『格物入門』電学入門9上）

　における「乾電機」の後部一字語基「機」は明らかに「機械」の意味を担っている。

　すなわち、蘭学資料でも清末在華宣教師資料でも「機」は「機能、機械」の意味を同時に用いている。明治資料において、「機」が2+1型三字語後部一字語基としての造語は「傳話機、傳信機、電話機、傳信機、発電機、発動機、発信機、感応機、記信機、交換機、起電機、圏輪機、受信機、蘇言機」といった14語が造り出された。造語もいっそう多くなり、「機械」の意味を用いる「機」が目立っている。漢籍と比べ、「機」は意味が変わらず、造語機能が変わる語基である。

　−波

　中国漢籍には「水面に起きる波」の意味をあらわす「風波、煙波、波浪」と「波のような形に動き伝わるもの」の意味をあらわす「秋波」がある。しかし、「波」が2+1型三字語の後部一字語基としてはまだ見つからない。

　明治資料において、「磁気波、電気波」のような「波」が後部一字語基としての造語が見つかった。例えば、

　もし甲乙両球の電気量及び電流の強さが周期的に変化し、波動的に四方に伝播す。その状恰も水面の一部が周期的に上下に振動するが為、円形を為せる波の前面が四方に進行するが如し、斯く電場の強さが波動的に伝播するを電気波といい、磁場の強さが波動的に伝播するを磁気波という。（『新選物理学』307）

　ここの「波」は「波のような形に動き伝わるもの」の意味である。中国漢籍で見出された「秋波」の「波」と同じ意味を用いている。したがって、漢籍と比べ、「波」は造語機能が変わり、意味が変わらないタイプである。

　一方、清末在華宣教師資料では「電気浪、電磁浪」の後部一字語基「浪」が明治期資料の「波」と同じ意味を持っている。同じ時期、中国で「電気浪」、日本では「電気波」で今日の「電波」を表す。

### 3.3 語基間の組み合わせ方式

　以上のように、語基の出典により、2+1型三字語の組み合わせは9種に分けられる。そのうち、造語の一番多いタイプは「出典なし＋造語機能と意味が変わらない」形式で、38語を造り、36.89%を占めている。二番目は「出典なし＋造語機能が変わり、意味が変わらない」形式で、29語を造り、28.16%を占めている。三番目は「出典あり＋造語機能と意味が変わらない」タイプで、17語を造り、16.50%を占めている。四番目は「新義あり＋造語機能が変わり、意味が変わらない」形式で、6語を造り、5.83%を占めている。五番目は「出典なし＋造語機能と意味が変わる」形式で、5語を造り、4.85%を占めている。六番目は「出典あり＋造語機能が変わり、意味が変わらない」形式と「新義あり＋造語機能と意味が変わらない」形式で、それぞれ3語を造り、2.91%を占めている。最後は「新義あり＋造語機能と意味が変わる」形式と「出典なし＋造語機能が変わらない、意味が変わる」形式で、それぞれ1語を造り、0.97%を占めている。ここでは造語の多い「出典なし＋造語機能と意味が変わらない」、「出典なし＋造語機能が変わり、意味が変わらな

い」を取り上げる。

（1）出典なし＋造語機能と意味が変わらない

避雷器、避雷針、避雷柱、電気灯、電気力、電気体、電気学、電気針、
熱電堆、熱電柱、蓄電器、磁気力、磁気体、磁気学、発電体、発電器、
受電体、受電柱、受信器、測電器、動電力、白熱灯、絆羈力、閉合線、
稠電器、帯電体、単触法、電磁石、放電叉、分解法、復触法、断電器、
聚電器、巻絡線、受話器、微音器、無電体、験電器

（2）出典なし＋造語機能が変わり、意味が変わらない

電気波、電気車、電気臭、電気量、電気鈴、電気溜、電気卵、電気盤、
電気盆、熱電流、熱電源、蓄電板、畜電槽、磁気波、測電盤、動電流、
発電機、受信機、電話機、電鍍術、電解物、電信機、輻射熱、計測盤、
計信機、列田壈、起電機、圏輪機、蘇言機

### 3.4 本節のまとめ

明治資料から126語の三字語電気用語を抽出した。このうち、語数が
圧倒的に多い103語の2+1型三字語を検討対象に、さらに、前部二字語
基と後部一字語基に分けて、それぞれの性質を見ていくことにした。検
討の結果については次のようにまとめる。

語基の造語力。前部二字語基と後部一字語基の造語力。前部二字語基
と後部一字語基は三字語の構成要素としてそれぞれ違う特徴を持ってい
る。前部二字語基は種類が多く、1語基あたりに平均造語数が1.61語
になるのに対し、後部一字語基は種類が少なく、1語基あたりに平均造
語数が2.90語になる。従って、明治資料では、安定性を備える後部一
字語基で、入れ替えが激しいのは前部二字語基になる。これは朱京偉
（2011a）と同じ結論が出た。

（2）前部二字語基の品詞性と結合関係。品詞性から言えば、前部二字
語基は動詞性語基の方が圧倒的に多く、71.88％を占めているのに対し
て、名詞性のものが劣り、26.56％を占めている。形容詞性前部二字語
基も出てきて、ただ1.56％しか占めていない。述客関係を結ぶ前部二字

語基が多く、34.38%を占めている。並立関係を結合する前部二字語基が28.13%を占めている。連体修飾関係を結ぶ前部二字語基は21.88%を占めている。

（3）2+1型三字語の出典。出典を調べてみたところ、「出典なし」の語が100%を占めて，

「新造語」が多いといえる。これに対して、「出典あり」の前部二字語基は26.56%、「新義あり」の前部二字語基は10.94%、「出典なし」の前部二字語基は62.50%を占めている。一方、後部一字語基のうち、造語機能が変わり、意味が変わらない後部一字語基は57.14%を占めている。つまり、「出典なし」の2+1型三字語と前部二字語基が多い。

（4）2+1型三字語の組み合わせるタイプ。造語の多い組み合わせ方式は「出典なし」+「造語機能と意味が変わらない」で、38語を造り、36.89%を占めている。二番目は「出典なし」+「造語機能が変わり、意味が変わらない」形式で、29語を造り、28.16%を占めている。

（5）影響関係。2+1型三字語のうち、「蘭と一致」の語、「宣と一致」の語、「単独使用」の語はそれぞれ2.91%、6.80%、90.29%を占めている。「単独使用」の前部二字語基は85.94%を占めて、先行資料と一致する語基より圧倒的に多い。一方、後部一字語基のうち、「単独使用」の後部一字語基は48.57%を占めているということは後部一字語基は後部一字語基の安定度が造語から見れば高い。

## 4. 2+2型四字語電気用語の考察

四字語を抽出するのが難しいことは四字語に対する判定である。ひとまとまりの意味を持っている点においては、四字漢語と考えてもさしつかえないと思われる。明治資料から四字語とみなされるものを抽出し、当時の使用状況から語構成の特徴を明らかにすることで、さらに、蘭学資料、清末在華宣教師資料資料、20世紀初頭清末資料における四字語を対照する為に、明治資料における四字語の語構成を考察する。構成パ

ターンの相違で振り分けると、表4-17のようになる。電気用語四字語が8割以上が2+2型である。

表4-17　四字語電気用語の構成パターン

| 構成パターン | 語数 | 語例 |
|---|---|---|
| 2+2型 | 33（84.62） | 閉合+電流、感応+電流 |
| 3+1型 | 6（15.38） | 無定位+針、倍重電+計 |
| 合計 | 39 | |

明治資料において、2+2型四字語は33語で84.62%を占めて、3+1型四字語は6語で15.38%を占めている。本節では比例の高い2+2型四字語を中心に分析する。2+2型四字語は前部二字語基と後部二字語基の品詞性と結合関係、語基の造語力、出典から考察する。

### 4.1二字語基の造語力

ある二字語基が他の二字語基と結合して造られた四字語の数が多ければ多いほど、その二字語基の造語力が強いということになる。まず清末在華宣教師資料から抽出した四字語電気用語の前部二字語基について考察する。四字語電気用語が少ないので、一つの表にまとめ、造語数の多い順に語基と語例を示す。

表4-18　2+2型四字語二字語基の造語力

| 前部二字語基 | | | 後部二字語基 | | |
|---|---|---|---|---|---|
| 造語数 | 語基数 | 語基と語例 | 造語数 | 語基数 | 語基と語例 |
| 5 | 1 | 電気（−分解、−密度） | 11 | 1 | 電気（接触−、触発−） |
| 4 | 1 | 熱性（−電柱、−電気） | 7 | 1 | 電流（第一−、第二−） |

| 前部二字語基 | | | 後部二字語基 | | |
|---|---|---|---|---|---|
| 造語数 | 語基数 | 語基と語例 | 造語数 | 語基数 | 語基と語例 |
| 1 | 24 | 積極（−電気）、消極（−電気）、閉合（−電流）、並行（−電流）、不変（−電源）、不良（−導体）、触発（−電気）、単一（−振子）、第二（−電流）、第一（−電流）、感応（−電流）、交叉（−電流）、接触（−電気）、結合（−電気）、静力（−電気）、流動（−電気）、乾燥（−電柱）、樹脂（−電気）、無線（−電信）、相互（−感応）、硝子（−電気）、遊離（−電気）、重複（−振子）、自己（−感応） | 3 | 2 | 感応（相互−、自己−）振子（単一−、重複−） |
| | | | 2 | 2 | 電柱（熱性−、乾燥−）、電源（不変−、熱性−）、 |
| | | | 1 | 5 | 分解（電気−）、振動（電気−）、電信（無線−）、導体（不良−）、密度（電気−） |
| 33 | 26 | （1語基あたりの平均造語数は1.27語になる） | 33 | 11 | （1語基あたりの平均造語数は3語になる） |

　表4–18によると、前部二字語基で最も多くの四字語を作り出したのは造語数5語の「電気−」である。造語数2語以上のものを合わせても、僅か2語基に過ぎない。これに対し、造語数1語だけの前部二字語基が24語基に達している。前部語基数の92.31%を占めている。そのため、1語基あたりの平均造語数は1.27語という低い数値になっている。つづいて、後部二字語基についても、同じ方法で語基ごとに四字語の造語数を調べた。造語数の最も多いのは四字語11語を造りだした「−電気」であり、造語数7語の「−電流」がこれに続く。造語数2語以上のものは計6語で、前部二字語基に比べやや多くなっているが、造語数1語だけの語基は5語基もあり、語基数全体の45.45%を占め、割合が高い。

　上の表によると、後部二字語基の平均造語数は約3語で、前部二字語基の1.27語と比べ、1語基あたりの造語力は高くなっていることが分かる。造語の中心的な要素と言える構造になっている。これは2+1型三字語と同じ構造を持っている。2+1型三字語の中心的な要素も後部語基で

ある。

### 4.2 2+2型四字語の語構成

2+2型四字語が33語あるものの、蘭学資料、清末在華宣教師資料、20世紀初頭清末資料との比較をするために、ここで取り出す。2+2型四字語の語構成に目を向けた時にまず前部二字語基と後部二字語基の品詞性が問題になるが、研究対象となった33語では前後語基が名詞性語基、動詞性語基、形容性語基、副詞性語基がある。その分布状況は次の表のとおりである。

表4-19　2+2型四字語二字語基の品詞性

|  | 前部二字語基 | 後部二字語基 | 合計 |
|---|---|---|---|
| 名詞性語基 | 11（42.31） | 9（81.82） | 20（54.05） |
| 動詞性語基 | 10（38.46） | 2（18.18） | 12（32.43） |
| 形容詞性語基 | 4（15.38） | 0 | 4（10.81） |
| 副詞性語基 | 1（3.85） | 0 | 1（2.70） |
| 合計 | 26（100） | 11（100） | 37 |

表4-19で分かるように、前部二字語基では名詞性語基と動詞性語基がそれぞれ11語基、10語基ある。後部二字語基が名詞性語基、動詞性語基に集中している。つまり、名詞性語基、動詞性語基、形容詞性語基、副詞性語基の順序で並んでいる。ただし、電気用語四字語後部二字語基は形容詞性語基、副詞性語基がない。

日本語の品詞性を考察するにあたっては、難しいのは「感応、分解、振動」のようなものである。動詞性の後部語基を名詞扱いにする用法がある。判断する基準は文中において、語基の品詞を判断する。上の表をみて、前部二字語基と後部二字語基では、品詞性の分布がかなり違うことが分かる。品詞性分布の違いは四字語内部の結合関係と密接な関係があると思われる。そのため、語基の品詞性とともに、前部二字語基と後

部二字語基はどのような文法的な結合関係で結ばれているのかということが四字語の語構成を考えるにあたっては重要なポイントになる。

表4-20　2+2型四字語の語構成

| 結合関係と品詞性 | | 語数 | 語例 |
|---|---|---|---|
| 連体修飾関係29（87.88） | 名+名 | 15（45.45） | 電気+密度 |
| | 動+名 | 13（39.39） | 感応+電流 |
| | 形+名 | 1（3.03） | 単一+振子 |
| 連用修飾関係3（9.09） | 名+動 | 2（6.06） | 電気+分解 |
| | 副+動 | 1（3.03） | 相互+感応 |
| 客述関係1（3.03） | 名+動 | 1（3.03） | 電気+感応 |

　表4-20で分かるように、明治期資料における2+2型四字語電気用語は連体修飾関係、連用修飾関係、述客関係を結んでいる。連体修飾関係を結ぶ四字語後部二字語基が名詞性語基に限っているのに対し、連用修飾関係、客述関係を結ぶ四字語後部二字語基が動詞性語基である。ここでは主な結合関係の連体修飾関係、連用修飾関係を取り上げる。

（1）連体修飾関係の四字語

　表4-20によると、連体修飾関係を結ぶ四字語電気用語は四字語全体の85.29%を占めており、明治資料の2+2型四字語における代表的な構成パターンといえる。連体修飾関係の下で後部二字語基が全て名詞性語基であるので、前部二字語基の品詞性の違いによって、さらに、名+名、動+名、形+名という3種の構造に細分化することができる。

　名+名連体修飾関係の2+2型四字語は二つの名詞性二字語基が修飾と被修飾の関係で結合されるものである。2+2型四字語で最も語数の多いパターンである。たとえば、「電気密度」は「電気の密度」のように解釈できる。たとえば、

　受電したる導体の面の一点における電気密度とはそのところの単位表面内に宿れる電気の量をいう。（『新編物理学』18）

　動＋名連体修飾関係の四字語は動詞性の前部二字語基が名詞性の後部二字語基を修飾する関係で結合されたもので、前述の名＋名構造につい で語数が二番目に多いパターンとなっている。たとえば、「感応電流」は「感応する電流」のように解釈できる。たとえば、

　ある導体を以て、輪道をつくり、その中に強き磁石を挿入して急激に輪道の周囲の磁場を変化せしむるときは輪道中に瞬時の電流を生ずべし、又ある磁場輪道を動かすも、輪道に瞬時の電流を生ずるのを見るべし、これを感応電流という。（『近世物理学教科書』290）

　のようである。

　形＋名連体修飾関係の四字語は形容詞性の前部二字語基が名詞性後部二字語基を修飾する関係で結合されたものである。たとえば、「単一振子」は前部二字語基「単一」が後部名詞性語基を修飾する。たとえば、

　単一振子にかえて、重複振子を用いすれば、なおいっそう便利なり、（『物理学』51）

　のようである。

（2）連用修飾関係の四字語

　連用修飾関係下では後部二字語基が全て動詞性語基であるので、前部二字語基の品詞性の違いによって、さらに、名＋動、副＋動という2種の構造に細分することができる。

　名＋動連用修飾関係の2+2型四字語は前部名詞性二字語基が後部動詞性語基の方法、手段などの意味を表し、連用関係で結合されるものである。たとえば、「電気分解」は「電気で分解する」と解釈できる。たとえば、

　諸種の酸類及び金属の塩類の水溶液に、電流を通すれ化学作用を起こしてこれを分解せしむる者なり、これを電気分解という。（『新選物理学』420）

　このように「電気で水溶液を分解する」の意味を表す「電気分解」で、「電気」が「分解する」方法、手段をあらわす。同じように、「電気感応、自己感応」もそうである。

　副＋動連用修飾関係の2+2型四字語は前部二字語基が副詞性語基で後

部二字語基を修飾する。たとえば、

　電流を通せるコイルは磁石と同じ作用を為すが故に、かかるコイルを輪道に近づくるときは輪道に逆の向に流るる感応電流を生じ、コイルを輪道より遠ざくるときは同じ向に流るる感応電流を生ず。また甲乙二個のコイルをとり、甲を乙の中に挿入し、甲に電流を通ずるときは乙の輪道に逆に向に流るる電流を生じ、甲の電流を断つときは乙に同じ向に同じ流るる電流を生ず。このごとき現象を「相互感応」という。(『新選物理学』292）

　このように「相互感応」は「互いに感応する」と理解される。「相互」がここで後部二字語基「感応」の一つの方法として修飾する。

　前部二字語基が名詞性語基でも動詞性語基でも後部二字語基の手段、方法をあらわすタイプである。

### 4.3 2+2型四字語の出典

　2+2型四字語電気用語は明治知識人による造語なのか、それとも中国側清末在華宣教師資料、日本側蘭学資料にその出典があるのか。これは2+2型四字語の形成を考えるにあたって、重要な問題である。2+2型四字語の構成要素としての二字語基は先行資料の蘭学資料、清末在華宣教師資料と重なる語基がそれぞれどれぐらいあるのか、単独使用の四字語はどれぐらいあるのか、また前部二字語基と後部二字語基でどのように分布しているのか。2+2型四字語電気用語の性質を検討するにあたって、まずこうした問題に直面する。

表4-21　2+2型四字語電気用語の出典状況

| 出典 | 造語形式 | 蘭と一致 | 宣と一致 | 単独使用 | 合計 |
|---|---|---|---|---|---|
| 出典あり | 2+2型四字語 | 0 | 0 | 0 | 0 |
| | 前部二字語基 | 0 | 0 | 20（76.92） | 20（76.92） |
| | 後部二字語基 | 0 | 0 | 2（18.18） | 2（18.18） |

統表

| 出典 | 造語形式 | 蘭と一致 | 宣と一致 | 単独使用 | 合計 |
|---|---|---|---|---|---|
| 新義あり | 2+2型四字語 | 0 | 0 | 0 | 0 |
| | 前部二字語基 | 0 | 1（3.85） | 0 | 1（3.85） |
| | 後部二字語基 | 0 | 0 | 3（27.27） | 3（27.27） |
| 出典なし | 2+2型四字語 | 0 | 0 | 33（100） | 33（100） |
| | 前部二字語基 | 0 | 1（3.85） | 4（15.38） | 5（19.23） |
| | 後部二字語基 | 0 | 1（8.11） | 5（45.45） | 6（54.55） |
| 合計 | 2+2型四字語 | 0 | 0 | 33（100） | 33 |
| | 前部二字語基 | 0 | 2（7.69） | 24（92.31） | 26 |
| | 後部二字語基 | 0 | 1（9.09） | 10（90.91） | 11 |

　調べてみると、明治資料において、蘭学資料、清末在華宣教師資料と重なる2+2型四字語が一つもない。語レベルでは共通する語がないとはいえ、語を組み合わせる語基の方を調べる必要がある。

　前と同じ方法に従い、前部二字語基と後部二字語基に分けて考察する。データを検索してみると、以上のようにまとまる。まず中国漢籍に出典があるかどうかにより、「出典あり」「新義あり」「出典なし」に分類する。それから、先行資料との共通状況により、調査の結果は「蘭と一致」、「宣と一致」、「単独使用」という3つのパターンにまとめることができる。2+2型四字語内部構造を究明するために、表21に基づいて、各欄を考察する。

4.3.1「出典あり」の二字語基

「出典あり」の語基は四字語が中国漢籍で見つからないが、同形の二字語が見つかる。先行資料との重なり状況により、「単独使用」に小分けしている見てみる。

（1）「単独使用」の語基

「単独使用」の語基とは中国漢籍において、四字語の用例がないが、前部或いは後部二字語基と同形の用例が見られるものである。たとえば、

　　□（漢籍）第一→（明）第一電流

　太傅産、丞相平、等言，武信侯呂禄上侯，位次第一，請立為趙王。
（『史記・呂太后本紀』）

　急松松跟著老者径到西廊下第一間房内，開了壁橱，取出銀子。（『醒世
恒言・杜子春三入長安』）

　電池より生起する元来の電流を名づけて第一電流又本電流といい、閉
じたる導体中において、生起したる感応電流を名づけて、第二電流又副
電流という。（『物理学』234）

　このように、「第一電流」のような四字語が明治資料で使われている。
四字語の形で検索をかけても、古い漢籍での用例が見つからないが、前
部二字語基に限定して、データーベースで検索してみると、上のような
用例が得られた。このように、「第一」は古い漢籍に存在した語であり、
しかも、明治資料で基本意味を覆すような意味変化がないので、「出典
あり」の語基に分類することができる。ここで語基の異なり語数を数
え、「出典あり」の二字語基が以下のようである。

表4-22　「出典あり」の二字語基の造語数

| 造語数 | 語基数 | 前部二字語基（20） | 後部二字語基（2） |
|---|---|---|---|
| 4 | 1 | 熱性－ | |
| 3 | 1 | | －感応 |
| 1 | 19 | 閉合－、並行－、不変－、不良－、触発－、単一－、第二－、第一－、感応－、交叉－、接触－、結合－、乾燥－、樹脂－、流動－、相互－、硝子－、重複－、自己－ | －振動 |

　上の語基を見て、分かるように、造語数が2語以上のものが全体的に
少ない。造語数1語だけのものが多数をしめるという分布上の傾向が確
認できる。すなわち、明治資料の「出典あり」の二字語基では重要な概
念を担う二字語基の重複使用率が高くないといえる。4語を造った前部
二字語基はただ1語基「熱性－」、3語を造った後部二字語基は「－感応」

だけあるので、生産性の高い語基が少ない。

4.3.2「新義あり」の二字語基

「新義あり」の語基は中国漢籍において、四字語の用例がないものの、前部或いは後部二字語基と同形の用例も見当たるもので、明治資料からの二字語基は中国漢籍で見つかったものと比べ、意味が違う。先行文献との重なりにより、「宣と一致」の語基、「単独使用」の語基に分類できる。各欄を見てみる。

（1）「宣と一致」の語基

「宣と一致」の語基は明治資料で清末在華宣教師資料における同形の前部或いは後部語基が見つかったものである。たとえば、

□無線→（宣）無線電報

（明）無線電信

遊芸中原，脚跟無線、如蓬転。望眼連天，日近長安遠。（元 王實甫『西廂記』）

有駁此書之名者，謂用電線造此機器，兩邊又設平行電線，以為感電之用名之曰無線電報。（『電学綱目』31下）

無線電信　ブランリー及びロッヂの両氏は軽く集合せる鉄粉の抵抗は電気波に依りて大いに変化するとを発見して、ヘルツの共鳴器よりも電気波に一層感じ易き装置を得たり、後マルコニはこの性質を利用して無線電信法を案出せり。（『新選物理学』309）

このように、中国漢籍における「無線」は「糸がない、影も形もない」意味のたとえである。清末在華宣教師資料、明治資料における「無線」は「電線を媒介とせず、電波を利用して符号で行う通信」の意味を用いている。

（2）「単独使用」の語基

「単独使用」の語基とは中国漢籍において、四字語の用例がないが、前部或いは後部二字語基と同形の用例が見られるものの、意味が変わるものである。たとえば、

□（漢籍）密度→（明）電気密度

姓等奏不能為算，願募治暦者，更造密度，各自増減，以造漢『太初暦』。（『漢書・律暦志上』）

導体の表面積一平方ミリメートルにある電気の量を電気密度という。各点の電気密度を比較するには験し板を用ふ。（『近世物理学教科書』333）

このように、『漢書・律暦志上』において、「密度」は「精密な度数」の意味を表す。『漢語大詞典』を調べ、「各種物理量の単位体積あたりの量」の意味には例文がない。明治資料における「電気密度」は「一平方ミリメートルにある電気の量」を指している。「密度」のように、漢籍では語基意味の単純な結合から全体がひとまとまりの意味になっている。このような語基がある。

表4-23　「新義あり」の二字語基の造語数

| 造語数 | 語基数 | 前部二字語基（1） | 後部二字語基（2） |
|---|---|---|---|
| 7 | 1 | | −電流 |
| 1 | 1 | 無線− | −分解、−密度 |

表4-23を見て分かるように、「新義あり」の語基が少ないので、「新義あり」の四字語も少ない。「電流」が電気領域で基本語でもあり、それによる造語も多い。しかし、総じてみれば、「新義あり」の語基が少ない。

4.3.3「出典なし」の二字語基

「出典なし」の語基は中国漢籍で前部または後部二字語基と同形の用例が見当たらないものである。先行文献との重なりにより、「宣と一致」「単独使用」に分類できる。各欄を考察する。

（1）「宣と一致」の語基

「宣と一致」の語基は明治資料で清末在華宣教師資料と同じ前部或いは後部語基が見つかった語基である。たとえば、

□電気→（宣）電気機器、電気通標、電気陽線、電気陰線、玻璃電
　　　　　気、松香電気、火漆電気、附成電気、摩成電気
　　　（明）電気感応、電気分解、電気密度、電気振子、電気振
　　　　　動、触発電気、積極電気、接触電気、結合電気、
　　　　　静力電気、流動電気、熱性電気、樹脂電気、消極
　　　　　電気、硝子電気、遊離電気

　このように、明治資料における「電気」による構成された2+2型四字
語は宣教師資料より一層多くなる。それに、「電気」が前部二字語基、
後部二字語基に用いられ、電気領域で重要な概念を担っている。

（2）「単独使用」の語基

「単独使用」の語基は明治資料でだけ四字語の語基としての造語する
語基である。たとえば、

□振子→電気振子

　物体に電気の起こりたるやいなやを験するには験電器と称する器械を
用ふ。最簡単なるは電気振子なり。(『近世物理学教科書』323）

「振子」が後部二字語基としての造語は「電気振子、重複振子」があ
る。後部二字語基「電源」は「不変電源、熱性電源」を組み合わせる。
しかし、造語数から考えれば、電気領域で重要な概念を担う語基が少な
い。「出典なし」の前後語基が以下のような語基もある。

表4-24　「出典なし」の二字語基の造語数

| 造語数 | 語基数 | 前部二字語基（5） | 後部二字語基（6） |
|---|---|---|---|
| 11 | | | −電気 |
| 4 | | 電気− | |
| 3 | 1 | | −振子 |
| 2 | 2 | | −電源、−電柱 |
| 1 | 6 | 静力−、遊離−、積極−、消極− | −導体、−傳信 |

　上の語基を見てわかるように、造語数が2語以上のものが全体的に少

ない。造語数1語だけのものが多数をしめるという分布上の傾向が確認できる。そのうち、「電気」の、特に後部語基としての造語力が目立っている。「積極、消極、導体」は蘭学資料でただ二字語だけ存在しているが、明治に至って、語基として再造語する。

### 4.4語基間の組み合わせ方式

以上のように、語基の出典によると、2+2型四字語の組み合わせタイプは7種ある。そのうち、「出典あり+出典なし」の組み合わせが一番多く、14語あり、42.42%を占めている。二番目は「出典あり+新義あり」形式で7語を造り、21.21%を占めている。三番目は「出典なし+出典なし」形式で5語あり、15.15%を占めている。四番目は「出典なし+出典あり」形式、「出典あり+出典あり」形式と「出典なし+新義あり」形式で、それぞれ2語あり、6.06%を占めている。最後は「新義あり+出典なし」形式で、1語あり、3.03%を占めている。ここでは「出典あり+出典なし」、「出典あり+新義あり」、「出典なし+出典なし」を取り上げる。

（1）出典あり+出典なし

不変電源、不良導体、触発電気、単一振子、接触電気、結合電気、流動電気、乾燥電柱、硝子電気、重複振子、熱性電気、熱性電源、熱性電柱、樹脂電気

（2）出典あり+新義あり

第二電流、第一電流、感応電流、交叉電流、熱性電流、閉合電流、並行電流

（3）出典なし+出典なし

電気振子、積極電気、静力電気、消極電気、遊離電気

### 4.5本節のまとめ

明治資料から39語の四字語電気用語を抽出した。このうち、2+2型四字語、3+1型四字語がある。語数が圧倒的に多く、33語の2+2型四字語

を検討対象に、さらに、前部二字語基と後部二字語基に分けて、それぞれの性質を見ていくことにした。検討した結果について次のようにまとめる。

（1）語基の造語力。その造語力を見た場合、造語数の多い語基がかなり少ない。造語数が減少するにつれ、当該の語基が逆に数を増す傾向が見られる。前部二字語基は1語基あたりの平均造語数が1.27語で、後部二字語基は1語基あたりの平均造語数が3語である。明治資料において、2+2型四字語後部二字語基が中心的な要素といえる。入れ替えが激しい前部二字語基より、後部二字語基は造語力が強く、安定性が高いと考えられる。

（2）語基の品詞性と結合関係。品詞から言えば、前部二字語基の品詞性はバラエティーに富み、名詞性、動詞性、形容詞性、副詞性の語基もあるのに対して、後部二字語基は品詞性が単純で、名詞性語基、動詞性語基しかない。前後二字語基でも、名詞性語基が多く、それぞれ、42.31%、81.82%を占めている。動詞性語基は前後二字語基でそれぞれ38.46%、18.18%を占めている。分類の結果によると、明治資料では連体修飾関係を結ぶ2+2型電気用語が多く、87.88%を占めている。

（3）2+2型四字語の出典。出典を調べてみたところ、「出典なし」の語は100%を占めている。構成成分語基について、「出典あり」の前後二字語基はそれぞれ76.92%、18.18%を占めている。「新義あり」の前後二字語基はそれぞれ3.85%、27.27%を占めている。「出典なし」の前後二字語基はそれぞれ19.23%、54.55%を占めている。つまり後部二字語基は前部二字語基の出典状況と比べ、逆状態になる。

（4）2+2型四字語の組み合わせるタイプ。「出典あり」+「出典なし」の組み合わせが一番多く、14語あり、42.42%を占めている。ついで、「出典あり」+「新義あり」形式と「出典なし」+「出典なし」形式はそれぞれ5語あり、15.15%を占めている。

（5）影響関係。2+2型四字語のうち、「単独使用」の2+2型四字語しかない。前後二字語基の出典について、「蘭と一致」の前後二字語基語基

はない。「宣と一致」の前後二字語基はそれぞれ7.69%、9.09%を占めている。「単独使用」の前後二字語基はそれぞれ92.31%、90.91%を占めている。ということは明治資料における2+2型四字語電気用語は語だけでなく、構成要素語基も蘭学資料、清末在華宣教師資料からの影響が少ないということになる。

## 5.本章のまとめ

　本章では明治資料から抽出された電気用語257語を中心に、形態別にそれぞれ結合関係、出典など語構成の面から考察した。その内容を以下のようにまとめる。

　（1）品性性と造語力の関係。名詞、動詞は語だけでなく、構成成分の中心でもある。名詞性二字語は、58.70%、動詞性二字語は41.30%を占めている。2+1型三字語において、名詞性、動詞性前部二字語基はそれぞれ26.56%、71.88%を占めている。2+2型四字語において、前後二字語基でも、名詞性語基が多く、それぞれ、42.31%、81.82%を占めている。動詞性語基は前後二字語基でそれぞれ38.46%、18.18%を占めている。

　（2）結合関係と造語力の関係。連体修飾関係は各造語形式で主な結合関係である。二字語の場合では連体修飾関係を表す二字語は56.52%をしめて、2+1型三字語はもちろん、前後語基が基本的に連体修飾関係を結ぶが、前部二字語基の場合では述客関係を表す前部二字語基は34.38%を占めている。並列関係を結ぶ前部二字語基は28.13%を占めている。連体修飾関係を結ぶ前部二字語基は21.88%しか占めていない。2+2型四字語の場合では連体修飾関係を表すのは87.88%を占めている。以上から分かるように、連体修飾関係は二字語、2+1型三字語、2+2型四字語の主な結合関係である。2+1型三字語は本来前部二字語基と後部一字語基が連体修飾関係を結ぶわけである。述客関係を結ぶ前部二字語基が多い。

（3）語基の位置と造語力の関係。造語が多い語基は少なく、造語数が減少するにつれ、該当の語基が逆に数を増す傾向が見られる。二字語前部語基は平均造語数が1語基あたりに1.77語であるのに対し、後部語基が1.67である。2+1型三字語前部二字語基は平均造語数が1語基あたりに1.61語であるのに対し、後部一字語基が2.90語である。2+2型四字語前部語基は1語基あたりに平均造語数が1.27語であるのに対し、後部語基が3語である。以上からわかることは基本的に、二字語は前部語基が、2+1型三字語、2+2型四字語は後部語基が造語の中心的な要素である。

（4）出典と造語力の関係。語レベルからすれば、「出典なし」の語は二字語で69.57%を占めて、2+1型三字語で100%を占めて、2+2型四字語でも100%を占めている。語基レベルからすれば、2+1型三字語では前部二字語基は「出典あり」の語基が26.56%、「新義あり」の語基が10.94%、「出典なし」の語基が62.50%を占めている。2+2型四字語は「出典あり」の前部語基が76.92%、後部語基が18.18%を占めている。「新義あり」の前部語基が3.85%、後部語基が27.27%を占めている。「出典なし」の前部語基が19.23%、後部語基が54.55%を占めている。中心的な語基としての後部二字語基は「出典なし」の語基が多い。

（5）語基間の組み合わせと造語力の関係。2+1型三字語において造語の多い形式は「出典なし＋造語機能と意味が変わらない」形式と「出典なし＋造語機能が変わり、意味が変わらない」形式である。2+2型四字語において「出典あり＋出典なし」形式、「出典あり＋新義あり」形式と「出典なし＋出典なし」形式は造語の多い組合わせである。

（6）影響関係。二字語電気用語においては「蘭と宣と一致」の二字語が8.70%、「蘭とのみ一致」の二字語が9.78%、「宣とのみ一致」の二字語が17.39%、「単独使用」の二字語が64.13%を占めている。2+1型三字語において「蘭と一致」の三字語が2.91%、「宣と一致」の三字語が6.80%、「単独使用」三字語が90.29%を占めている。2+2型四字語において、「単独使用」の四字語が100%を占めている。明治資料では新造

語が多いことが分かる。語を構成する語基も考察した。「単独使用」の2+1型三字語前部二字語基と後部一字語基はそれぞれ85.94%、42.86%を占めている。「単独使用」の2+2型四字語前部二字語基と後部二字語基はそれぞれ92.31%、90.91%を占めている。つまり、語だけでなく語基も蘭学資料、清末在華宣教師資料からの影響が小さいといえる。ただ、2+1型三字語後部一字語基は安定性が割合に高い。

# 第五章　20世紀初頭清末資料における電気用語

　　清末に至って、知識を広めるために、主に2つのチャネルがあった。一つは宣教師、もう一つは日本があった。近代中日の交流は、一般的に「日清戦争」を分水嶺ととらえている。「日清戦争」まで中国が日本へ影響を、「日清戦争」以降は日本が中国へ影響をもたらしたと思われる。清末在華宣教師資料と区別するために、この章でいう20世紀初頭清末資料は1900年以降中国人に書かれ、あるいは翻訳された教科書を指している。

　　中国留学生が初めて日本に渡ったのは日清戦争の1896であったが、20世紀に入ると留学生数がいよいよピークに達するとともに、日本語がある程度身に付いたので、最近は在学生たちによる翻訳活動が始まった[①]。このような歴史背景下で、在日学生は近代電気学を中国に紹介する主な担い手となった。日本製電気用語を中国に移入しようとする動きが見え始めたのは1900年頃からだと思われている。

　　清朝の終わりまでの10年間ぐらい中国で電気用語の実態を究明するために、本章では藤田豊八、王季烈『物理学』（1900–1903）、陳榥『物理易解』（1902）、謝洪賚『最新中学教科書物理学』（1904）、伍光建『物理教科書静電気』（1905）、伍光建『物理教科書動電気』（1906）、叢琯

---

　　① 朱京偉.近代日中新語の創出と交流.東京：白帝社，2003：380

珠『新撰物理学』（1906）、林国光『中等教育物理学』（1906）といった7つの資料を言語対象にし、その中における電気用語を抽出し、語構成特徴を考察する。

## 1.電気用語の抽出と整理

本節では前の整理した資料に視野をおき、電気用語を中心に考察を加える。これらの電気用語を形態別に整理したところ、次の表のとおりとなる。

表5-1　20世紀初頭清末資料における電気用語の一覧表（延べ語数）

| 文献名 | 二字語 | 三字語 | 四字語 | 合計 |
|---|---|---|---|---|
| 『物理学』（1900–1903） | 41 | 65 | 13 | 119 |
| 『物理易解』（1902） | 61 | 46 | 9 | 116 |
| 『最新中学教科書物理学』（1904） | 47 | 43 | 11 | 101 |
| 『物理教科書静電気』（1905） | 25 | 25 | 1 | 51 |
| 『物理教科書動電気』（1906） | 43 | 45 | 10 | 108 |
| 『新撰物理学』（1906） | 32 | 43 | 7 | 82 |
| 『中等教育物理学』（1906） | 36 | 36 | 15 | 87 |
| 合計 | 285 | 303 | 66 | 664 |

藤田豊八、王季烈『物理学』（1900–1903）、陳榥『物理易解』（1902）、謝洪賚『最新中学教科書物理学』（1904）、伍光建『物理教科書静電気』（1905）、伍光建『物理教科書動電気』（1906）、叢琯珠『新撰物理学』（1906）、林国光『中等教育物理学』（1906）という7資料から電気学に関する用語は総語数664語あり、それぞれ、藤田豊八、王季烈（1900–1903）から119語、陳榥（1902）から116語、謝洪賚（1904）から101語、伍光建（1905）から51語、伍光建（1906）から108語、叢琯珠（1906）から82語、林国光（1906）から87語をそれぞれ抽出した。

本節では資料ごとに著者と著書の紹介、電気用語の抽出から考察する。

### 1.1藤田豊八、王季烈『物理学』（1900）

（1）著者と著書の紹介

中国語版の『物理学』は藤田豊八、王季烈の協力で訳されたものである。藤田豊八は1869年徳島県美馬市の生まれで、東京帝国大学文科大学漢文科を卒業し、早稲田大学や東洋大学において中国文学史を講じた。その後上海に渡り、1898年東文学社を設立し、1904年広州では教育事業に協力し、1905年蘇州の江蘇師範学堂を設立し、1909年北京大学の教習として招聘されるなど中国の教育水準の向上に尽力した。帰国後、1923年早稲田大学教授、1925年東京帝国大学教授などを歴任し、1929年7月に亡くなった。

王季烈（1873–1953）は蘇州長州県（今日の江蘇省蘇州市）の出身で、1897年、上海へ進学した。1898年『蒙学報』を編集したころ、羅振玉、王国維と知り合った。1899年、王氏が江南製造局翻訳館に勤め、独学し、近代物理学に精を出し、宣教師傅蘭雅と協力し、『通物電光』を翻訳した。藤田八豊とともに訳された中国語版の『物理学』も1901年から1903年までの三年間をかけて出版された。1903年、湖南湖北高等学堂、湖北普通中学校理化博物教習に携わった。1906年中村清二の『近世物理学教科書』を翻訳した。1912年5月、商務印書館の要求に応え、編纂した『共和国教科書・物理学』（1914）が出版された。1918年北京大学理科監督になり、1952年北京で逝去した[①]。

中国語版の『物理学』が初めて「物理学」で命名された書籍と今日の物理学と意味が変わらない普通物理学教科書であるといわれた[②]。中国語の物理学の「物理」が中国語版の『物理学』から使い始めた語であ

---

① 王广超.王季烈译编两本物理教科书初步研究.中国科技史杂志，2015（2）：191–202

② 咏梅、冯立昇.《物理学》与汉语物理名词术语.物理学史和物理学家，2007（5）：411–414

る①。

『物理学』の翻訳、出版は中国に多大な影響を与えた。顧燮光は『訳書経眼録』で「巻各為章，章各為節，析理既精，訳言亦雅，言格致者亟宜読之」と高く評価した。戴念祖も「我国第一本具有現代物理内容和系统的称为物理学的書」と認めた。咏梅、燕立昇（2007）は中国語版の『物理学』が初めて物理学と命名した教科書で、しかも、今日科学意味の「物理」と同じ意味を持っていると指摘した。

しかし、いままでの先行研究は物理学に関する知識、底本の考察などにだけとどまっていたが、訳語をまだ研究する価値がある。

使用している『物理学』の標題紙には「光緒庚子秋製造局」と書いてあり、1900年江南製造局により出版された。『物理学』は上中下三篇に分かれ、篇ごとに4冊があり、合わせて12冊ある。上篇には総論、力学などの内容で、中篇には波動通論、声学、光学、熱学、の四巻がある。下篇には磁学、電気学（上、下）、大気物理などの四巻がある。内容から見れば、現代意味上の物理学内容を含む。電気に関する内容は計352頁で、約12万3千字ぐらいある。

（2）電気用語の抽出（119）

二字語（41）

北極、閉線、磁鉄、単擺、電擺、電報、電表、電槽、電車、電池、電灯、電堆、電撃、電纜、電流、電瓶、電気、電源、鍍金、反撃、放電、分極、感応、化分、絶縁、流通、南極、乾線、双擺、聴器、通信、推力、吸力、相推、相引、圧力、陽極、冶金、陰極、語器、阻力

三字語（65）

避雷針、測電表、測電盤、次電流、次電圏、熾電灯、出電路、儲蓄力、傳導線、傳電体、傳電線、電報機、電報局、電臭気、電光管、電行力、電行路、電撃器、電気輪、電気鈴、電圧力、電語機、動電気、調換機、発報器、発電機、発電力、発電体、発電器、発動機、放電器、附電機、

---

① 同上

負電気、附電流、附電器、附電圏、弧光灯、化分物、進電路、静電気、
聚電器、聚電体、絶縁体、来頓瓶、輪形機、螺線圏、螺旋圏、螺旋線、
難傳体、凝電体、乾電堆、切電気、熱電堆、熱電気、熱電源、收報器、
受電柱、通断器、透過力、蓄電池、驗電器、陽電気、陰電気、易傳体、
正電気

　四字語（13）

倍力電表、玻璃電気、不変電源、恒久磁石、交叉電流、松香電気、通電
滑車、通物光線、反磁性体、摩発電機、無定位針、顕動電器、顕微声機

### 1.2 陳榥『物理易解』（1902）

（1）著者と著書の紹介

　陳榥（1872-1931）は浙江省義烏の出身で、杭州の求是書院で数理学
を学んでいた。1898年公費で日本へ留学に渡った。東京帝国大学での
専門は造兵科だった。『物理易解』（1902）以外、『心理易解』（1904）、
『中等算術教科書』（1905）を編纂し、『初等代数学』（1905）を翻訳し
た[①]。

　『物理易解』は1902年日本で出版され、その後絶えず、再版されてい
た。本章は改正6版（1905）を使用している。『物理易解』には総論、力
学、流体静力学、熱学、音学、光学、磁気学、電気学という八巻の内容
を含んでいる。本章では『物理易解』250頁から322頁まで約1万4千字
ぐらいの電気学の内容を言語資料にする。

　（2）電気用語の抽出（116）

　二字語（61）

北極、斥力、傳導、傳電、磁場、磁力、磁気、磁極、磁石、磁鉄、磁
針、導体、導線、抵抗、抵拒、電擺、電槽、電場、電池、電灯、電光、
電力、電量、電鈴、電流、電盆、電気、電容、電体、電位、電信、電
学、対流、反斥、放電、分極、分解、負電、負極、感応、功力、聚電、

---

① 王广超.清末陳榥编著《物理易解》初步研究.中国科技史杂志,2013（1）：27-39

弧灯、絶縁、流動、輪道、螺旋、摩擦、南極、能力、排斥、吸引、相
斥、相引、引斥、引力、遊離、真空、正電、正極、中和

三字語（46）

白熱灯、避雷針、磁気学、等磁線、等電量、電磁石、電動機、電動力、
電鍍法、電話機、電解質、電流表、電流量、電信機、度電圏、発電機、
発電体、発信機、放電桿、非導体、分輪道、輻射線、負電気、負解質、
副電池、負電位、感応器、互感応、絶縁体、来頓瓶、量電表、内抵抗、
起電機、全抵抗、受信機、外抵抗、微音器、吸引力、蓄電池、蓄電器、
験電器、正電気、正電体、指力線正解質、自感応

四字語（9）

白熱電燈、磁気感応、電気感応、電気密度、電気能力、負電気極感応電
流、無定磁針、朴爾大表

## 1.3 謝洪賚『最新中学教科書物理学』（1904）

### （1）著者と著書の紹介

謝洪賚字幽侯、別名寄尘で、晩年自ら廬隠と称した。1873年5月9日
浙江紹興の生まれで、両親はキリスト教の信者であった。彼は7歳の時
当地の塾に入り、11歳で博習書院（Buffington Institute）に進学し、在校
中、院長のAlvin P.Parker（潘慎文）と協力し、『格物質学』『代形合参』
『八線備旨』などの教科書を翻訳した。1895年、博習書院を卒業した。
Alvin P.Parkerが上海中西書院（Anglo–Chinese College）に転職し、謝洪
賚も彼とともに、そこへ移った。1897年商務印書館が設立され、謝洪
賚は数々な書籍をそこで出版した。辞典類は1897年『華英初階』『英文
初範』『華英進階』五集、1901年『華音韵字典集成』、1904年『袖珍英
漢辞林』、教科書類は1904年『理科』（4冊）、その後、『最新高等小学
理科教科書』（4冊）、『最新高等小学理科教科書教授法』（4冊）を編纂
した。『最新中学教科書代数学』、『最新中学教科書物理学』、『最新中学
教科書几何学立体部』、『最新中学教科書瀛寰全志』、『微積学』などを

翻訳した。一生において106部の著作が出版された[①]。

『最新中学教科書物理学』は謝洪賚による乔治・何德賚（GeorgeA. Hoadley.1848–1936）の『簡明物理学教程実験与応用』（A Brief Course in General Physics.Experimental and Applied）に基づいて、翻訳されたもので、1904年商務印書館から出版された。本章で使ったのは北京大学第六版『最新中学教科書物理学』（1907）である。全書は十章からなっており、第九章は電気学に関する内容である。計110頁、約4万2千字である。

（2）電気用語の抽出（101）

二字語（47）

北極、磁功、磁界、磁力、磁気、電報、電表、電倉、電池、電灯、電鍍、電光、電化、電環、電機、電界、電局、電浪、電力、電量、電鈴、電溜、電路、電鑰、電気、電勢、電探、電線、電信、電学、放電、負電、負極、副圈、感電、感体、化功、静電、摩擦、南極、相拒、余電、正電、正圈、正極、自感、阻力

三字語（43）

安培表、傳電質、磁力線、電報局、電磁鉄、電動機、電動力、電化器、電化液、電勢較、発電機、反向器、防雷鉄、放電叉、複電報、副電池、負電気、負電勢、副磁鉄、弗打表、感電機、感電量、感電溜、感電盤、感電圈、弧光灯、交換器、絶電架、絶電質、来頓瓶、郎根光、摩電機、内阻力、熱電環、外阻力、無電体、蓄電器、引電質、有電体、正電溜、正電気、正電勢、阻力箱

四字語（11）

玻璃電気、玻片電機、電気濃率、弗打電池、金箔電探、量流電表、熱光電灯、松香電気、無定電表、無線電報、正切電表、

---

① 赵晓阳.基督徒与早期华人出版事业–谢洪赉与商务印书馆早期出版为中心.青海师范大学学报，2009（3）：81–84

### 1.4 伍光建『物理教科書静電気』(1905)

（1）著者と著書の紹介

　伍光建（1866-1943）もともと光鋆と名づけられ、広東新会の出身で、1881年15歳の時に伍光建は優秀な成績で天津水師学堂に入り、1886年20歳のとき、厳複の推薦で、イギリスロンドンの格林威治海軍学校へ勉強に行き、その後、ロンドン大学へ転校し、そこで物理学、数学などを習い、専門は「水師兵船算学、物理」であった。1891年帰国し、天津水師学堂の教師になった。1900年、上海南洋公学提調（今日の教務センターの指導者）、1903年商務印書館編訳所が設立され、伍光建がそこの翻訳者をかねていた。新知識を要求される時代に応え、1904から1908の間、伍光建の『最新中学教科書』（10巻）が編集された。伍氏は英語のテキストも編纂したことがある。『帝国英語訳本』『英訳名著精選』『英文範綱要』『英漢双解英文成語辞典』など英語に関するテキストである。ほかに、大量の小説を訳した①。

　電気用語を考察するので、『最新中学教科書』のシリーズから静電気を研究対象にした。『物理教科書静電気』は1905年出版されて、全書計162頁、約5万6千字である。

　（2）電気用語の抽出（51）

　二字語（25）

北極、磁極、電光、電積、電力、電量、電流、電能、電平、電瓶、電器、電引、電源、負電、感電、放電、摩擦、化分、化合、静電、南極、牽合、吸力、引放、正電

　三字語（25）

電力界、電力線、電密率、電平較、電速率、発電機、放電叉、感電量、感電盤、供電機、静電学、来頓瓶、郎根光、量電表、扭力表、同聯法、蓄電片、蓄電器、験電表、験電器、異聯法、引電器、引電物、阻電架、阻電物

---

① 邓世还.伍光建生平及主要译著年表.新文学史料，2009（11）：153–158

　　四字語（1）
　　発電汽機

### 1.5 伍光建『物理教科書動電気』（1906）

（1）著者と著書の紹介
　ここでは伍光建の生涯は省略する。
　電気用語を考察するので、『最新中学教科書』のシリーズから動電気を研究対象にした。『物理教科書動電気』は1906年に出版された、全書計266頁、約9万5千字ぐらいである。
　（2）電気用語の抽出（108）
　　二字語（43）
北極、程功、磁功、磁界、磁力、磁針、抵拒、電報、電表、電池、電磁、電灯、電鍍、電瀾、電浪、電鈴、電溜、電路、電鎗、電線、電鐘、電阻、負極、負引、負央、副路、副圏、弧灯、化功、流電、螺旋、南極、熱灯、熱電、相推、相吸、冶金、正極、正路、正圏、正央、正引、阻力
　　三字語（45）
串聯法、磁経圏、磁力線、電報機、電鍍法、電化池、電化炉、電化液、電浪環、電阻線、電阻箱、調平器、継続器、発浪器、反向器、副電池、副電溜、感電溜、感電圏、互聯法、換向機、換向器、接地線、量安表、量倭表、流電表、倫那光、螺旋線、内電阻、内阻力、排聯法、熱電機、熱電力、熱電率、収報機、収電機、送報機、外電阻、微熱表、倭爾表、正電溜、正電圏、正電引、逐磁力、逐電力
　　四字語（10）
単線電報、量流電表、摩斯電報、摩斯電鎗、倭特電杯、倭特電堆、無線電報、正切電表、自感電溜、自感電圏

### 1.6 叢琯珠『新撰物理学』( 1906 )

（1）著者と著書の紹介

叢琯珠に関する資料は少ない。『早稲田大学中国留学生同窓録』によると、叢琯珠は早稲田大学に留学したことがある。当時の早稲田大学大学部の4学科（政治経済科、法学科、文学科、商科）はそれぞれ下に、高等予科が置かれ、修学年限は一年間半であった。業琯珠は1911年大学部政治経済学科を卒業した。専門部は明治36年（1902）の学制改革により、政治経済科と法律科の2学科となった。修学年限は3年間である[1]。

わずかな資料から、叢琯珠は、日本の早稲田大学に留学したことがあり[2]、しかも、山東省出身だということが分かる。

『新撰物理学』において、六編からなっている。第六編電気学の内容で、171頁から234頁まで、計53頁で、約1万8千字である。

（2）電気用語の抽出（82）

二字語（32）

北極、並列、磁気、導体、導線、抵抗、電塲、電池、電灯、電話、電鈴、電流、電気、電位、電信、対流、放電、分極、分解、感応、共鳴、弧灯、絶縁、輪道、摩擦、南極、能力、排斥、強度、蓄電、陽極、陰極

三字語（43）

避雷柱、不導体、磁気波、帯電体、電磁石、電話機、電解物、電気波、電気計、電気量、電気盆、電気学、電信機、電圧計、動電力、度電圏、発動機、発信器、輻射熱、互感応、継電器、絶縁体、来頓瓶、内抵抗、起電機、乾電池、全抵抗、熱電堆、熱電流、受話器、受信器、送話器、外抵抗、微音器、蓄電池、蓄電器、験電器、陽電気、陽伊洪、陰電気、陰伊洪、指力線、自感応

---

[1]　高木理久夫、森美由紀.早稲田の清国留学生.早稲田大学図書館紀要，2015（62）：36–104

[2]　徐友春等.民国人物大辞典.石家庄：河北人民出版社，1991：181

四字語（7）

触接電気、電気感応、電気容量、電気振子、感応電流、火花放電、無線
電信

### 1.7 林国光『中等教育物理学』(1906)

（1）著者と著書の紹介

林国光の生涯は不詳である。

王広超（2015）では、林国光『中等教育物理学』は王季烈『近世物理
学教科書』と同じように、中村清二の『近世物理学教科書』(1902)を
底本に翻訳した。そして、『中等教育物理学』の訳例には「本書乃日本
理学士中村氏所編」と書いてあった。本章で使ったのは上海広智書局に
出版された『中等教育物理学』(1906)である。全書は物之性質、力学、
流体、熱、波動・音、光、磁気、電気上、電気下という九編からなって
いる。電気編は上と下にわかれ、206頁から285頁まで、計79頁、約2
万1千字ある。

（2）電気用語の抽出（87）

二字語（36）

北極、並列、斥力、傳導、磁場、磁力、磁気、磁石、導体、導線、抵
抗、電槽、電塲、電池、電鈴、電流、電気、電位、対流、放電、分極、
分析、感応、弧灯、尖点、絶縁、輪道、摩擦、南極、能力、排斥、吸
引、陽極、陰極、引力、中和

三字語（36）

白熱灯、避雷針、磁気波、電磁石、電動機、電鍍術、電話機、電流表、
電気波、電気盆、電析物、電信機、動電力、度電圏、発電機、発電体、
発信機、放電叉、輻射熱、感応器、継電器、絶縁体、来頓瓶、内抵抗、
熱電流、受話器、受信機、外抵抗、微音器、蓄電槽、蓄電池、蓄電器、
驗電器、陽電気、陰電気、指力線

四字語（15）

波爾打表、電気火花、電気密度、電気振動、電気振子、電位容量、感応

電流、行連結法、鏡電流表、列連結法、相互感応、益士光線、無定位
針、無線電信、自己感応

## 1.8 電気用語の整理

本節では藤田豊八、王季烈『物理学』（1900–1903）、陳榥『物理易解』
（1902）、謝洪賚『最新中学教科書物理学』（1904）、伍光建『物理教科
書静電気』（1905）、伍光建『物理教科書動電気』（1906）、叢琚珠『新
撰物理学』（1906）、林国光『中等教育物理学』（1906）といった7資料
から総数664語の電気用語を選び出し、文献数、電気用語字数により整
理し、表5–2のとおりになる。

表5–2　20世紀初頭清末資料から抽出した電気用語の一覧表[①]（異なり語数）

| 出現文献数 | 二字語 | 三字語 | 四字語 | 合計 |
|---|---|---|---|---|
| 7種共通 | 2（0.49） | 0 | 0 | 2（0.49） |
| 6種共通 | 2（0.49） | 1（0.24） | 0 | 3（0.73） |
| 5種共通 | 5（1.22） | 3（0.73） | 0 | 8（1.95） |
| 4種共通 | 6（1.46） | 2（0.49） | 0 | 8（1.95） |
| 3種共通 | 23（5.61） | 16（3.90） | 1（0.24） | 40（9.76） |
| 2種共通 | 36（8.78） | 37（9.02） | 9（2.20） | 82（20.00） |
| 1種のみ | 69（16.83） | 152（37.07） | 46（11.22） | 267（65.12） |
| 合計 | 143（34.88） | 211（51.46） | 56（13.66） | 410（100） |

　以上のように、各文献において、電気に関する用語を抜き出し整理し
た。20世紀初頭清末資料では三字語が主な造語形式ということが分か
る。20世紀初頭清末資料に、二字語は143語、全体で33.88%を占めて
いる。また、三字語は211語、全体で51.46%を占めている。四字語が
56語、全体で13.66%を占めている。少なくとも、20世紀初頭清末資料
では三字語が主な造語形式になる。

---

①　20世紀初清末資における電気用語の分布を付録5にまとめる。

次に、20世紀初頭清末資料において、電気用語の共通度が低いことが分かる。20世紀初頭清末資料から延語数664語を抽出した。得られた異なり語数が410語になる。2種資料以上に共通する電気用語が143語で、34.88%を占めている。1種のみ使う電気用語が267語で、65.12%を占めている。使用頻度が高い電気用語が4割にも足らないことは清朝の終わりまで、電気用語は統一されていない状態であったことが分かる。

### 1.9本節のまとめ

以上のように、各文献において、20世紀初頭清末資料から410語（異なり語数）の電気用語を抜き出し整理した。ここでは本節の内容を簡単にまとめる。

（1）20世紀初頭清末資料では三字語が主な造語形式である。20世紀初頭清末資料に、二字語が143語、三字語が211語、四字語が56語ある。三字語が51.46%を占めているので、主な造語形式といえる。

（2）20世紀初清末において、電気領域で基本語が少ない。20世紀初頭清末資料から延語数664語を抽出し、得られた異なり語数が410語になる。2種文献以上に共通する電気用語が143語で、34.88%を占めて、1種のみ使う電気用語が267語あり、65.12%を占めていることは中国では、1900年から1910年までの10年間は電気用語の共通度が高くないので系統性にならない状態であることも分かる。この段階において、日本製用語が中国に浸透していき、欧米教養、中国教養の訳者が加わるようになるので、用語の新造と修正が徐々に台頭してくることを反映している。

## 2.二字語電気用語の考察

20世紀初頭清末資料における二字語電気用語は語構成の面において、清末在華宣教師資料、明治資料の電気用語との相違、しかも、二字語電気用語が単独に使われているほか、三字語、四字語の構成要素としても

重要な役割を果たしているが、このような複合による造語方式が20世紀清末期資料での実態を調べてみる必要がある。なお、20世紀初頭清末資料の二字語電気用語にはどれが宣教師により造られたのか、どれが日本により造られたのか、どれが古い漢語にあった古来語なのか。これらも解明すべき問題である。

### 2.1二字語の語構成

二字語電気用語は二つの一字語基からなる複合語であるという語構成意識がかなり薄れているようだが、中日近代電気用語比較対照研究は内部構造に基づいた分析が求められるので、二字語の前後語基間の関係を考察する。筆者は朱京偉（2016）に基づいて、清末期資料の二字語電気用語を振り分けた結果は次のようになる。

**表5-3　二字語電気用語の語構成**

| 品詞性 | 結合関係 | 語数 | 語例 |
|---|---|---|---|
| 名詞100<br>（69.93） | 名＋名連体修飾関係 | 56（39.16） | 電場、磁場 |
| | 動＋名連体修飾関係 | 14（9.79） | 斥力、積極 |
| | 形＋名連体修飾関係 | 18（12.59） | 強度、副線 |
| | 名＋動主述関係 | 2（1.40） | 電流、電溜 |
| | 名＋名並列関係 | 1（0.70） | 程功 |
| | 名＋動客述関係 | 2（1.40） | 電引、電積 |
| | 名＋動連用修飾関係 | 3（2.10） | 電探、螺旋、電擺 |
| | 形＋動連用修飾関係 | 4（2.80） | 単擺、双擺、正引、負引 |
| 動詞43<br>（30.07） | 動＋動並列関係 | 19（13.29） | 傳導、抵抗 |
| | 動＋名述客関係 | 10（6.99） | 放電、通信 |
| | 動＋動連用修飾関係 | 2（1.40） | 対流、聚導 |
| | 形＋動連用修飾関係 | 2（1.40） | 反撃、反斥 |
| | 名＋動連用修飾関係 | 3（2.10） | 電鍍、電撃 |
| | 副＋動連用修飾関係 | 7（4.90） | 共鳴、相推 |
| 合計 | | 143 | |

　表5-3によると、20世紀初頭清末資料の二字語電気用語には名詞性の
ものが最も多く、全体の69.93%を占めている。動詞性のものが3割程
度で全体の30.07%となっている。

　二字語電気用語の語構成パターンについては、前部語基と後部語基の
文法的な関係に基づいて連体修飾関係、連用修飾関係、並列関係、述客
関係、主述関係、客述関係の6種に分類されているが、20世紀初頭清末
資料には実例の見当たらないものや語数の少ないものがあるので、以下
では主なパターンについて触れておく。

### 2.1.1 連体修飾関係

　連体修飾関係を結ぶ電気用語は88語、61.54%を占めて、後部語基が
名詞である。後部語基が名詞性のものは前部語基の品詞性の違いによ
って、「名+名」、「動+名」、「形+名」の3タイプに振り分けられる。20
世紀初頭清末資料の二字語電気用語ではこの3つタイプの勢力がアンバ
ランスで、「名+名」、「形+名」、「動+名」の順で並んでいる。

　（名+名）　北極、磁場、磁功、磁極、磁界、磁力、磁気、磁石、磁
　　　　　　鉄、磁針、磁性、電表、電報、電倉、電槽、電場、電車、
　　　　　　電池、電灯、電磁、電堆、電光、電話、電環、電機、電
　　　　　　界、電局、電瀾、電纜、電浪、電力、電量、電鈴、電路、
　　　　　　電鑰、電能、電盆、電平、電瓶、電気、電器、電信、電
　　　　　　容、電勢、電体、電位、電線、電学、電源、電箱、電信、
　　　　　　電源、電鐘、電阻、功力、弧灯、輪道、南極、能力

　（形+名）　負電、負極、負央、副路、副圏、尖点、静電、乾線、強
　　　　　　度、熱灯、熱電、陽極、陰極、余電、真空、正電、正極、
　　　　　　正路、正圏

　（動+名）　閉線、斥力、導体、導線、感体、流電、聴器、推力、吸
　　　　　　力、圧力、引力、余電、語器、阻力

### 2.1.2 連用修飾関係

　連用修飾関係の二字語は21語、14.69%を占めて、前部語基と後部語
基（名+動、名+名など）からなり、しかも前部語基が後部語基の手段、

方式を表すものである。20世紀初頭清末資料に見られるものは「副＋動」「名＋動」「形＋動」「名＋名」の組み合わせがある。

（副＋動）　共鳴、相斥、相拒、相推、相吸、相引、自感

（名＋動）　電擺、電鍍、電化、電撃、電探、螺旋

（形＋動）　単擺、反斥、反撃、ふ引、双擺、正引

（動＋動）　対流、聚導

2.1.3 並列関係

並列関係の二字語は20語、13.99％を占めて、品詞性の同じ前部語基と後部語基（動＋動、名＋名、形＋形）からなり、しかも語基同士が語義の形成においてはほぼ同等の役割を担っているものをさす。明治期資料に見られるものは「動＋動」[名＋名]の組み合わせがある。前部語基と後部語基の意味的関係で見ると、「摩擦」のように、前後語基がほぼ同等の重さで語の意味を分け合っている。

（動＋動）　並列、傳導、抵拒、抵抗、分解、分析、感応、化分、化合、流動、流通、摩擦、排斥、牽合、吸引、引斥、引放、遊離、中和

（名＋名）　程功

## 2.2 語基の造語力

語基の造語力とは20世紀初頭清末資料において、どの一字語基が二字漢語の構成によく用いられたかを調べ、同一の語基で構成される二字漢語が多ければ多いほど当該語基の造語力が強いということになる。

2.2.1 前部語基

二字語電気用語に用いられた前部語基を造語数の多い順に並べると、次の表になる。

表5-4　前部語基の造語力

| 造語数 | 語基数 | 語基と語例 |
|---|---|---|
| 49 | 1 | 電（－擺、－報、－倉、－表、－槽、－場、－車、－池、－灯、－磁、－鍍、－堆、－光、－話、－化、－環、－撃、－積、－機、－界、－局、－瀾、－纜、－浪、－力、－量、－鈴、－流、－溜、－鑰、－路、－能、－平、－盆、－瓶、－気、－器、－容、－勢－、－探、－位、－体、－線、－信、－学、－引、－鐘、－源、－阻） |
| 9 | 1 | 磁（－功、－気、－界、－場、－極、－力、－石、－鉄、－針） |
| 6 | 1 | 正（－路、－引、－極、－電、－圏、－央） |
| 5 | 1 | 相（－引、－吸、－推、－斥、－拒） |
| 4 | 1 | 負（－電、－極、－央、－引） |
| 3 | 5 | 分（－極、－解、－析）、流（－体、－通、－電）、感（－体、－応、－電）、化（－分、－功、－合）、引（－斥、－放、－力） |
| 2 | 7 | 導（－体、－線）、抵（－抗、－拒）、傅（－導、－電）、反（－撃、－斥）、副（－路、－圏）、熱（－灯、－電）、吸（－力、－引）、 |
| 1 | 41 | 北（－極）、閉（－線）、並（－列）、程（－功）、斥（－力）、単（－擺）、聚（－電）、鍍（－金）、対（－流）、放（－電）、功（－力）、弧（－灯）、共（－鳴）、尖（－点）、静（－電）、絶（－縁）、螺（－旋）、輪（－道）、摩（－擦）、南（－極）、能（－力）、排（－斥）、牽（－合）、強（－度）、乾（－線）、双（－擺）、聴（－器）、通（－信）、推（－力）、蓄（－電）、圧（－力）、陽（－極）、冶（－金）、陰（－極）、遊（－離）、余（－電）、語（－器）、真（－空）、中（－和）、自（－感）、阻（－力） |
| 143 | 58 | （1語基あたりの平均造語数は約2.47語になる） |

　表5-4によると、前部語基として最も多く用いられたのは「電－」であり、構成された二字語電気用語は50語となっている。58種の前部語基を造語数2語以上と1語の二つグループに分けてみれば、前者は17語基（30.51％）なのに対して、後者は41語基（69・49％）を占めている。このように、前部語基では造語数の多い語基が少ないので、1語基あたりの平均造語数は約2.47語という数値となっている。

2.2.2 後部語基

　二字語電気用語の後部語基についても前部語基と同じ方法で整理して

みた結果、前部語基との間にいくつかの点で相違が見られることが明らかになった。

表5-5　後部語基の造語力

| 造語数 | 語基数 | 語基と語例 |
|---|---|---|
| 11 | 1 | 電（傳-、放-、負-、感-、静-、流-、聚-、熱-、蓄-、余-、正-） |
| 10 | 1 | 力（斥-、磁-、功-、能-、電-、推-、吸-、引-、圧-、阻-） |
| 8 | 1 | 極（北-、磁-、分-、正-、南-、負-、陰-、陽-） |
| 5 | 1 | 引（電-、正-、負-、吸-、相-） |
| 4 | 2 | 斥（反-、排-、相-、引-）、線（閉-、導-、電-、乾-） |
| 3 | 6 | 擺（電-、双-、単-）、灯（熱-、電-、弧-）、功（程-、化-、磁-）、路（副-、正-、電-）、器（聴-、語-、電-）、体（導-、電-、感-） |
| 2 | 11 | 場（電-、磁-）、合（化-、牽-）、撃（電-、反-）、界（電-、磁-）、拒（抵-、相-）、金（冶-、鍍-）、流（電-、対-）、気（磁-、電-）、圏（副-、正-）、信（電-、通-）、央（負-、正-） |
| 1 | 61 | 報（電-）、池（電-）、倉（電-）、表（電-）、槽（電-）、車（電-）、道（輪-）、擦（摩-）、導（傳-）、磁（電-）、点（尖-）、堆（電-）、鍍（電-）、分（化-）、光（電-）、動（流-）、度（強-）、放（引-）、感（自-）、縁（絶-）、化（電-）、話（電-）、環（電-）、積（電-）、機（電-）、和（中-）、解（分-）、抗（抵-）、局（電-）、纜（電-）、瀾（電-）、空（真-）、浪（電-）、離（遊-）、列（並-）、鈴（電-）、量（電-）、溜（電-）、鳴（共-）、鑰（電-）、能（電-）、平（電-）、瓶（電-）、盆（電-）、石（磁-）、容（電-）、勢（電-）、探（電-）、鉄（磁-）、通（流-）、推（相-）、位（電-）、析（分-）、吸（相-）、学（電-）、応（感-）、旋（螺-）、針（磁-）、源（電-）、鐘（電-）、阻（電-） |
| 143 | 83 | （1語基あたりの平均造語数は約1.72語なる） |

　表5-5によると、後部語基は造語数が4語以上のものは「-力、-極、-線、-電、-引、-斥」の6語基である。さらに、前部語基に做って、85の後部語基を造語数2語以上と1語だけの二つグループに分けてみると、前者は22語基（26.19%）で、後者は63語基（73.81%）となる。前部語基2語以上の21.15%、1語だけの78.85%に比べれば、造語数の多い後部語基は前部語基のそれより比率が高いことがわかる。

　以上のように、語基の数による前部語基と後部語基の比較であるが、二字語電気用語の数で見ていくと、両者の格差はあまりない。たとえば、造語数2語以上の語基で構成された二字語の語数は前部語基では102語で、全語数（143）の71.33％となっているのに対し、後部語基では80語で、全語数（143）の55.94％を占めている。言い換えれば、20世紀初頭清末資料で前部語基による造語が後部語基より多い。造語数の多い前部語基により、用語の7割ぐらい構成されている。したがって、前部語基が語の中心的な要素になる。

### 2.3二字語の出典

　20世紀初頭清末資料が明治期資料、清末在華宣教師資料との関係を探りながら、以下、20世紀初頭清末資料に用いた電気用語をまとめていくことにする。

表5-6　二字語電気用語の出典状況

|  | 明と宣と一致 | 宣とのみ一致 | 明とのみ一致 | 単独使用 | 合計 |
|---|---|---|---|---|---|
| 出典あり | 7（4.90） | 8（5.59） | 5（3.50） | 4（2.80） | 24（16.90） |
| 新義あり | 3（2.10） | 3（2.10） | 4（2.80） | 5（3.50） | 15（10.56） |
| 出典なし | 16（11.19） | 19（13.29） | 22（15.38） | 47（32.87） | 104（72.54） |
| 合計 | 26（18.31） | 30（21.13） | 31（21.83） | 56（38.73） | 143（100） |

　「出典あり」の語が16.90%、「新義あり」の語が10.56%、「出典なし」の語が72.54%を占めているということは20世紀初頭清末資料において、新造語が多いといえる。一方、先行文献との重複により、「明と宣と一致」、「明とのみ一致」、「宣とのみ一致」、「単独使用」という四つの項に分けている。このうち、「単独使用」の語は38.73%だけ占め、6割以上の語が先行文献と重複するので、明治資料、清末在華宣教師資料からの影響が大きいといえる。以下は実況を実例に基づいてまとめておきたい。

2.3.1「出典あり」の二字語

「出典あり」の二字語は中国漢籍で同形同義の語が見つかった語を指している。先行文献との重複により、「宣と明と一致」「宣とのみ一致」「明とのみ一致」「単独使用」に小分けして、各欄を見てみる。

（1）「宣と明と一致」の語

「宣と明と一致」の語は中国漢籍で見つかった語が清末在華宣教師資料、明治資料、20世紀初頭清末資料でともに使用される語である。たとえば、

□磁石[1]

其察言也不失，若磁石之取針，舌之取燔骨。（『鬼谷子・反応』）

問　磁石何用

答　最大之用定方向也。洋海之中茫茫大澤，有時既無岸島，不觀日星，藉此不致迷途，海角天涯任其往復矣。（『格物入門』電学入門34上）

磁石は能く鉄を引き、また鉄に引かれるる性質を具え。（『改正増補物理階梯』19上）

此磁鉄名曰磁石，尋常所用磁石約分三式，一棒磁石，如甲図，一為馬蹄磁石，如乙図，一為磁針，如丙図。（『物理易解』236）

このように、「磁気がある石」を表す「磁石」は漢籍、清末在華宣教師資料、明治資料、20世紀初頭清末資料でおなじ意味で使用されている。4種資料にある電気用語は安定性がより高いということである。このような用例は次のような語もある。

北極、南極、流通、摩擦、通信、吸引

（2）「宣とのみ一致」の語

「宣とのみ一致」の語は中国漢籍で見つかった語が清末在華宣教師資料、20世紀初頭清末資料で使用される語である。たとえば、

□阻力

此人陽壽已満，応将其身体塞入城埋，一面由陰陽両界帝王下詔封為土

―――――――――

[1]　第二章と同じ例を取り上げる。

地，庶幾職有専司，開工之日有他暗中効力，妖鬼禽獣不能阻撓，大功指日可成，否則阻力横生，風波必起，此城終無完工之日。(『八仙得道』1860年代)

有英国人法而裏設一器，令電気行過，此器所受阻力，與行過電纜若干長阻力相同，従此能知電纜通電気数要事，又能定電纜之径応須之数。(『電学綱目』35下)

測定阻力発電力及電行力三者，有一定之度量，即阻力之單位曰歐姆，即汞之剖面積為一平方密裏過當當長為1.0六邁當之阻力也，発電力之単位曰弗打volt，即曓一但尼利電源之発電力，此単位與阻力之単位相合。(『物理学』下篇28上)

以上である。「阻力」は漢籍、清末在華宣教師資料、20世紀初頭清末資料で「物体の動きを妨げる力」の意味で使用される電気用語である。このような用例は次のような語もある。

感動、功力、化合、尖点、流動、能力、牽合、相推、

(3)「明とのみ一致」の語

「明とのみ一致」の語は中国漢籍で見つかった語が明治資料、20世紀初頭清末資料で使用される語である。たとえば、

□鍍金

假金方用真金鍍，若是真金不鍍金。(唐 李紳『答章孝標』)

電気鍍金の方にして、価低き金具の表面を覆うに貴重なる金属を以てする者なり、まず鍍金せんとする金属をBなるカトードに結びて液体にいれて……(『新編物理学』82)

化物功用用於鍍金及冶金最多。(『物理学』下篇110上)

以上である。漢籍、明治資料、20世紀初頭清末資料で「金属または非金属の表面を他の金属の薄膜で覆うこと」の意味を使用される電気用語である。このような用例は次のような語もある。

感応、排斥、反撃、抵拒

(4)「単独使用」の語

「単独使用」の語は中国漢籍で見つかった語が20世紀初頭清末資料だ

け使用している語である。たとえば、

□化分

其設稽神求問之道者，以爲後世衰微，愚不師智，人各自安，化分爲百室，道散而無垠。（『史記・亀策列伝』）

雜質之気質，如淡軽之類，過以電火，立即化分，餘如繡類及水等物，亦為電火所化分。（『物理教科書静電気』125）

以上である。漢籍、20世紀初頭清末資料で「分解」の意味を使用されている。このような用例は次のような語もある。

推力、分析、程功

2.3.2「新義あり」の二字語

「新義あり」の二字語は中国漢籍で同形の語が見つかりながら、意味が変わる語は20世紀初頭清末資料で見つけられた。さらに「宣と明と一致」「宣とのみ一致」「明とのみ一致」「単独使用」に小分けして、それぞれ見てみる。

（1）「宣と明と一致」の語

「宣と明と一致」の語が清末在華宣教師資料、明治資料、20世紀初頭清末資料で中国漢籍からの同形の語が見つかって、意味が変わる語である。たとえば

□真空

自非道登正覚，安住於大般涅槃；行在真空，深入於無爲般若。（唐慧能『壇経・般若品』）

電学家常備容各種薄気或薄霧之管，其作法先令管容所須気質，再以抽気罩抽之，幾至真空為止。（『電学綱目』64下）

陰極に対する硝子管の壁に青緑色の薄光が現れるるをみるの見かかる真空管の壁は特殊の性質を有し、これより一種の放射線を発す。（『新選物理学』299）

如図所示玻璃套之上蓋附以兩白金線両白金線之端接以一條炭線，將玻璃内空気抽成真空，電流由白金線通過炭線時生熱而発白光，此炭線制法或剖竹成絲而黑燒之火浸棉絲與硫酸中善為洗滌，再黑燒之，其抵抗甚

大。（『物理易解』302）

　中国南北朝時代において、仏教が流行していたので、それに関する用語も多く現れた。中国漢籍で「一切の現象を空であり、無しであると感じた」の意味を佛用語として用いられている。清末在華宣教師資料、明治資料、20世紀初頭清末資料で「真空」は「物質が全く存在しない空間」と理解される。このような用語は次のような語がある。

　中和、電光、電流

　三種資料に存在している用語はその定着度が高いということである。

　（2）「宣とのみ一致」の語

　「宣とのみ一致」の語が清末在華宣教師資料、20世紀初頭清末資料で中国漢籍からの同形の語が見つかって、意味が変わる語である。たとえば

　□感電

　太極觀奉册寶一首：『登安』之曲 …… 感電靈區，誕聖鴻懿。（『宋史・楽志十』）

　所謂電流者，電氣流過線時，線有磁界繞之，電氣於磁氣之不能分開，猶夫婦之不能離也。說向補編第一款，若磁界內又有一線，而磁界或線有改變之情形，則其又一線亦有電氣，故謂之感電。（『無線電報』20上）

　感電　設以引電之物乙，置於阻電架上，而持近於有電之物甲，設甲得正電，乙入甲之電界，則亦得電，向甲之一段為負電，背甲之一段為正電。（『物理教科書静電気』23）

　以上になる。漢籍における「感電」は「感応」の意味にあたる。20世紀初頭清末資料における「感電」は「電気のことを感じる」という述客関係になる二字語である。漢籍の「感電」の意味と比べ、やや違うようになる。そのような用語は次の語もある。

　化合、相吸

　（3）「明とのみ一致」の語

　「明とのみ一致」の語が明治資料、20世紀初頭清末資料で中国漢籍からの同形の語が見つかり、それは意味が変わる語である。たとえば

　□抵抗

　秘書監兼權給事中田邁奏："宦者監軍，唐之弊政。趙氏嘗用之河東、太原質戰，忠獻王振鼓大呼，童貫以走。太祖起自龍翔，太宗討定兩河，皆用功臣親総軍令，乃忽変旧制，恐兵心離不聴。"詰旦早朝，邁坐待漏院，源揚馬鞭過罵之曰："癡南虜，敢言我家兄弟耶?"邁遂求出知鄭州，淵恐其抵抗，改潞州兼督軍糧，欲坐以軍興乏食之罪，淵令其弟害之。（北宋話本『南遷路』）

　甲乙二器の水平の差を一定に保ち、種々の太の管を以て、両器をつなぐに同一時間にその中を流るる水量に多少あり、同様に電池の両極を種々の針金にて連結するに針金の品質及び形状によりて、これを流るる電流に強弱あり、この場合には是等の針金の抵抗異なるという。電流之強弱與電動力相正比例，與輪道之抵抗相反比例。（『物理易解』295）

　以上こになる。漢籍における「抵抗」は「外部から加わる力に対して、さからう」意味を表すのに対して、明治資料、20世紀初頭清末資料における「抵抗」は「電流の流れにくさを表す量。電位差を電流で割るもので、単位はオーム」である。明らかに二者が違う意味を用いている。このような用語は次の語もある。

絶縁、傳導、分解

（4）「単独使用」の語

　「単独使用」の語は中国漢籍からの同形の語が20世紀初頭清末資料で違う意味で使用される語である。たとえば、

　□並列

　蓋聞周封八百，姬姓並列，或子、男、附庸。（『史記・三王世家』）

　以此導線相並名曰並列，其全抵抗比其各導線之一只抵抗小。（『新撰物理学』197）

　以上である。漢籍で「二つ以上の者が並ぶこと」の意味を使用される用語で、20世紀初頭清末資料で「電池の正電極どうし、或いは負電極どうしを接続すること」を表す。二者は異なる意味を持っている。このような用語は次の語もある。

化功、流電、熱灯、正路

2.3.3「出典なし」の二字語

「出典なし」の二字語電気用語は中国漢籍で同形の語が見つからない語である。先行文献との重複により、「宣と明と一致」「宣とのみ一致」「明とのみ一致」「単独使用」に小分けして、各欄をそれぞれ見てみる。

（1）「宣と明と一致」の語

「宣と明と一致」の語は清末在華宣教師資料、明治資料、20世紀初頭清末資料でともに使用されている語である。たとえば、

□電池

問 令湿電生多，応用何法。

答 其法有二，一名電堆，一名電池。（『格物入門』電学入門23上）

電池の両極を連結せざるときにおける両極のプテンシャルの差は極の金属及び液の品質によるものにして、毫も極の形状及び液の多少によるものに非ず、このプテンシャルの差を電池の電動力という。（『新選物理学』259）

其次連結多数之金屬，作一輪道，因触接電気，各金属之電位，雖各有異，而於輪道則無電流。然以金属之一，用酸類或鹽類之溶液代之，則生化学之変化於溶液中，同時見有輪道中電流之声，如此装置名曰電池。（『新撰物理学』188）

このようになる。清末在華宣教師資料、明治資料、20世紀初頭清末資料における「電池」は『漢語大詞典』、CCLなどのコーパスを調べ、漢籍からの出典が見つからなかった。このような用語は以下のような語もある。

磁気、電車、電池、電灯、電光、電力、電量、電鈴、電瓶、電気、電線、電信、陰極、陽極、引力

（2）「宣とのみ一致」の語

「宣とのみ一致」の語は清末在華宣教師資料、20世紀初頭清末資料でともに使用される語である。たとえば、

　□磁界

　所謂電流者，電気流過線時，線有磁界繞之，電気於磁気之不能分開，猶夫婦之不能離也。説向補編第一款，若磁界内又有一線，而磁界或線有改変之情形，則其又一線亦有電気，故謂之感電。(『無線電報』20上)

　上文両電溜之相推或相吸，亦得以磁界解之。前文第十五節嘗論電溜之過直銅線者，生有磁界，其力線皆作平圓，心点在銅線。力線所在之平面，與銅線作正交。(『物理教科書動電気』112)

　のようになる。清末在華宣教師資料、20世紀初頭清末資料における「磁界」は「磁場」の意味にあたる。『漢語大詞典』、CCLなどのコーパスを調べ、漢籍からの出典が見つからなかった。このような語は以下のような語もある。

磁界、磁鉄、電報、電表、電堆、電機、電纜、電浪、電溜、電路、電鑰、電器、電学、電鐘、負電、相引、圧力、正電

　(3)「明とのみ一致」の語

　「明とのみ一致」の語は明治資料、20世紀初頭清末資料で使用される語である。たとえば、

　□分極

　ボルタの電池においては化学変化の進むとともに、水素発生して銅板に附着す。この水素は電流の流るるのを妨ぐるのみならず、電流を逆に送るところの小さなる電動力を生じて、電池の電動力を削減し、この作用を電池の分極という。(『新選物理学』259)

　以上である。データーベースを調べ、「分極」の出典が見つからなかった。明治資料、20世紀初頭清末資料で「電池内で発生した水素ガスが電極に付着するなどして反対方向の起電力を生じる現象」を表す。以下、20世紀初頭清末資料に用いたこのような語をあげていく。

斥力、磁場、磁極、磁力、磁針、導体、導線、電槽、電場、電鍍、電話、電撃、電位、電源、対流、放電、分極、共鳴、弧灯、輪道、強度、遊離

（4）「単独使用」の語

「単独使用」語は20世紀初頭清末資料には中国漢籍、清末在華宣教師資料、明治資料で見出されない語を指している。「単独使用」の語で、「出典なし」の語が46語ある。たとえば、

□電界

由此可見，有電之玻杆，可経空気而施其作用，有電体能令電界内之物有電，是名曰感電。（『最新中学教科書物理学』297）

データベースを検索すると、中国漢籍で「電界」を含む例文が出てこない。20世紀初頭清末資料でみつかった「電界」は「電場」のことを指している。以下、20世紀初頭清末資料に用いた「単独使用」の中の「出典なし」の語をあげていく。

閉線、程功、傳電、磁功、単擺、電擺、電倉、電化、電環、電積、電局、電瀾、電盆、電能、電平、電容、電勢、電探、電体、電引、電阻、反斥、負極、負央、負引、副路、副圏、感体、静電、聚電、乾線、熱電、双擺、聴器、相斥、相拒、蓄電、冶金、引斥、引放、余電、語器、正極、正圏、正引、正央、自感

### 2.4本節のまとめ

20世紀初頭清末資料から抽出した143の二字語電気用語を中心に、語構成パターンをはじめ、いくつかの側面から考察をおこない、以下のようにまとめる。

（1）品詞性と結合関係。20世紀初頭清末資料からの実例を連体修飾関係、並列関係、連用修飾関係、述客関係、主述関係、客述関係の6種に分類している。そのうち、連体修飾関係を結んだ二字語は圧倒的に多く、61.54%を占めている。連用修飾関係を結んだ二字語は14.69%で二位に上がった。並列関係を結んだ二字語は13.99%を占めている。それに、名詞性電気用語が69.93%を占めて、動詞性電気用語が30.07%を占めている。

（2）語基の造語力。20世紀初頭清末資料において、前部語基は1語基

あたりに平均造語数が2.47語に、後部語基が1.72語になる。前部語基によって構成された二字語電気用語が後部語基より多いことから、二字語電気用語の形成における前部語基の中核的な役割がうかがえる。

（3）二字語の出典。二字語電気用語の出典を調べてみると、「出典あり」の二字語電気用語は16.90%を占めている。「出典なし」の二字語電気用語は72.54%を占めて、圧倒的に多いことから、「新造語」が多いということになる。

（4）影響関係。抽出語の中で「明と宣と一致」の語が18.31%、「宣とのみ一致」の語が21.13%、「明とのみ一致」の語が21.83%、「単独使用」の語が38.73%を占めている。明治資料と、清末在華宣教師資料と重なる二字語電気用語が「単独使用」の語よりはるかに多いので、20世紀初頭清末資料が明治資料、清末在華宣教師資料から影響を大きく受けたとわかる。

## 3. 2+1型三字語電気用語の考察

20世紀初頭清末資料から三字語を211語抽出した。全体から見ると、全ての語が2+1型と1+2型という二つの構成パターンに分類できる。構成要素となる漢字2字の部分と漢字1字の部分はそれぞれ二字語基と一字語基にあたる。三字語の語構成を考えるに際して、二字語基と一字語基の品詞性が有用な情報になるため、それぞれの語基について、名詞性語基、動詞性語基、形容詞性語基などと振り分ける。電気学における三字語の全容を捉えるために、次の表にまとめる。

表5-7　二字語基と一字語基の品詞性及び構成パターン

| | 動+名 | 名+名 | 形+名 | 名+動 | 形+動 | 副+動 | 合計 |
|---|---|---|---|---|---|---|---|
| 2+1型 | 98（46.45） | 71（33.65） | 1（0.47） | 3（1.42） | 0 | 0 | 173（81.99） |
| 1+2型 | 7（3.32） | 4（10.53） | 22（10.43） | 0 | 2（0.95） | 3（1.42） | 38（18.01） |
| 合計 | 105（49.76） | 75（35.55） | 23（10.90） | 3（1.42） | 2（0.95） | 3（1.42） | 211（100） |

　三字語電気用語では2+1型と1+2型を問わず、前部語基が後部語基を
修飾し、限定する結合関係になるのが普通である。たとえば、2+1型
「動＋名」構造の三字語なら、「避雷＋柱＝避雷の柱」のように、或いは、
1+2型「形＋名」構造の三字語なら、「熾＋電燈＝熾熱の電灯」のように
解釈できる。

　表5-7から大きな特徴が二つ見られる。一つは「動＋名」で構成され
た2+1型三字語が46.45％を占めている。「形＋名」で構成された1+2型三
字語が10.43％を占めている。もう一つは2+1型三字語が抽出語全体の
8割以上を占めているのに対し、1+2型三字語が2割未満を占めている。
したがって、本節では主に2+1型三字語を中心に考察する。

### 3.1 前部二字語基の考察

　20世紀初頭清末資料における2+1型三字語の構造をよりよく理解する
ために、前部二字語基と後部一字語基に分けてそれぞれの造語特徴を考
察する。

3.1.1 前部二字語基の造語力

　前部二字語基の実例に基づいて、その造語力を見てみる。二字語基は
後部一字語基と結合して出来た三字語の数が多ければ多いほど、造語力
が強いと考えられる。造語数の多い順に二字語基とその語例をあげる
と、次のとおりである。

表5-8　前部二字語基の造語力

| 造語数 | 語基数 | 語基と語例 |
|---|---|---|
| 7 | 2 | 電気（－波、－計、－力、－量、－鈴、－盆、－学）<br>熱電（－堆、－環、－機、－力、－率、－源、－流） |
| 5 | 2 | 感電（－機、－量、－溜、－盤、－圏）、<br>正電（－溜、－圏、－勢、－体、－引） |
| 4 | 4 | 発電（－機、－力、－器、－体）、電化（－炉、－池、－器、－液）、<br>附電（－機、－流、－器、－圏）、蓄電（－槽、－池、－片、－器）、 |

続表

| 造語数 | 語基数 | 語基と語例 |
|---|---|---|
| 3 | 3 | 放電（–桿、–叉、–器）、傳電（–体、–線、–質）、引電（–器、–物、–質） |
| 2 | 23 | 避雷（–針、–柱）、測電（–盤、–表）、磁気（–波、–学）、電報（–機、–局）、電動（–機、–力）、電鍍（–法、–術）、電行（–路、–池）、電解（–物、–質）、電力（–界、–線）、電流（–表、–量）、電阻（–線、–箱）、輻射（–熱、–線）、負電（–勢、–位）、聚電（–器、–体）、絶電（–架、–質）、螺旋（–圈、–線）、乾電（–池、–堆）、収報（–機、–器）、受信（–機、–器）、驗電（–表、–器）、阻電（–架、–物）、発信（–器、機）、換向（–器、–機） |
| 1 | 78 | 安培（–表）、白熱（–灯）、儲蓄（–力）、傳導（–線）、串聯（–法）、磁経（–圈）、磁力（–線）、帯電（–体）、等磁（–線）、等電（–量）、電磁（–石）、電光（–管）、電話（–機）、電撃（–器）、電浪（–環）、電平（–較）、電勢（–較）、電速（–率）、電析（–物）、電信（–機）、電圧（–計）、電語（–機）、調平（–器）、調換（–機）、動電（–力）、度電（–圈）、継続（–器）、発報（–器）、発動（–機）、発浪（–器）、反向（–器）、防雷（–鉄）、弗打（–表）、感応（–器）、供電（–機）、弧光（–灯）、互聯（–法）、化分（–物）、継電（–器）、交換（–器）、接地（–線）、静電（–学）、絶縁（–体）、来頓（–瓶）、郎根（–光）、量安（–表）、量電（–表）、量倭（–表）、流電（–表）、倫那（–光）、輪形（–機）、螺線（–圈）、摩電（–機）、難傳（–体）、凝電（–体）、扭力（–表）、排聯（–法）、起電（–機）、収電（–機）、受電（–柱）、受話（–器）、送報（–機）、送話（–器）、通断（–器）、透過（–力）、同聯（–法）、微熱（–表）、微音（–器）、倭爾（–表）、無電（–体）、吸引（–力）、易傳（–体）、異聯（–法）、有電（–体）、指力（–線）、逐磁（–力）、逐電（–力）、阻力（–箱） |
| 173 | 112 | （1語基あたりの平均造語数は約1.54語） |

つまり、今回の調査で「電気–、熱電–」により、7語の三字語が構成されており、造語力の最も強い二字語基としてあげられる。ただし、これはむしろ資料の性格がもたらしたもので、その他の二字語基を見ると、造語数4語の場合は8語基だけというように、造語数の多いものが少数に限られているのに対し、造語数の1語だけの二字語基で構成されている三字語が78語なので、1語基あたりの平均造語数が約1.54語になる。この結果は後部一字語基との間での格差が見られ、注目すべきことである。

3.1.2 前部二字語基の語構成

二字語基はその全体を一つの意味単位とする時の品詞性を有すると同時に、これをさらに二つの一字語基に細分するときの内部の品詞構成がある。明治期資料における三字語だけに終わるのではなく、20世紀初頭清末資料の三字語との比較対照をするには、二字語基内部の品詞構成に踏み込んで検討してみる必要があると考えられている。そこで、3.1.1で前部二字語基の造語力を考察した。それを踏まえて、112種の前部二字語基の品詞性を考察する。同時に、その下位分類となる語基内部の品詞構成と結合関係を整理すると、下の表のようになる。

表5-9　前部二字語基の語構成

| 二字語基の品詞性 | 内部の結合関係 | 語数 | 語例 |
|---|---|---|---|
| 動詞性語基71（63.39） | 動＋名述客関係 | 44（39.29） | 発信（器）、送話（器） |
| | 動＋動並列関係 | 8（7.14） | 感応（器）、交換（機） |
| | 名＋動連用修飾関係 | 6（5.36） | 電解（物）、電鍍（術） |
| | 形＋動連用修飾関係 | 4（3.57） | 難傳（体）、易傳（体） |
| | 動＋動連用修飾関係 | 3（2.68） | 交換（器）、排聯（法） |
| | 副＋動連用修飾関係 | 1（0.89） | 互聯（法） |
| | 名＋動主述関係 | 3（2.68） | 電行（力）、磁経（圏） |
| | 名＋動客述関係 | 1（0.89） | 電化（池） |
| | 動＋動述補関係 | 1（0.89） | 透過（力） |
| 名詞性語基40（35.71） | 名＋名連体修飾関係 | 18（16.07） | 磁石（針）、電気（計） |
| | 形＋名連体修飾関係 | 8（7.14） | 静電（学）、乾電（池） |
| | 動＋名連体修飾関係 | 6（5.36） | 動電（力）、等電（量） |
| | 音訳 | 6（5.36） | 倫那（光）、安培（表） |
| | 名＋動主述関係 | 1（0.89） | 電流（計） |
| | 名＋名並列関係 | 1（0.89） | 電磁（石） |
| 形容詞性語基1語（0.89） | 形＋形並列関係 | 1（0.89） | 白熱（灯） |

　表5-9によって、二字語基内部の結合関係を細かく見ていくと、動詞性語基が全語基数で63.39%を占めているので、三字語の中核を担っている。名詞性語基が動詞性語基ほど多くないが、35.71%を占めている。そのうち、「名+名連体修飾関係」による造語が割合多い。20世紀初頭清末資料ではどのような二字語基が三字語の構成要素になれるかを示してくれたので、それなりに重要なものである。語基の多い結合関係を示すと、次のとおりである。

（1）述客関係

　述客関係を結ぶ前部二字語基は後部語基が名詞で、しかも前部動詞性語基が働く対象となっている。述客関係を結ぶ前部二字語基は39.29%を占めている。

避雷−、測電−、傅電−、帯電−、調平−、度電−、発電−、発報−、発信−、発動−、発浪−、防雷−、放電−、感電−、供電−、換向−、継電−、接地−、聚電−、絶電−、絶縁−、量安−、量電−、量倭−、摩電−、凝電−、扭力−、起電−、収報−、収電−、受電−、受話−、受信−、送話−、送報−、蓄電−、験電−、引電−、有電−、無電−、逐電−、逐磁−、指力−、阻電−

（2）連体修飾関係

　連体修飾関係を結ぶ二字語基は後部語基が名詞性のもので、前部語基の品詞性によって「名+名」「形+名」「動+名」の2タイプに振り分けられる。連体修飾関係を結ぶ前部二字語基は28.57%を占めている。

（名+名）　磁気−、磁力−、電報−、電磁−、電光−、電話−、電浪−、電力−、電平−、電気−、電勢−、電速−、電信−、電圧−、電阻−、輪形−、弧光−、螺線−

（形+名）　反向−、負電−、静電−、乾電−、熱電−、微音−、微熱−、正電−

（動+名）　等磁−、等電−、動電−、附電−、流電−、阻力−

3.1.3 2+1型三字語の出典

20世紀初頭清末資料で見られる2+1型三字語電気用語は清末の知識人

による造語なのか、それとも、清末在華宣教師資料、明治資料でその出典が見いだせるのか。これは三字語の形成を考えるにあたって、非常に重要な問題である。それに、2+1型三字語内部構造を知るために、前部二字語基の出典を詳しく調べる。造語の多い前部二字語基は清末在華宣教師資料、或いは明治資料のそれと重複するものが半分ぐらいを占めている。それで、20世紀初頭清末資料で造語成分としての語基も自ら新しいものが多いということが分かる。

表5-10　2+1型三字語電気用語の出典状況

| 出典 | 造語形式 | 宣と明と一致 | 宣とのみ一致 | 明とのみ一致 | 単独使用 | 合計 |
|---|---|---|---|---|---|---|
| 出典あり | 2+1型三字語 | 0 | 0 | 0 | 0 | 0 |
| | 前部二字語基 | 0 | 1（0.89） | 9（8.34） | 10（8.93） | 20（17.86） |
| 新義あり | 2+1型三字語 | 0 | 0 | 0 | 0 | 0 |
| | 前部二字語基 | 1（0.89） | 5（4.46） | 3（2.68） | 4（3.57） | 13（11.61） |
| 出典なし | 2+1型三字語 | 5（2.89） | 10（5.78） | 47（27.17） | 111（64.16） | 173（100） |
| | 前部二字語基 | 6（5.36） | 10（8.93） | 22（19.64） | 41（36.61） | 79（70.54） |
| 合計 | 2+1型三字語 | 5（2.89） | 10（5.78） | 47（27.17） | 111（64.16） | 173 |
| | 前部二字語基 | 7（6.25） | 16（14.29） | 34（30.36） | 55（49.11） | 112 |

　以上で分かるように、20世紀初頭清末資料における2+1型三字語は単独使用の三字語が6割以上になるので、20世紀初頭清末資料で「単独使用」の三字語は新造語の可能性が高いことが分かる。『漢語大詞典』（電子版）、『漢籍全文検索』（電子版）、CCL検索した結果、「出典あり」の語が一つもない。ということは20世紀初頭清末資料で2+1型三字語は新造語が多い。本節で「出典なし」の語のみ考察する。

　全て「出典なし」の2+1型三字語と比べ、前部二字語基のほうは種類がバラエティーであるが、同じように、「出典なし」の語基も多い。2+1型三字語の内部構造を考察するために、前部二字語基の出典状況に基づいて、前部二字語基を「出典あり」「新義あり」「出典なし」に小分

けする。先行文献との重複により、さらに「宣と明と一致」「宣とのみ一致」「明とのみ一致」「単独使用」に小分けしている。実際に基づいて考察する。

3.1.3.1「出典なし」の2+1型三字語

「出典なし」の2+1型三字語は20世紀初頭清末資料だけで見つかった語である。先行文献との重複により、「宣と明と一致」「宣とのみ一致」「明とのみ一致」「単独使用」の順に考察する。

（1）「宣と明と一致」の語

「宣と明と一致」の2+1型三字語は清末在華宣教師資料、明治資料、20世紀初頭清末資料で見つかった同形同義語である。ここで「電動力」を例に取り上げる。

□電動力

所説電気流行之力，可謂之電動力。如將吸鉄針懸之，令易転動，另有阻電気之器，則能量其電力。(『電学綱目』38上）

わずかの湿気は発電機より電流を容易に導き得べし、電池よりでる電流のこのごとき、弱きをなづけ、電池の電動力は発電機の電動力よりも極めて小なりという。(『新編物理学』61）

輪道及電動力　電池両極導線未聯以前其両極電位固已相差然使既聯之後，即無此差則電気不流動而無所謂電流矣。故電流全由於電位之差電池両極電位之差名電池之電動力。(『物理易解』280）

3種資料で使われる「電動力」は「電気が動く力」の意味を用いている。3種資料にあるから、定着度がより高いということになる。しかし、実際に考察すると、定着度の高い用語が少ないことが見られる。以下、20世紀初頭清末資料に用いた「明と宣と一致」の2+1型三字語をあげていく。

放電叉、発電器、発電体、電気学

以上の用語が明治資料、清末在華宣教師資料、20世紀初頭清末資料という3種資料にあるので、定着度がより高いことが分かる。前章で記しているように、「発電器、発電体、電気学」の借用ルートが不明で

ある。

（2）「宣とのみ一致」の語

「宣とのみ一致」の2+1型三字語は清末在華宣教師資料、20世紀初頭清末資料で見つかった同形同義の語である。ここで、「来頓瓶」を例に取り上げる。

□来頓瓶

一千八百一十二年，英国兌飛所著書雲来頓瓶能盛満化電気與摩電気同。（『電学綱目』31下）

来頓瓶　此器亦名蓄電瓶。以玻璃瓶為之。自底以至過瓶身之大半，内外皆粘錫箔。有銅條傳塞而過，上端有銅球，下端有銅鏈，與瓶内所粘之錫箔相接。（『物理教科書静電気』58）

清末在華宣教師資料、20世紀初頭清末資料で使用された「来頓瓶」は電気を蓄える器具である。以下、20世紀初頭清末資料に用いた「宣と一致」の三字語をあげていく。

電行路、防雷鉄、放電桿、附電圏、感電圏、絶電質、来頓瓶、引電器、引電質、正電体、

20世紀初頭清末資料2+1型三字語は清末在華宣教師資料と一致するものが10語だけで、20世紀初頭清末資料の5.14%のみ占めている。少ないながらも、おそらく20世紀初頭清末資料が清末在華宣教師資料から借用した造語があったと思われる。

（3）「明とのみ一致」の語

「明とのみ一致」の2+1型三字語は明治資料、20世紀初頭清末資料で見つかった同形同義語である。ここで「避雷針」を例に取り上げる。

□避雷針

電及び避雷針 …… 避雷針は堅固なる金属の棒または金属線の把にして、家屋の最高き所に突出し、下は堅固なる金属線にて家屋を少しく離れて地球に繋がり、其端を水管、ガス管、或いは井戸または湿地に埋めて、空気中より電気を容易く地に伝はらしめ ……（『新編物理学』35）

避雷針　落雷時多量之電気一斉放電其能力可以壊房屋殺動物。避雷針

所以避此災也，裝置極簡便，試取上端尖之金類棒矗之於屋頂上，棒下端以数條銅絲或鉄絲聯附諸埋於地下之金類板即成避雷針。(『物理易解』276)

　明治資料、20世紀初頭清末資料で使用された「避雷針」は「落雷による被害を避けるための装置。屋上などに立てるとがった金属製の棒。地下に埋めた金属板に導線でつないで，空中電気を地中に流す」の意味で用いている。以下、20世紀初頭清末資料に用いた「明とのみ一致」の三字語をあげていく。

白熱灯、避雷針、避雷柱、測電盤、磁気波、磁気学、帯電体、電磁石、電鍍術、電話機、電解物、電気波、電気計、電気量、電気鈴、電気盆、電信機、電圧計、動電力、発電機、発信機、発信器、輻射熱、感応器、継電器、聚電器、絶縁体、螺旋線、起電機、乾電池、熱電堆、熱電流、熱電源、受電柱、受話器、受信機、受信器、送話器、透過力、微音器、無電体、吸引力、蓄電池、蓄電槽、蓄電器、験電器、指力線

　二字語のほうは清末在華宣教師資料、明治資料と重なる用語が同じである。2+1型三字語の方は明治資料と重なる用語が圧倒的に多いので、2+1型三字語が明治期資料からの影響がより大きいと言える。

（4）「単独使用」の語

　「単独使用」の2+1型三字語は清末在華宣教師資料、明治資料で見つからなかった語で、ただ20世紀初頭清末資料だけで見つかった語である。ここで「阻力箱」を例に取り上げる。

　□阻力箱

　阻力箱 測阻力時宜先得一阻力之準則以便比較，常用者為阻力銅絲圏若干裝之匣內，如圏之阻力非為極小，則多用大阻力之銅絲，……(『最新中学教科書物理学』345)

　「阻力箱」は『漢語大詞典』、CCLなどのコーパスを調べてみるが、「出典なし」で、しかも清末在華宣教師資料、明治資料にもない、20世紀初頭清末資料「単独使用」類に属させる。20世紀初頭清末資料2+1型三字語は単独使用の語が112語、20世紀初頭清末資料の64.16%に達して

いる。言い換えれば、清末在華宣教師資料、明治資料と一致する2+1型三字語がありながらも少ない。それからの影響が電気学という特別な領域で大きくないようである。20世紀初頭清末資料で2+1型三字語は新造語のほうが多い。

　以下、20世紀初頭清末資料で用いた「単独使用」の2+1型三字語をあげていく。

安培表、測電表、儲蓄力、傳導線、傳電質、傳電体、傳電線、串聯法、磁経圈、磁力線、等磁線、等電量、電報機、電報局、電動機、電鍍法、電光管、電行力、電化炉、電化池、電化器、電化液、電撃器、電解質、電浪環、電力線、電力界、電流表、電流量、電平較、電気輪、電勢較、電速率、電析物、電語機、電阻線、電阻箱、調平器、調換機、度電圈、継続器、発報器、発電力、発動機、発浪器、反向器、放電器、弗打表、輻射線、附電機、附電流、附電器、負電勢、負電位、感電機、感電量、感電溜、感電盤、供電機、弧光灯、互聯法、化分物、換向器、換向機、交換器、接地線、静電学、聚電体、絶電架、郎根光、量安表、量電表、量倭表、流電表、倫那光、輪形機、螺線圈、螺旋圈、摩電機、難傳体、凝電体、扭力表、排聯法、乾電堆、熱電環、熱電機、熱電力、熱電率、収報機、収報器、収電機、送報機、通断器、同聯法、微熱表、倭爾表、蓄電片、驗電表、易傳体、異聯法、引電物、有電体、正電溜、正電圈、正電勢、正電引、逐磁力、逐電力、阻電架、阻電物

　3.1.3.2「出典あり」の二字語基

　「出典あり」の二字語基は中国漢籍で前部二字語による2+1型三字語が見つからなく、2+1型三字語の前部二字語基と同形同義の二字語が見つかった語基を指している。「出典あり」の語基はさらに「宣とのみ一致」「明とのみ一致」「単独使用」といった3種に小分けている。各欄をそれぞれ見てみる。

　（1）「宣とのみ一致」の語基

　「宣とのみ一致」の語基は清末在華宣教師資料、20世紀初頭清末資料で同じような2+1型三字語の前部二字語基をもって、造語する語基であ

る。たとえば、

　□阻力→（宣）阻力器、阻力質

（清）阻力箱

　此人陽壽已満，応將其身体塞入城堙，一面由陰陽両界帝王下詔封為土地，庶幾職有專司，開工之日有他暗中效力，妖鬼禽獣不能阻撓，大功指日可成，否則阻力横生，風波必起，此城終無完工之日。(『八仙得道』1860年代)

　如用細鉑絲等阻力質，令通盛水小器内，扨費鋅一両生電気，則其細鉑絲所生熱之数與本化電気器所生熱之数致和等於用粗金類絲時所得化電気器所生熱之数。(『電学綱目』54下)

　阻力箱　測阻力時宜先得一阻力之準則以便比較，常用者為阻力銅絲圈若干裝之匣内，如圈之阻力非為極小，則多用大阻力之銅絲，……(『最新中学教科書物理学』345)

　『申報』を調べてみると、1872年に「阻力」の用例がすでに存在していた。「物事の運動を妨げる作用力」の意味を持っている。漢籍、清末在華宣教師資料、20世紀初頭清末資料における「阻力」は「電流の流れを妨げる作用力」の意味で用いられている。後部一字語基「箱」と組み合わせ、清末在華宣教師資料と違う2+1型三字語に変わった。

　（2）「明とのみ一致」の語基

　「明とのみ一致」の語基は明治資料、20世紀初頭清末資料で同じような2+1型三字語の前部二字語基をもって造語する語基である。たとえば、

　□交換→（明）交換機

　　　　　（清）交換器

　俺明日取小將軍来到陣前，両相交換。(『水滸伝』)

　交換機とは本電流をして、随意に断絶して、且つ其方向を反対せしめ得るの目的を有するものにめ把子の幫助により黄銅支柱上の鋼鉄置床に廻転する所の硬護膜製の……(『物理学』250)

　交換器　代那模之銅絲圈如不連於反向器之條，而連於銅圈，則所発著

為交替電溜。(『最新中学教科書物理学』373)

　のようになる。「取り替える」を表す前部二字語基「交換」は漢籍、明治資料、20世紀初頭清末資料でほぼ同じ意味の用例が見られる。そのような例として、次の諸語基が挙げられる。

□発動→（明）発動力、発動器
　　　　（清）発動機
□感応→（明）感応機、感応器
　　　　（清）感応器
□螺旋→（明）螺旋線
　　　　（清）螺旋線、螺旋圏
□送話→（明）送話器
　　　　（清）送話器
□発信→（明）発信器
　　　　（清）発信器、発信機
□透過→（明）透過力
　　　　（清）透過力
□吸引→（明）吸引力
　　　　（清）吸引力
□指力→（明）指力線

　上の諸語基及び造語を見てみると、同形の2+1型三字語が多い。たとえば、「透過、吸引、指力、送話、螺旋、感応、発信」による2+1型三字語が明治資料と同じ語を持っているということは20世紀初頭清末資料は三字語だけでなく語基も明治資料から影響を受けた。

　（3）「単独使用」の語基

　「単独使用」の語基は中国漢籍で同形同義の二字語が見つかり、明治資料、清末在華宣教師資料では見つからない語基を指している。漢籍、20世紀初頭清末資料両方の用例をあげると、たとえば、

□儲蓄→　（清）儲蓄力

故古者急耕稼之業，致末耜之勤，節用儲蓄，以備凶災。(『後漢書・章

帝紀』)

　電気磁鉄力乃由兩極之吸力推力以生旋転特。在電路断絶之点，即死点上，則其電気磁鉄乃由旋転時所得之儲蓄力，即永動性，以進行者也。(『物理学』下篇三 96)

　例文において「儲蓄」は貯蓄の意味を表す。このように、漢籍にほぼ同じ意味の用例がみられるので、漢籍語の借用ということになるが、「儲蓄」の用例は漢籍で見つかったが、「儲蓄力」のような三字語は漢籍で見つからなかった。このような例として、次の諸語基が挙げられる。

　調換–、輪形–、反向–、調平–、継続–、弧光–、化分–、接地–、換向–

　「出典あり」の前部二字語基の造語数をまとめると以下のようになる。

**表5-11「出典あり」の前部二字語基の造語数**

| 造語数 | 語基数 | 語基 |
|---|---|---|
| 2 | 2 | 換向–、発信– |
| 1 | 18 | 調換–、輪形–、反向–、調平–、継続–、弧光–、化分–、接地–、儲蓄–、発動–、透過–、吸引–、指力–、送話–、螺旋–、感応–、交換–、阻力– |

　「出典あり」の語基は漢籍での用例が各ジャンルに分散している。そして造語の多い前部二字語基がない。たいてい1語に集中している。つまり、電気領域で重要な概念を担う「出典あり」の前部二字語基が少ないといえる。

### 3.1.3.3「新義あり」の二字語基

　「新義あり」の二字語基は中国漢籍で三字語が見つからないが、2+1型三字語の前部二字語基と同形の二字語が見つかり、意味が変わる語基を指している。先行文献との重複により、さらに「宣と明と一致」「宣とのみ一致」「明とのみ一致」「単独使用」といった4種に小分けして、各欄を見てみる。

（1）「宣と明と一致」の語基

「宣と明と一致」の語基は清末在華宣教師資料、明治資料、20世紀初頭清末資料で同じような2+1型三字語の前部二字語基が見つかった語基である。たとえば、

□電動→（宣）電動力

（明）電動力

（清）電動機、電動力

電動岱陰，風掃沂嶧。（『魏書・邢巒伝』）

前在一百一十八欵，所説電気流行之力，可謂之電動力，如將吸鉄針懸之，令易転動，另有阻電気之器，則能量器電力。（『電学綱目』38上）

たとえば、純粋なる水は電池より出る電流に対してほとんど完き不導体なれどもわずかな湿気は発電機より電流を容易に導き得べし、電池より出る電流のこの如く弱気をなづけ、電気の電動力は発電機の電動力より極めて小なりという。（『新編物理学』62）

電池両極導線未聯以前其両極電位固已相差然使既聯之後即無此差，則電気不流動而無所謂電流矣。故電流全由於電位之差電池両極電位之差名電池之電動力。（『物理易解』280）

漢籍における「電動」の「電」は「雷」を指しているので、「電動」に意味変化をもたらし、「雷のように振動」の意味を表すのに対し、清末在華宣教師資料、明治資料、20世紀初頭清末資料における「電動力、電動機」の「電動」は「電気で動く」意味を表す。したがって、漢籍における意味と比べ、意味が変わるタイプである。

（2）「宣とのみ一致」の語基

「宣とのみ一致」の語基は清末在華宣教師資料、20世紀初頭清末資料で見つかったものと同じような2+1型三字語の前部二字語基である。たとえば、

□収電→（宣）収電器

（清）収電機

（匈奴）至如猋風，去如収電。（『漢書・韓安国伝』）

電学家頼以上之理，作摩電器。其法用玻璃圓板，令其與塾相切，而転動之。另加収電器與附電圏等件，此類摩電器之式甚多。(『通物電光』巻二3上）

滴水収電機　此機創自愷爾文。其理與感電盤略同。而制則大異。(『物理教科書静電気』29）

『漢書・韓安国伝』において、「収電」の「電」が「迅速、素早い」の意味を表す。古代中国で「電」が雷、稲妻のことを指している。そこからのたとえである。清末在華宣教師資料、20世紀初頭清末資料における「収電」は「電気を収める」の意味である。「電」の意味変化により二字語（基）の意味にも変化をもたらすタイプである。そのような用例はつぎのようなものもある。

　　□電行→（宣）電行路　　　　　□電光→（宣）電光灯
　　　　　（清）電行力、電行路　　　　　　（清）電光管

　　□静電→（宣）静電器　　　　　□絶電→（宣）絶電質
　　　　　（清）静電学　　　　　　　　　　（清）絶電質、絶電架

「電行路、絶電質」のように、20世紀初頭清末資料に清末在華宣教師資料と同じ2+1型三字語もある。しかし清末在華宣教師資料、20世紀初頭清末資料で同じ前部二字語基による造語がたいてい1語、2語を造り出された。その重複率が高くないということになる。

（3）「明とのみ一致」の語基

「明とのみ一致」の語基は明治資料、20世紀初頭清末資料で見つかった同じ2+1型三字語前部二字語基である。たとえば、

　　□電流→（明）電流計
　　　　　（清）電流表、電流量

時邁不停，日月電流。(晋 孫楚『除婦服』)

第一二四図其一種を示せる電流計は前条の原理に基づき制作せられたるものなり、この器械において張金の周囲に数度巻きつけられ、その両端は接ねしにより電流給すべき電池に結び磁針を輪の中央糸にて吊るし。(『新編物理学』88）

凡通電流導体

所作磁場一定點磁力之強與電流之強成正比例者也。據此理以制一測電流之器械名曰電流錶。（『中等教育物理学』243）

中国漢籍における「電流」は「消える速度が速いたとえ」として使用されていた。明治資料、20世紀初頭清末資料における「電流計、電流表」の「電流」は電気のことを指している。したがって、「電」の意味変化により二字語（基）の意味に変化をもたらすタイプである。そのような用例はつぎのようなものもある。そのような用例はつぎのようなものもある。

　□絶縁→（明）絶縁体　　　　□傳導→（明）傳導度、傳導体
　　　　（清）絶縁体　　　　　　　　（清）傳導線

（4）「単独使用」の語基

「単独使用」の語基は清末在華宣教師資料、明治資料で見つからなく、ただ20世紀初頭清末資料で見つかった2+1型三字語の前部二字語基である。たとえば、

　□流電→流電表

蓋人生天地之間也，若流電之過户牖，輕塵之栖弱草。（三国　魏 李康『游山序』）

馬馳不止，迅若流電。（宋 王讜『唐語林・補遺一』）

流電表之用各異，有時欲其磁針搖擺頗久者，有時則欲其搖擺而不甚久者，有時則只欲其轉一角度，而立停不搖擺者，轉角而立停不擺者，達氏愛氏之器是也。（『物理教科書動電気』33）

中国漢籍における「流電」は稲妻の意味を表すのに対して、20世紀初頭清末資料における「流電表」の「流電」は流れる電気のことを指している。20世紀初頭清末資料の「流電」は一字一字の意味の累加、結合により「流れる電気」の意味になる。そのような用例はつぎのようなものもある。

　□電速→電速率
　□感電→感電機、感電溜、感電量、感電盤、感電圈

□逐電→逐電力

「新義あり」の前部二字語基の造語数を以下のようにまとめる。

表5-12　「新義あり」の前部二字語基の造語数

| 造語数 | 語基数 | 語基 |
|---|---|---|
| 5 | 1 | 感電－ |
| 2 | 4 | 電流－、絶電－、電行－、電動－ |
| 1 | 8 | 電速－、逐電－、流電－、絶縁－、傳導－、電光－、収電－、静電－ |

「新義あり」の語基は漢籍での用例が各ジャンルに分散している。そして造語の多い前部二字語基がなく、たいてい1語、2語に集中している。つまり、電気領域で重要な概念を担う「新義あり」の前部二字語基が少ないといえる。造語の多い「感電－」は典型的な前部二字語基といえる。

3.1.3.4「出典なし」の二字語基

「出典なし」の二字語基は中国漢籍で2+1型三字語の形が見つからなく、前部二字語基と同形の二字語も見つからない語基を指している。このような語基が79あり、70.54%を占めている。先行文献との重なりにより、「宣と明と一致」「宣とのみ一致」「明とのみ一致」「単独使用」といった4種に小分けて、各欄を見てみる。

（1）「宣と明と一致」の語基

「宣と明と一致」の語基は清末在華宣教師資料、明治資料、20世紀初頭清末資料で見つかった同形の前部二字語基である。たとえば、

□電磁→（宣）電磁浪

　　　　（明）電磁石

　　　　（清）電磁石

潑利斯試験之最要者，用動電質功力，使成一種電，名曰緩動之電磁浪。（『無線電報』19）

凡て鉄心の周囲に導線を巻き、これに電流を通して、強き磁石を得る

装置を電磁石という。(『近世物理学教科書』373 )

　取銅絲等導線外裏以絲，然後繞諸圓筒之周圍即成度電圈，通以電流即成甚強之磁場，入度電圈中以鉄棒則感応而成磁石，故便鉄含具磁性之最簡便法莫如用度電圈。凡電流繞鉄而変磁石名曰電磁石，其用甚便，比之真磁石尤佳。(『物理易解 』291 )

　このように、清末在華宣教師資料、明治期資料、20世紀初頭清末資料という三種資料に同じ前部二字語基「電磁」を含む三字語が見つかった。そのような例として、次の諸語が挙げられる。

□電気→（宣）電気機、電気灯、電気減、電気局、電気力、電気
　　　　　　浪、電気溜、電気路、電気熱、電気器、電気数、
　　　　　　電気学、電気増

　　　　（明）電気波、電気車、電気臭、電気灯、電気計、電気
　　　　　　力、電気量、電気鈴、電気溜、電気卵、電気盤、
　　　　　　電気盆、電気体、電気学、電気験、電気針

　　　　（清）電気波、電気計、電気量、電気鈴、電気輪、電気
　　　　　　盆、電気学

□発電→（宣）発電器、発電体
　　　　（明）発電器、発電体、発電機
　　　　（清）発電器、発電機、発電力、発電体

□放電→（宣）放電叉、放電桿
　　　　（明）放電叉
　　　　（清）放電叉、放電桿、放電器

□乾電→（宣）乾電機
　　　　（明）乾電池
　　　　（清）乾電池、乾電堆

□蓄電→（宣）蓄電瓶、蓄電針
　　　　（明）蓄電池、蓄電槽、蓄電器、蓄電板
　　　　（清）蓄電池、蓄電槽、蓄電器、蓄電片

20世紀初頭清末資料で前部二字語基「電気」による造語が清末在華

宣教師資料、明治資料より少ない。考察によると、20世紀初頭清末資料で「電気」を「電」に略し、造語するケースが多い。「電」が前部語基としての二字語が49語に達している。ところで、「放電」のように、20世紀初頭清末資料で「放電器」という清末在華宣教師資料にも、明治資料にもない三字語が造り出される。重要なのは同じ前部二字語基でも、違う後部一字語基との結合によって、ある概念が語の形で表現されるようになったといえる。

（2）「宣とのみ一致」の語基

「宣とのみ一致」の語基は20世紀初頭清末資料で清末在華宣教師資料と一致する前部二字語基が見つかった。たとえば、

　　　□電報→（宣）電報線
　　　　　　（清）電報局、電報機

電報何処用之。

　邇来西士各国均有之也，一國之中，各城各鎮，倶設鉄線電路，四通八達，分佈経緯，故無論遠近，隨時可通音信。（『格物入門』電学入門41上）

　潑利斯初考得之要事，内有格來音路之事，系屋上之德律風線，距地面八十尺，而地内有電報線，與之作平行式用電報線時，德律風線微之感動而不能用。（『無線電報』21上）

　此電溜甚小，其力不足以用於電報機。（『最新中学教科書物理学』49）

　このように、清末在華宣教師資料、20世紀初頭清末資料に同じ前部二字語基「電報」が見つかった。そのような例として、次の諸語が挙げられる。

　　　□防雷→（宣）防雷鉄
　　　□附電→（宣）附電堆、附電力、附電圏、附電性
　　　　　　（清）防雷鉄
　　　　　　（清）附電機、附電流、附電器、附電圏
　　　□量電→（宣）量電器
　　　　　　（清）量電表

　□引電→（宣）引電器、引電物、引電質
　　　　　（清）引電器、引電物、引電質
　□正電→（宣）正電池、正電極、正電力、正電路、正電梳、正電
　　　　　　　　体、正電指
　　　　　（清）正電溜、正電圏、正電勢、正電引、正電体
　□阻電→（宣）阻電力、阻電率
　　　　　（清）阻電架、阻電物
　□負電→（宣）負電極、負電路、負電体、負電指、負電梳
　　　　　（清）負電勢、負電位
　□電力→（宣）電力較
　　　　　（清）電力界、電力線
　□摩電→（宣）摩電器
　　　　　（清）摩電機

　清末在華宣教師資料と一致する前部二字語基でありながらも、三字語も同じであるわけではでない。たとえば、「負電–、附電–、阻電–、摩電–、量電–、電力–」のように、違う後部一字語基と組み合わせて新語を造る語基が多い。したがって、語だけでなく、造語成分も清末在華宣教師資料から借用されたと思われるものもある。それを利用して、再造語する。

　（3）「明とのみ一致」の語基
　「明とのみ一致」の語基は20世紀初頭清末資料で明治資料と一致する前部二字語基が見つかった。たとえば、

　□熱電→（明）熱電堆、熱電流、熱電源、熱電柱
　　　　　（清）熱電堆、熱電流、熱電源、熱電柱、熱電環、熱電
　　　　　　　　率、熱電機、熱電力

　この釣り合い破れて電流は輪道の中に流れるべし、この如く金属の輪道において、接ぎ目の温度の差異より生ずる電流を名づけて熱電流という。(『新撰物理学』85)

　以熱生電溜者曰熱電機。以錫板為正片，其形如第八十八図。是為負

片。其兩端與正片相連是為一軸。（『物理教科書動電気』104）

　このように、明治資料、20世紀初頭清末資料で同じ前部二字語基が見つかった。そのような例として、次の諸語が挙げられる。

□白熱→（明）白熱灯
　　　　（清）白熱灯

□避雷→（明）避雷針、避雷柱、避雷器
　　　　（清）避雷針、避雷柱

□測電→（明）測電盤　　　　　　□帯電→（明）帯電体
　　　　（清）測電盤、測電表　　　　　　（清）帯電体

□磁気→（明）磁気波、磁気学　　□電鍍→（明）電鍍術
　　　　（清）磁気波、磁気学　　　　　　（清）電鍍法、電鍍術

□電話→（明）電話機　　　　　　□電解→（明）電解物
　　　　（清）電話機　　　　　　　　　　（清）電解質、電解物

□電信→（明）電信機　　　　　　□電圧→（明）電圧計
　　　　（清）電信機　　　　　　　　　　（清）電圧計

□動電→（明）動電力　　　　　　□輻射→（明）輻射熱
　　　　（清）動電力　　　　　　　　　　（清）輻射熱、輻射線

□継電→（明）継電器　　　　　　□起電→（明）起電機
　　　　（清）継電器　　　　　　　　　　（清）起電機

□聚電→（明）聚電器　　　　　　□受電→（明）受電体、受電柱
　　　　（清）聚電器、聚電体　　　　　　（清）受電柱

□受話→（明）受話器　　　　　　□受信→（明）受信機、受信器
　　　　（清）受話器　　　　　　　　　　（清）受信機、受信器

□微音→（明）微音器　　　　　　□無電→（明）無電体
　　　　（清）微音器　　　　　　　　　　（清）無電体

□験電→（明）験電計
　　　　（清）験電表、験電計

　明治資料と一致する前部二字語基でありながらも、三字語も同じであるわけではでない。たとえば、「避雷-、測電-、験電-、熱電-、聚

電–、受電–、輻射–、電解–、電鍍–」のように、違う後部一字語基と組み合わせて新語を造る語基が多い。したがって、語だけでなく、造語成分も明治資料から借用されていると思われるものもある。それを利用して、再造語を造った。明治期資料と重複する前部二字語基だけでなく、それによる三字語は同じ語も多い。

（4）「単独使用」の語基

「単独使用」の前部二字語基が20世紀初頭清末資料でだけ使用される前部二字語基である。たとえば、

□安培→安培表

凡電気流行之速亦有法度之、謂之安培数。即毎若干時電行若干路，謂之若干安培是也。（『通物電光』巻三3上）

「安培」は調べによると、古い用例は傅蘭雅『通物電光』でみつかった。しかし、三字語の前部二字語基としての造語形式が見つからなかった。20世紀初頭清末資料において、「安培」のような音訳語が語基とし、後部一字語基と組み合わさり、再造語となり、新概念を担うようになる。このような用例には「弗打」もある。清末在華宣教師資料で「弗打」がただ音訳語の姿で呈しているのに対して、20世紀初頭清末資料では「弗打表」のように語基としての姿がみつかった。そのような例として、次の諸語が挙げられる。

傳電–、串聯–、磁経–、磁力–、等磁–、等電–、電化–、電撃–、電浪–、電平–、電勢–、電語–、電析–、度電–、電阻–、発浪–、発報–、供電–、弗打–、互聯–、弧光–、量安–、郎根–、倫那–、量倭–、難傳–、螺線–、扭力–、凝電–、収報–、排聯–、通断–、送報–、微熱–、同聯–、易傳–、倭爾–、有電–、異聯–、逐磁–

「出典なし」の前部二字語基の造語数を以下のようにまとめる。

表5-13 「出典なし」の前部二字語基の造語数

| 造語数 | 語基数 | 語基 |
|---|---|---|
| 7 | 2 | 熱電–、電気– |

続表

| 造語数 | 語基数 | 語基 |
|---|---|---|
| 5 | 1 | 正電– |
| 4 | 4 | 電化–、附電–、蓄電–、発電– |
| 3 | 3 | 傳電–、放電–、引電– |
| 2 | 16 | 電阻–、受信–、聚電–、驗電–、避雷–、電鍍–、電觶–、輻射–、測電–、磁気–、電力–、負電–、阻電–、乾電–、電報–、収報– |
| 1 | 53 | 異聯–、逐磁–、有電–、倭爾–、同聯–、易傳–、送報–、微熱–、通断–、排聯–、凝電–、扭力–、螺線–、量倭–、難傳–、倫那–、郎根–、弧光–、量安–、互聯–、弗打–、発報–、供電–、発浪–、電析–、度電–、電語–、電勢–、電浪–、電平–、電撃–、等電–、磁力–、串聯–、磁経–、等磁–、無電–、受電–、微音–、受話–、安培–、帯電–、電圧–、起電–、白熱–、電話–、電信–、動電–、継電–、摩電–、量電–、防雷–、電磁– |

　以上で分かるように、「出典なし」の前部二字語基はほとんど1語、2語を造った。4語を造る「出典なし」の語基は「出典あり」「新義あり」の語基より多いとはいえ、1語乃至2語を造る語基のほうが多い。

### 3.2 後部一字語基の考察

　20世紀初頭清末資料における2+1型三字語の後部一字語基は造語特徴を明らかにするために、造語力、造語機能と意味が明治資料、清末在華宣教師資料との関係から考察する。

#### 3.2.1 後部一字語基の造語力

　語基の造語力とは20世紀初頭清末資料において、どの一字語基が三字漢語の構成によく用いられたかを調べ、同一の語基で構成される三字漢語が多ければ多いほど当該語基の造語力が強いという。

**表5-14　後部一字語基の造語力**

| 造語数 | 語基数 | 語基と語例 |
|---|---|---|
| 25 | 1 | 器（電化–、電撃–、調平–、継続–、発報–、発電–、発浪–、発信–、反向–、放電–、附電–、感応–、換向–、継電–、交換–、聚電–、収報–、受話–、受信–、送話–、通断–、微音–、蓄電–、驗電–、引電–） |

続表

| 造語数 | 語基数 | 語基と語例 |
|---|---|---|
| 21 | 1 | 機（電報–、電動–、電話–、電信–、電語–、調換–、発電–、発動–、発信–、附電–、感電–、供電–、換向–、輪形–、摩電–、起電–、熱電–、収報–、収電–、受信–、送報–） |
| 12 | 1 | 表（安培–、測電–、電流–、弗打–、量安–、量電–、量倭–、流電–、扭力–、微熱–、倭爾–、験電–） |
| 11 | 1 | 体（傳電–、帯電–、発電–、聚電–、絶縁–、難傳–、凝電–、無電–、易傳–、有電–、正電–） |
| 10 | 2 | 力（儲蓄–、電動–、電行–、動電–、発電–、熱電–、透過–、吸引–、逐磁–、逐電–）<br>線（傳導–、傳電–、磁力–、等磁–、電力–、電阻–、輻射–、接地–、螺旋–、指力–） |
| 7 | 1 | 圏（磁経–、度電–、附電–、感電–、螺旋–、螺線–、正電–） |
| 6 | 1 | 法（串聯–、電鍍–、互聯–、排聯–、同聯–、異聯–） |
| 5 | 1 | 物（電析–、電解–、化分–、引電–、阻電–） |
| 4 | 2 | 量（電流–、等電–、電気–、感電–）、<br>質（傳電–、電解–、絶電–、引電–） |
| 3 | 2 | 学（磁気–、電気–、静電–）、池（蓄電–、電化–、乾電–） |
| 2 | 15 | 波（磁気–、電気–）、灯（白熱–、弧光–）、堆（乾電–、熱電–）、光（郎根–、倫那–）、環（熱電–、電浪–）、計（電気–、電圧–）、架（絶電–、阻電–）、較（電平–、電勢–）、溜（感電–、正電–）、流（附電–、熱電–）、率（熱電–、電速–）、盤（感電–、測電–）、勢（負電–、正電–）、箱（電阻–、阻力–）、柱（受電–、避雷–） |
| 1 | 22 | 槽（蓄電–）、叉（放電–）、桿（放電–）、管（電光–）、界（電力–）、局（電報–）、鈴（電気–）、炉（電化–）、路（電行–）、輪（電気–）、盆（電気–）、片（蓄電–）、瓶（来頓–）、熱（輻射–）、石（電磁–）、術（電鍍–）、鉄（防雷–）、位（負電–）、液（電化–）、引（正電–）、源（熱電–）、針（避雷–） |
| 173 | 50 | （1語基あたりの平均造語数は3.46語） |

　表5–14で分かるように、造語の多い語基は1語基が25語を造る。残念ながら、1語基だけにとどまっている。造語数1語だけの語基は22語基がある。このような語基分布の特徴を前部二字語基の場合（表11）と比較すると、両者の違いがよく分かる。語の2+1型三字語を構成するのに、前部二字語基では112種の語基が用いられ、1語基あたりの平均

造語数が約1.54語である。一方、後部一字語基では50種の語基が用いられ、一語基あたりの平均造語数が3.46語となっている。

　本章で対象とした20世紀初頭清末資料における2+1型三字語電気用語は清末在華宣教師資料、明治期資料における2+1型三字語電気用語と同じ傾向を呈している。20世紀初頭清末資料において、2+1型三字語電気用語は種類が豊富で、平均造語数が少ない前部二字語基に対し、後部一字語基は種類が少ない、平均造語数が多いという特徴を持っている。20世紀初頭清末資料の三字語電気用語がその造語について、語構成上、後部一字語基による造語は多く、系統性を備えている状態であると言える。

### 3.2.2 後部一字語基の出典

　後部一字語基の造語力の考察をとおし、後部一字語基の造語力が強いことが分かる。後部一字語基は中国古典で二字語の後部語基としての用法が多い代わりに、2+1型三字語後部一字語基としての用法が希である。問題になるのは後部一字語基が清末在華宣教師資料、明治資料との関係である。前節で20世紀初頭清末資料に2+1型三字語後部一字語基が50あるということが分かった。したがって、三字語電気用語に含まれる後部一字語基は「宣と明と一致」「宣とのみ一致」「明とのみ一致」「単独使用」に小分けして、分類する。

表5-15　後部一字語基の造語機能と意味変化

| 造語機能 | 意味変化 | 宣と明と一致 | 宣とのみ一致 | 明とのみ一致 | 単独使用 | 合計 |
|---|---|---|---|---|---|---|
| 造語機能が変わらない語基 | 意味が変わる語基 | 1（2.00） | 0 | 0 | 0 | 1（2.00） |
| | 意味が変わらない語基 | 10（20.00） | 6（12.00） | 2（4.00） | 3（6.00） | 21（42.00） |
| 造語機能が変わる語基 | 意味が変わる他語基 | 0 | 0 | 1（2.00） | 0 | 1（2.00） |
| | 意味が変わらない語基 | 4（8.00） | 6（12.00） | 9（18.00） | 8（18.00） | 27（54.00） |

| 造語機能 | 意味変化 | 宣と明と一致 | 宣とのみ一致 | 明とのみ一致 | 単独使用 | 合計 |
|---|---|---|---|---|---|---|
| 合計 | | 15（30.00） | 12（24.00） | 12（24.00） | 11（22.00） | 50 |

　　後部一字語基には「宣と明と一致」「宣とのみ一致」「明とのみ一致」のものが39語基あり、78.00%を占めているのに対して、「単独使用」の語基がただ22.00%だけ占めている。ここでは後部一字語基を造語機能と意味変化の有無により（1）造語機能と意味が変わらない語基「−器、−体、−圏、−法、−力、−灯、−線、−学、−叉、−堆、−針、−局、−界、−柱、−石、−箱、−桿、−管、−瓶、−炉、−輪」がある。（2）造語機能が変わらず、意味が変わる語基「−池」がある。（3）造語機能と意味が変わる語基「−計」がある。（4）造語機能が変わり、意味が変わらない語基「−機、−物、−溜、−盤、−波、−槽、−量、−鈴、−盆、−術、−源、−光、−環、−熱、−片、−位、−液、−引、−表、−較、−勢、−率、−架、−路、−鉄、−質、−流」がある。そのうち、造語機能が変わり、意味が変わらない語基が一番多く、54.00%を占めている。造語機能と意味が変わらない語基が二番目で、42.00%を占めている。後部一字語基は先行文献と重なった語基が多く、「単独使用」の後部一字語基がただ22.00%を占めている。重複状況を以下のようにまとめる。

表5-16　後部一字語基の重なり状況

| | 造語数 | 語基 |
|---|---|---|
| 宣と明と一致（15）（30.00） | 20–25 | −器、−機 |
| | 10–19 | −力、−体、−線 |
| | 4–9 | −物 |
| | 1–3 | −灯、−学、−叉、−池、−堆、−局、−溜、−熱、−針 |
| 宣とのみ一致（12）（24.00） | 4–9 | −圏、−質 |
| | 1–3 | −架、−率、−較、−箱、−管、−路、−瓶、−鉄、−石、−桿 |

続表

|  | 造語数 | 語基 |
|---|---|---|
| 明とのみ一致（12）<br>24.00） | 4-9 | −量、−法 |
|  | 1-3 | −盤、−柱、−波、−槽、−計、−鈴、−盆、−術、−源、−流 |
| 単独使用（11）<br>（22.00） | 10-19 | −表 |
|  | 1-3 | −光、−環、−勢、−界、−輪、−片、−位、−液、−引、−炉 |

　表5-16に基づいて、造語の多い語基「−器、−機、−力、−体、線」が三種資料に使用される語基である。「−器」は清末在華宣教師資料、明治資料、20世紀初頭清末資料においても造語の多い語基である。「−機」は清末在華宣教師資料で3語だけある代わりに、明治資料で14語を造って、20世紀初頭清末資料で21語を造った。おそらく、後部語基としての「−機」は明治資料からの影響が大きいと推測できる。本節で「単独使用」で造語の多い「−表」、と造語機能と意味が変わらない語基「−界」を例に取り上げる。

　−表

　「表」は中国漢籍で「文章の体裁」を表す「出師表」と「時間を計る器具」を表す「時辰表、金表、銀表、鐘表」がある。「度数、量を計る器具」を表す三字語後部一字語基「表」の用法は稀である。たとえば、

　在這里賈蓉接著説：“薛大叔帯了両個広東人来，姓何叫何其能，二字阿巧，現在跟班。他老子専会收拾鐘錶，要看龍舟須得他父子，別人不能。”（『紅楼夢』1861年ごろ）

　『申報』を調べ、1872年「風雨表、寒暑表」の用法がすでに存在していることが分かる。「−表」が後部一字語基としての三字語は「安培表、測電表、弗打表、電流表、量安表、量電表、量倭表、扭力表、流電表、微熱表、倭爾表、験電表」という12語が20世紀初頭清末資料より多くの電気用語が造り出される。「−表」が20世紀初頭清末資料で積極的に造語し、造語機能と意味が中国古典と比べ変わらないタイプである。

－界

「界」は中国漢籍で後部語基としての造語が「眼界、出界」のような二字語が存在している。たとえば、

大将軍鳳風禦史中丞劾奏野王賜告養病而私自便，持虎符出界帰家，奉詔不敬。（東漢 班固『官書・馮野王伝』）

このような用例がある。上の文において、「出界」の「界」は「境」の意味を表す。また、

今曼殊院嘗転經，毎賜香。宝石甚顕，登之，四極眼界。（唐 段成式『唐段少卿酉陽雜組続集』）

において、「眼界」の「界」は特定の範囲の意味を表す。中国古典で大凡二字語の後部語基として存在している「界」は2+1型三字語の後部一字語基としての造語がたいてい、詩、仏用語に存在している。たとえば「青蓮界、銀色界、虚空界、地獄界、無尽界」の三字語が見つかった。20世紀初頭清末資料で「電力界」のような2+1型三字語後部一字語基としての造語が出てきた。たとえば、

電力界 設有両物，一得正電，一得負電。若相離不遠，則両物之勢，常欲趨近。設以玻璃針穿一紙屑而置於両物之間，則紙屑之勢，常欲自正電趨向負電。（『物理教科書静電気』20）

このような用例がある。20世紀初頭清末資料における「電力界」が「電場」の意味を表すことによって、ここでの「界」はまだ古典義の「範囲、場所」から離れないようである。ただ、範囲、場所が抽象化になりつつある。

### 3.3 語基間の組み合わせ方式

以上のように、2+1型三字語の組み合わせは8種ある。そのうち、造語の多いタイプは「出典なし＋造語機能と意味が変わらない」形式で、64語を造り、36.99％を占めている。二番目は「出典なし＋造語機能が変わり、意味が変わらない」形式で、61語を造り、35.26％を占めている。三番目は「出典あり＋造語機能と意味が変わらない」形式で、20語

を造り、11.56%を占めている。四番目は「新義あり＋造語機能が変わり、意味が変わらない」形式で、14語を造り、8.09%を占めている。五番目は「新義あり＋造語機能と意味が変わらない」形式で、7語を造り、4.05%を占めている。六番目は「出典なし＋造語機能が変わらない、意味が変わる」形式で、3語を造り、1.73%を占めている。最後は「出典あり＋造語機能が変わり、意味が変わらない」形式と「出典なし＋造語機能と意味が変わる」形式で、それぞれ2語を造り、1.16%を占めている。ここでは「出典なし＋造語機能と意味が変わらない」、「出典なし＋造語機能が変わり、意味が変わらない」を取り上げる。

（1）出典なし＋造語機能と意味が変わらない

電化器、電撃器、発報器、発電器、発浪器、放電器、附電器、継電器、聚電器、収報器、受話器、受信器、微音器、蓄電器、驗電器、引電器、傳電体、帯電体、発電体、聚電体、難傳体、凝電体、無電体、易傳体、有電体、正電体、動電力、発電力、熱電力、逐磁力、傳電線、磁力線、等磁線、電力線、電阻線、輻射線、磁経圏、度電圏、附電圏、螺線圏、正電圏、串聯法、電鍍法、互聯法、排聯法、同聯法、異聯法、白熱灯、弧光灯、乾電堆、熱電堆、電阻箱、阻力箱、受電柱、避雷柱、放電叉、放電桿、電力界、電報局、電化炉、電気輪、来頓瓶、電磁石、避雷針

（2）出典なし＋造語機能が変わり、意味が変わらない

電報機、電話機、電信機、電語機、発電機、附電機、供電機、摩電機、起電機、熱電機、収報機、受信機、送報機、安培表、測電表、弗打表、量安表、量電表、量倭表、扭力表、微熱表、倭爾表、驗電表、電析物、電解物、引電物、阻電物、等電量、電気量、傳電質、電解質、引電質、磁気学、電気学、磁気波、電気波、郎根光、倫那光、熱電環、電浪環、阻電架、電平較、電勢較、正電溜、附電流、熱電流、熱電率、測電盤、畜電槽、電気鈴、電気盆、畜電片、輻射熱、電鍍術、防雷鉄、電化液、正電引、熱電源、副電勢、正電勢、負電位

### 3.4本節のまとめ

20世紀初頭清末資料から211語の三字語電気用語を抽出した。このうち、語数が圧倒的に多く、173語の2+1型三字語を検討対象に、さらに、前部二字語基と後部一字語基に分けて、それぞれの性質を見ていくことにした。検討の結果については次のようにまとめる。

語基の造語力。前部二字語基と後部一字語基は三字語の構成要素としてそれぞれ違う特徴を持っている。前部二字語基は種類が多い、1語基あたりに平均造語数が1.54語になるのに対し、後部一字語基は種類が少なくて、1語基あたりに平均造語数が3.46語になる。従って、20世紀初頭清末資料では、安定性を備える後部一字語基で、入れ替えが激しいのは前部二字語基になる。

前部二字語基の品詞性と結合関係。品詞性から言えば、前部二字語基は動詞性語基の方が圧倒的に多く、63.39%を占めているのに対し、名詞性前部二字語基は35.71%を占めている。前部二字語基が述客関係を結ぶ前部二字語基が一番多く、39.29%を占めている。ついでに、連体修飾関係を結合する前部二字語基は28.57%を占めている。

（3）2+1型三字語の出典。出典を調べてみたところ、「出典なし」の語が100%を占めている。語基レベルからすれば、「出典あり」の前部二字語基が17.86%を占め、「新義あり」の前部二字語基が11.61%を占め、「出典なし」の前部二字語基が70.54%を占めている。一方、後部一字語基のうち、造語機能が変わり、意味が変わらない語基が54.00%、造語機能と意味が変わらない語基が42.00%を占めている。

（4）2+1型三字語の組み合わせるタイプ。2+1型三字語において、造語の多いタイプは「出典なし」+「造語機能と意味が変わらない」形式で、64語を造り、36.99%を占めている。二番目は「出典なし」+「造語機能が変わり、意味が変わらない」形式で、61語を造り、35.26%を占めている。

（5）影響関係。2+1型三字語のうち、「宣と明と一致」の語、「宣との

み一致」の語、「明とのみ一致」の語、「単独使用」の三字語はそれぞ
れ2.89%、5.78%、27.17%、64.16%を占めている。語基から見れば、前
部二字語基では「宣と明と一致」の語基が6.25%、「宣とのみ一致」の
語基が14.29%、「明とのみ一致」の語基が30.36%、「単独使用」の語基
が49.11%を占めている。後部一字語基では、「宣と明と一致」の語基が
30.00%、「宣とのみ一致」の語基が24.00%、「明とのみ一致」の語基が
24.00%、「単独使用」の語基が22.00%を占めている。一致する語基数か
ら見れば、明治資料からの影響が語レベルでも語基レベルでも大きいよ
うである。それに、20世紀初頭清末資料において、先行文献と重なっ
た語基がもう一つの語基と組み合わさり新語を造る。

## 4. 2+2型四字語電気用語の考察

　20世紀初頭清末資料から四字語とみなされるものを抽出し、当時の
使用状況を語構成の特徴を明らかにすることで、さらに、清末在華宣
教師資料資料、明治資料、20世紀初頭清末資料における四字語を対照
するために、20世紀初頭清末資料における四字語の語構成を考察する。
構成パターンの相違で振り分けると、表5–17のようになる。電気用語
四字語が7割以上が2+2型である。

表5–17　四字語電気用語の構成パターン

| 構成パターン | 語数 | 語例 |
|---|---|---|
| 2+2型 | 42（75.00） | 玻璃+電気、電気+密度 |
| 3+1型 | 12（21.43） | 波爾打+表、行連結+法 |
| 1+3型 | 2（3.57） | 正+度電圏、負+度電圏 |
| 合計 | 56 | |

　20世紀初頭清末資料において、2+2型四字語は42語で75.00%を占め
て、3+1型四字語は12語で21.43%を占めて、1+3型四字語は3.57%を占

めている。本節では割合の高い2+2型四字語を中心に分析する。

### 4.1二字語基の造語力

　ある二字語基が他の二字語基と結合して造られた四字語の数が多ければ多いほど、その二字語基の造語力が強いということになる。まず20世紀初頭清末資料から抽出した四字語電気用語の前部二字語基について考察する。四字語電気用語が少ないので、一つの表にまとめ、造語数の多い順に語基と語例を示す。

　表5-18によると、前部二字語基で最も多くの四字語を作り出したのは造語数8語の「電気-」である。造語数2語以上のものを合わせても、僅か6語基に過ぎない。これに対し、造語数1語だけの前部二字語基が24語基に達している。異なり語基数の80.00%を占めている。そのため、1語基あたりの平均造語数は1.40語という低い数値になっている。つづいて、後部二字語基についても、同じ方法で語基ごとに四字語の造語数を調べた。造語数の最も多いのは四字語4語を造りだした「-感応」であり、造語数3語の「-電報、-電表、-電気」がこれに続く。造語数2語以上のものは計8語基で、前部二字語基に比べやや多くなっているが、造語数1語だけの語基は21語基もあり、後部語基数全体の72.41%を占めている。

表5-18　2+2型四字語二字語基の造語力

| 前部二字語基 | | | 後部二字語基 | | |
|---|---|---|---|---|---|
| 造語数 | 語基数 | 語基と語例 | 造語数 | 語基数 | 語基と語例 |
| 8 | 1 | 電気（-振子、-振動） | 4 | 1 | 感応（磁気-、電気-、相互-、自己-） |
| 2 | 5 | 摩斯（-電報、-電鑰）<br>倭特（-電堆、-電杯）<br>無線（-電報、-電信）<br>自感（-電溜、-電圏）<br>無定（-電表、-磁針） | 3 | 3 | 電気（玻璃-、松香-、触接-）<br>電表（倍力-、正切-、無定-）<br>電報（単線-、摩斯-、無線-） |

続表

| 前部二字語基 | | | 後部二字語基 | | |
|---|---|---|---|---|---|
| | | 2 | 4 | 容量（電気-、電位）、光線（益士-、通物-）、電流（感応-、交叉-）、電灯（白熱-、熱光-）、 | |
| 1 | 24 | 白熱（-電灯）、倍力（-電表）、玻璃（-電気）、玻片（-電機）、不変（-電源）、触接（-電気）、磁気（-感応）、単線（-電報）、電位（-容量）、発電（-汽機）、弗打（-電池）、感応（-電流）、恒久（-磁石）、火花（-放電）、交叉（-電流）、金箔（-電探）、熱光（-電灯）、松香（-電気）、通電（-滑車）、通物（-光線）、相互（-感応）、益士（-光線）、正切（-電表）、自己（-感応） | 1 | 21 | 振子（電気-）、振動（電気-）、汽機（発電-）、密度（電気-）、能力（電気-）、濃率（電気-）、火花（電気-）、滑車（通電-）、電源（不変-）、放電（火花-）、電探（金箔-）、電信（無線-）、電鈴（摩斯-）、電圏（自感-）、電堆（倭特-）、電機（玻片-）、電溜（自感-）、電池（弗打-）、電杯（倭特-）、磁石（恒久-）、磁針（無定-） |
| 42 | 30 | （1語基あたりの平均造語数は1.40語になる） | 42 | 29 | （1語基あたりの平均造語数は1.45語になる） |

表5-18によると、後部二字語基の平均造語数は約1.45語で、前部二字語基の1.40語と比べ、1語基あたりの造語力はほとんど同じであることが分かる。造語の中心的な要素と言える語基がないということは20世紀初頭清末資料で2+2型四字語がまだ未熟な造語形式であったということになる。

### 4.2 2+2型四字語の語構成

2+2型四字語が42語あるものの、清末在華宣教師資料、明治資料、20世紀初頭清末資料との比較をするために、ここで取りあげる。2+2型四字語の語構成に目を向けた時にまず前部二字語基と後部二字語基の品詞性が問題になるが、研究対象となった42語には前後語基が名詞性語基、動詞性語基、形容性語基、副詞性語基がある。その分布状況は表5-19のとおりである。

表5-19　2+2型四字語二字語基の品詞性

| | 前部二字語基 | 後部二字語基 |
|---|---|---|
| 名詞性語基 | 19（63.33） | 26（89.66） |
| 動詞性語基 | 8（26.67） | 3（10.34） |
| 形容詞性語基 | 2（6.67） | 0 |
| 副詞性語基 | 1（3.33） | 0 |
| 合計 | 30 | 29 |

　表5-19で分かるように、前部二字語基の品詞性がバラエティーで、名詞性語基、動詞性語基、形容詞性語基、副詞性語基の順序で並んでいる。前部二字語基では名詞性語基、動詞性語基がそれぞれ19語基、8語基がある。後部二字語基が名詞性語基、動詞性語基に集まって、形容詞性語基、副詞性語基がない。

　語基の品詞性とともに、前部二字語基と後部二字語基はどのような文法的な結合関係で結ばれているのかということが四字語の語構成を考えるにあたっては重要なポイントになる。

表5-20　2+2型四字語内部の語構成

| 結合関係 | | 語数 | 語例 |
|---|---|---|---|
| 連体修飾関係36<br>（85.71） | 名+名 | 25（59.52） | 電気+密度 |
| | 動+名 | 9（21.43） | 感応+電流 |
| | 形+名 | 2（4.76） | 白熱+電灯 |
| 連用修飾関係2<br>（4.76） | 名+動 | 1（2.38） | 自己+感応 |
| | 副+動 | 1（2.38） | 相互+感応 |
| 客述関係2（4.76） | 名+動 | 2（4.76） | 電気+感応 |
| 主述関係2（4.76） | 名+動 | 2（4.76） | 火花+放電 |

　表5-20で分かるように、20世紀初頭清末資料における2+2型四字語電気用語は連体修飾関係、連用修飾関係、客述関係、主述関係を結んでいる。連体修飾関係を結ぶ四字語後部二字語基が名詞性語基に限ってい

るのに対し、連用修飾関係、客述関係、主述関係を結ぶ四字語後部二字語基が動詞性語基である。主な結合関係の連体修飾関係を取り上げる。

表5-20によると、連体修飾関係を結ぶ電気用語四字語は四字語全体の85.71％を占めており、20世紀初頭清末資料の2+2型四字語における代表的な構成パターンといえる。連体修飾関係下で後部二字語基が全て名詞性語基であるので、前部二字語基の品詞性の違いによって、さらに、名+名、動+名、形+名という3種の構造に細分化することができる。

名+名連体修飾関係の2+2型四字語は二つの名詞性二字語基が修飾と被修飾の関係で結合されるものである。2+2型四字語で最も語数の多いパターンである。たとえば、「電気密度」は「電気の密度」のように解釈できる。たとえば、

導態表面毎平方千米突之電量，名電気密度。導態表面上之電気密度，不能各処皆等即電気分佈時，照物体形式而各処有異故也。(『物理易解』258)

動+名連体修飾関係の四字語は動詞性の前部二字語基が名詞性の後部二字語基を修飾する関係で結合されたもので、前述の名+名構造についで語数が二番目に多いパターンとなっている。たとえば、「感応電流」は「感応する電流」のように解釈できる。たとえば、

使輪道内之磁場変化。則生暫態之電流與輪道中。又動輪道於磁場。亦生暫態之電流，此名曰感応電流。通常之感応電流僅起於輪道内之磁場変化之時，而磁場之変化止，則電流質方向相反。(『新撰物理学』214)

のようである。

形+名連体修飾関係の四字語は形容詞性の前部二字語基が名詞性後部二字語基を修飾する関係で結合されたものである。たとえば、「白熱電灯」は前部二字語基「白熱」が後部名詞性語基「電灯」の性質を表す。たとえば、

白熱電灯 電灯分二種一白熱灯一弧灯。白熱灯如図所示玻璃套之上蓋附以両白金線両白金線之端接以一條炭線将玻璃内空気抽成真空電流，有

白金線通過炭線時生熱而発白光，此炭線制法或剖竹成絲而黑燒之火浸綿
絲與硫酸中善為洗滌再黑燒之其抵抗甚大。(『物理易解』301 )
　のようである。

### 4.3 2+2型四字語の出典

　20世紀初頭清末資料に見られる2+2型四字語電気用語は知識人による
造語なのかそれとも、先行する清末在華宣教師資料、日本側明治資料
からその出典が見い出せるのか。これは四字語の形成を考えるにあた
って、非常に重要な問題である。それに、2+2型四字語の構成要素とし
ての二字語基は先行資料の清末在華宣教師資料、明治資料と重なる語基
がそれぞれどれぐらいあるのか、単独使用の四字語はどれぐらいあるの
か、また前部二字語基と後部二字語基でどのように分布しているのか。
2+2型四字語電気用語の性質を検討するにあたって、まずこうした問題
に直面する。

表5-21　2+2型四字語電気用語の出典状況

| 出典 | 造語形式 | 宣と明と一致 | 宣のと一致 | 明とのみ一致 | 単独使用 | 合計 |
|---|---|---|---|---|---|---|
| 出典あり | 2+2型四字語 | 0 | 0 | 0 | 0 | 0 |
| 出典あり | 前部二字語基 | 0 | 4（13.33） | 5（16.67） | 6（20.00） | 15（50.00） |
|  | 後部二字語基 | 0 | 0 | 2（6.90） | 5（17.24） | 7（24.14） |
| 新義あり | 2+2型四字語 | 0 | 0 | 0 | 0 | 0 |
|  | 前部二字語基 | 1（3.33） | 0 | 0 | 1（3.33） | 2（6.67） |
|  | 後部二字語基 | 0 | 0 | 2（6.90） | 0 | 2（6.90） |
| 出典なし | 2+2型四字語 | 0 | 3（7.14） | 10（23.81） | 29（69.05） | 42（100） |
|  | 前部二字語基 | 1（3.33） | 0 | 0 | 12（40.00） | 13（43.33） |
|  | 後部二字語基 | 1（3.45） | 1（3.45） | 3（10.34） | 15（51.72） | 20（68.97） |
| 合計 | 2+2型四字語 | 0 | 3（7.14） | 10（23.81） | 29（69.05） | 42 |
|  | 前部二字語基 | 2（6.67） | 4（13.33） | 5（16.67） | 19（63.33） | 30 |
|  | 後部二字語基 | 1（3.45） | 1（3.45） | 7（24.14） | 20（68.97） | 29 |

　調べによると、20世紀初頭清末資料において、清末在華宣教師資料、明治資料と重複する2+2型四字語が少ないとはいえ、語を組み合わせる語基の方を調べる必要がある。

　前と同じようなやり方に従い、前部二字語基と後部二字語基に分けて考察する。データを検索してみると、以上のようにまとめる。2+2型四字語、二字語基を「出典あり」「新義あり」「出典なし」に分類して、それから先行文献との重なりにより、「宣と明と一致」、「宣とのみ一致」、「明とのみ一致」「単独使用」という四つのパターンにまとめることができる。2+2型四字語内部構造を究明するために、表に基づいて、各欄を考察する。「出典あり」「新義あり」の2+2型四字語がないので、「出典なし」の2+2型四字語のみ考察する。

　4.3.1「出典なし」の2+2型四字語

　「出典なし」の2+2型四字語は中国漢籍で同形の2+2型四字語が見つからない語である。先行文献との重なりにより、「宣とのみ一致」「明とのみ一致」「単独使用」に分けている。

　（1）「宣とのみ一致」の語

　「宣とのみ一致」の語は20世紀初頭清末資料で見つかった清末在華宣教師資料における同形の2+2型四字語を指している。ここで、「無線電報」を例に取り上げる。

　□無線電報

　有駁此書之名者，謂用電線造此機器，兩邊又設平行電線，以為感電之用名之曰無線電報。（『電学綱目』31下）

　無線電報之理，經近人馬高尼發明，始完善可用。其要理乃藉稜考夫圈副圈之火星発電浪，感動金類粉之阻力有変也。（『最新中学教科書物理学』382）

　清末在華宣教師資料、20世紀初頭清末資料で見つかった「無線電報」は今日の「無線電信」の意味に当たる。20世紀初頭清末資料に用いた「宣とのみ一致」の2+2型四字語をあげていく。

玻璃電気、松香電気

20世紀初頭清末資料2+2型四字語は清末在華宣教師資料と一致するものが3語だけで、20世紀初頭清末資料の7.14%のみ占めている。少ないながらも、おそらく20世紀初頭清末資料が清末在華宣教師資料から借用する造語があると思われる。

（2）「明とのみ一致」の語

「明とのみ一致」の語は20世紀初頭清末資料で見つかった明治資料における同形の2+2型四字語を指している。ここで、「感応電流」を例に取り上げる。

□感応電流

ある導体を以て、輪道をつくり、その中に強き磁石を挿入して急激に輪道の周囲の磁場を変化せしむるときは輪道中に瞬時の電流を生ずべし、又ある磁場輪道を動かすも、輪道に瞬時の電流を生ずるのを見るべし、これを感応電流という。（『近世物理学教科書』290）

使輪道内之磁場変化。則生暫態之電流與輪道中。又動輪道於磁場。亦生暫態之電流，此名曰感応電流。通常之感応電流僅起於輪道内之磁場変化之時，而磁場之変化止，則電流質方向相反。（『新撰物理学』214）

明治資料、20世紀初頭清末資料で使われた「感応電流」は「感応される電流」と理解すべきである。20世紀初頭清末資料に用いた「明と一致」の四字語をあげていく。

不変電源、電気感応、電気密度、電気振動、電気振子、感応電流、交叉電流、無線電信、自己感応

20世紀初頭清末資料2+2型四字語は明治資料と一致する四字語が10語あるので、清末在華宣教師資料と比べ、一致する語数が多くなり、明治資料からの影響が大きいといえる。

（3）「単独使用」の語

「単独使用」の語は清末在華宣教師資料、明治資料では見つからず、ただ20世紀初頭清末資料だけで使用される2+2型四字語である。ここでは「白熱電灯」を例に取り上げる。

□白熱電灯

白熱電灯 電灯分二種一白熱灯一弧灯。白熱灯如図所示玻璃套之上蓋附以両白金線両白金線之端接以一條炭線將玻璃内空気抽成真空電流，有白金線通過炭線時生熱而発白光，此炭線制法或剖竹成絲而黒焼之火浸綿絲與硫酸中善為洗滌再黒焼之其抵抗甚大。（『物理易解』301）

20世紀初頭清末資料で使用された「白熱電灯」は前部二字語基が電灯の性質を表す。以下、20世紀初頭清末資料に用いた「単独使用」の四字語をあげていく。

倍力電表、玻片電機、触接電気、磁気感応、単線電報、電気火花、電気能力、電気濃率、電気容量、電位容量、発電汽機、弗打電池、恒久磁石、火花放電、金箔電探、摩斯電報、摩斯電鍮、熱光電灯、通電滑車、通物光線、倭特電杯、倭特電堆、無定磁針、無定電表、益士光線、正切電表、自感電溜、自感電圏

20世紀初頭清末資料2+2型四字語は単独使用の語が29語、20世紀初頭清末資料の69.05%に達している。『漢語大詞典』（電子版）、『漢籍全文検索』（電子版）、CCL検索した結果、漢籍からの出典が見つかる単独使用の2+2型四字語が一つもない。言い換えれば、清末在華宣教師資料、明治資料と一致する2+2型四字語がありながらも少ない。それらからの影響が電気学という特別な領域で大きくないようである。20世紀初頭清末資料で2+2型四字語は新造語のほうが多い。

4.3.2「出典あり」の二字語基

「出典あり」の二字語基は中国漢籍で同形同義の二字語が見つかる。先行文献との重なりにより、「宣とのみ一致」の語基、「明とのみ一致」の語基、「単独使用」の語基に分ける。各欄を見てみる。

（1）「宣とのみ一致」の語基

「宣とのみ一致」の語基が20世紀初頭清末資料で見つかった清末在華宣教師資料と同じ二字語基である。見つかった語基が前部語基に集中する。たとえば、

□通物→（宣）通物電光

（清）通物光線

考究通物電光，不免有多名目，而其解釈為最要。因無一定之名目，則議論不能暢達，而其名目與光学、電学源流有相関渉，故応詳論之。(『通物電光』巻三8上）

五附電発光功用之附識，即陰極光線及通物光線。(『物理学』下編三68下）

のように、清末在華宣教師資料にある前部二字語基「通物」も20世紀初頭清末資料でそれも利用して違う後部二字語基と組み合わせて造語になる。「宣とのみ一致」の前部二字語基が「通物」以外に、次の語基もある。

玻璃–、松香–、単線–、

（2）「明とのみ一致」の語基

「明とのみ一致」の語基は20世紀初頭清末資料で見つかった明治資料と同じ語基である。前部二字語基が四つで、後部語基が二つある。二字語基をここで「感応」が前後語基としての用例もあるので、例に取り上げる。

□感応→（明）感応電流

（清）感応電流

ある導体を以て、輪道をつくり、その中に強き磁石を挿入して急激に輪道の周囲の磁場を変化せしむるときは輪道中に瞬時の電流を生ずべし、又ある磁場輪道を動かすも、輪道に瞬時の電流を生ずるのを見るべし、これを感応電流という。(『近世物理学教科書』290）

以某導体作一輪道，置強磁石於其中，而即使輪道内之磁場変化，則生暫態之電流於輪道中。又動輪道於磁場，亦生暫態之電流，此名曰感応電流。(『新撰物理学』214）

「感応」のように、明治資料でも、20世紀初頭清末資料でも同じ意味を使用される前後二字語基として造語する。このようの諸二字語基が以下のような語基もある。

交叉–、相互–、自己–、不変–、–振動、–感応

がある。前後二字語基だけでなく、それらによる造語も明治資料と同じであることは明治資料からの影響が大きいといえる。

（3）「単独使用」の語基

「単独使用」の語基は20世紀初頭清末資料だけ2+2型四字語の造語成分として造語する語基である。このような語基は前部二字語基が七つで、後部語基が五つある。たとえば、

□（漢籍）倍力→倍力電表

主治筋骨湿痹，益気倍力強志，令人肥健，耐饑忍風寒。久食軽身不老延年。（『神農本草経』成書於東漢前）

在其桿連之一処加熱或加冷，則発生電気，是可由倍力電錶確證之。由認読之差所発電気系一千八百二十一年惹倍克之所発明。（『物理学』下篇動電学20上）

□（漢籍）金箔→金箔電探

然常用者為金箔電探，乃一玻瓶，口堵木塞，中間穿過銅杆，上端為小圓球，下端連薄長之金箔二條，有電感之体触球，則二箔受同類之電感。（『最新中学教科書物理学』290）

『神農本草経』において、「倍力」は「何倍の力、率」の意味である。王季烈『物理学』における「倍力電表」の「倍力」も同じ意味で、「何倍の電気を計ることができる電表」の意味を表す。中国古典における「金箔」は金属の一種で、謝洪賚『最新中学教科書物理学』における「金箔電探」の「金箔」も同じ意味である。このような語基は以下のものもある。

恒久–、火花–、無定–、自感–、–火花、–能力、–磁石、–滑車、–光線

ここで「出典あり」の二字語基を以下のようにまとめる。

表5-22　「出典あり」の二字語基の造語数

| 造語数 | 語基数 | 前部二字語基（15） | 後部二字語基（7） |
|---|---|---|---|
| 3 | 1 | | –感応 |
| 2 | 2 | 自感– | –光線 |

| 造語数 | 語基数 | 前部二字語基（15） | 後部二字語基（7） |
|---|---|---|---|
| 1 | 19 | 玻璃−、松香−、単線−、通物−、感応−、交叉−、自己−、相互−、不変−、倍力−、金箔−、恒久−、火花−、無定− | −振動、−火花、−能力、−磁石、−滑車 |

　漢籍に由来した「出典あり」の語基が造語数2語以上のものが前後語基を問わず少なく、1語だけにとどまる語基が多い。清末に至っても、電気領域で重要な概念を担う漢籍からの二字語基の重複率も低いということである。

4.3.3「新義あり」の二字語基

　「新義あり」の二字語基は中国漢籍で同形の二字語が見つかりながら、意味が変わる語基である。上の表により、「新義あり」の語基が「宣と明と一致」の語基、「明とのみ一致」の語基に分ける。各欄を見てみる。

（1）「宣と明と一致」の語基

　「宣と明と一致」の語基は20世紀初頭清末資料で見つかった清末在華宣教師資料、明治資料と同じ二字語基である。このような語基が一つのみで、前部語基に限っている。たとえば、

　　□無線→（宣）無線電報

　　　　　　（明）無線電信

　　　　　　（清）無線電報、無線電信

　遊芸中原，脚跟無線、如蓬転。望眼連天，日近長安遠。（元 王実甫『西廂記』）

　有駁此書之名者，謂用電線造此機器，兩邊又設平行電線，以為感電之用名之曰無線電報。（『電学綱目』31下）

　無線電信　ブランリー及びロッヂの両氏は軽く集合せる鉄粉の抵抗は電気波に依りて大いに変化するとを発見して、ヘルツの共鳴器よりも電気波に一層感じ易き装置を得たり、後マルコニはこの性質を利用して無線電信法を案出せり。（『新選物理学』309）

　無線電報之理，經近人馬高尼発明，始完善可用。其要理乃藉稜考夫

圏副圏之火星発電浪，感動金類粉之阻力有変也。(『最新中学教科書物理学』382)

このように、中国漢籍における「無線」は「糸がない、影も形もない」の意味のたとえである。清末在華宣教師資料、明治資料、20世紀初頭清末資料における「無線」は「電線を媒介とせず、電波を利用して符号で行う通信」の意味を用いている。

三種資料に使用される語基が「無線」だけで少ない。言い換えれば、2+2型四字語の造語要素としての前後語基は安定性が欠ける。しかも、二字語基だけでなく、それによる四字語も清末在華宣教師資料、明治資料と同じである。

（2）「明とのみ一致」の語基

「明とのみ一致」の語基は20世紀初頭清末資料で見つかった明治資料と同じ語基である。このような語基は二つで、後部語基に限定されている。たとえば、

□密度→（明）電気密度

（清）電気密度

姓等奏不能為算，願募治暦者，更造密度，各自増減，以造漢『太初暦』。(『漢書・律暦志上』)

導体の表面積一平方ミリメートルにある電気の量を電気密度という。各点の電気密度を比較するには験し板を用ふ。(『近世物理学教科書』333)

このように、『漢書・律暦志上』において、「密度」は「精密な度数」の意味を表す。『漢語大詞典』を調べ、「各種物理量の単位体積あたりの量」の意味には例文がない。明治期資料における「電気密度」は「一平方ミリメートルにある電気の量」を指している。「密度」のように、漢籍では語基意味の単純な結合から全体がひとまとまりの意味になっている。このような語基は次のものある。

□電流→（明）感応電流、交叉電流

（清）感応電流、交叉電流

「明とのみ一致」の語基が後部語基に集中し、語基だけでなく、四字語も明治資料と一致している。

（3）「単独使用」の語基

「単独使用」の語基が20世紀初頭清末資料でだけ使用される語基である。このような語基は一つで、前部語基に限っている。たとえば、「正切−」である。

□（漢）正切→（清）正切電表

時傅父覓子不得，正切焦慮，見子帰，喜出非望。生略述崖末，兼至華氏之訂。父曰："妖言何足聴信？汝尚能生還者，徒以闇廃故。不然，死矣!"（『聊齋志異』）

故電溜之大小與磁針所転職角之正切為正比。故名其器曰正切電表。（『物理教科書動電気』27）

『聊齋志異』において、「正切」は「ちょうどその時」の意味を表す。20世紀初頭清末資料における「正切」は数学用語として使用されている。

「新義あり」の二字語基は以下のようにまとまる。

表5-23 「新義あり」の二字語基の造語数

| 造語数 | 語基数 | 前部二字語基（2） | 後部二字語基（2） |
|---|---|---|---|
| 2 | 2 | 無線− | −電流 |
| 1 | 2 | 正切− | −密度 |

「新義あり」の語基が造語数2語以上のものが前後語基を問わず少なく、平均造語数が1.5語になる。1語だけにとどまる語基が多い。清末に至っても、電気領域で重要な概念を担う漢籍からの二字語基の重複率も低いということである。

4.3.4「出典なし」の二字語基

「出典なし」の二字語基は中国漢籍、清末在華宣教師資料、明治資料で見つからず、20世紀初頭清末資料だけ使用される語基である。表

5-21により、「出典なし」の二字語基が「宣と明と一致」、「宣とのみ一致」、「明とのみ一致」、「単独使用」に分けられる。各欄を見てみる。

（1）「宣と明と一致」の語基

「宣と明と一致」の語基は20世紀初頭清末資料で見つかった清末在華宣教師資料、明治資料と同じ二字語基である。前後二字語基がそれぞれ一つずつだけある。「電気」を取り上げる。

□電気→（宣）電気機器、電気通標、電気陰線、電気陽線、火漆
　　　　　　　電気、松香電気、玻璃電気、附成電気、摩成電気

　　　　（明）電気感応、電気分解、電気振動、電気振子、電気
　　　　　　　分配、接触電気、触発電気、積極電気、消極電気、
　　　　　　　結合電気、静力電気、流動電気、樹脂電気、熱性
　　　　　　　電気、　硝子電気、遊離電気

　　　　（清）電気感応、電気火花、電気密度、電気能力、電気
　　　　　　　濃率、電気容量、電気振動、電気振子、触接電気、
　　　　　　　松香電気、玻璃電気

このようになる。「電気」は三種資料で前部語基でも後部語基でもその造語力が強く、安定性が高く、造語の中核になる。20世紀初頭清末資料で「電気」が前部語基としての四字語は後部語基としての四字語より多い。

（2）「宣とのみ一致」の語基

「宣とのみ一致」の語基は20世紀初頭清末資料で見つかった清末在華宣教師資料と同じ二字語基である。このような語基が後部語基に限定すると、一つだけある。たとえば

□電報→（宣）海底電報、有線電報、無線電報
　　　　（清）単線電報、無線電報

有駁此書之名者，謂用電線造此機器，兩邊又設平行電線，以爲感電之用名之曰無線電報。(『電学綱目』31下 )

無線電報之理，經近人馬高尼発明，始完善可用。其要理乃藉稜考夫圏副圏之火星発電浪，感動金類粉之阻力有変也。(『最新中学教科書物理

学』382）

このように、清末在華宣教師資料にある後部二字語基「電報」も20世紀初頭清末資料でそれを利用して違う前部二字語基と組み合わせて新造語になる。しかし、「電報」といった後部二字語基による造語が二語だけにとどまっている。「宣とのみ一致」の後部二字語基は造語数が少ないということは重要な概念を担い、重複使用率が高い後部二字語基が少ないといえる。

（2）「明とのみ一致」の語基

「明とのみ一致」の語基は20世紀初頭清末資料で見つかった明治資料と同じ二字語基である。このような語基は後部語基に限って、三つある。たとえば、

　　□電信→（明）無線電信

　　　　　　（清）無線電信

無線電信　ブランリー及びロッヂの両氏は軽く集合せる鉄粉の抵抗は電気波に依りて大いに変化するとを発見して、ヘルツの共鳴器よりも電気波に一層感じ易き装置を得たり、後マルコニはこの性質を利用して無線電信法を案出せり。（『新選物理学』309）

図為無線電信装置之要部。甲為発信器，乙為受信器。自感応度電圏A，使発火花於B，則電磁気波當於廓嘻辣C。（『新撰物理学』230）

このように、明治資料で、20世紀初頭清末資料で「電信」が後部二字語基として造語する。このような語基は他に以下の物がある。

　　□電源→（明）不変電源、熱性電源

　　　　　　（清）不変電源

　　□振子→（明）電気振子、単一振子、重複振子

　　　　　　（清）電気振子

のようである。後部二字語基だけでなく、それらによる造語も明治資料と同じであることは明治資料からの影響が大きいといえる。

（3）「単独使用」の語基

「単独使用」の語基は20世紀初頭清末資料でだけ見つかった語基であ

る。たとえば、

□電表→（清）正切電表

「単独使用」語基数が多いの割に、「出典なし」の二字語基は以下のようにまとまる。

表5-24　「出典なし」の二字語基の造語数

| 造語数 | 語基数 | 前部二字語基（13） | 後部二字語基（20） |
|---|---|---|---|
| 8 | 1 | 電気- | |
| 3 | 2 | | -電気、-電表 |
| 2 | 5 | 摩斯-、倭特- | -電報、-電灯、-容量 |
| 1 | 25 | 白熱-、玻片-、触接-、磁気-、電位-、発電-、弗打-、益士-、熱光-、通電- | -電源、-振子、-電信、-電機、-汽機、-濃率、-電池、-電溜、-電堆、-電杯、-電鑰、-磁針、-電圏、-電探、-放電 |

「出典なし」の語基が造語数2語以上のものが前後語基を問わず少なく、1語だけにとどまる語基が多い。清末に至っても、電気領域で重要な概念を担う漢籍からの二字語基の重複率も低いということである。

「出典なし」の前後語基の中身を詳しく調べ、「電表、電池、電機、電溜、磁気」のような語基は二字語としても存在している。「白熱」のような前部二字語基が2+1型三字語の前部二字語基としても造語する。

### 4.4語基間の組み合わせ方式

以上のように、語基の出典によると、2+2型四字語には7種類の組み合わせるタイプがある。そのうち、「出典あり+出典なし」は最も多く13語あり、30.95%を占めている。次は「出典なし+出典なし」で、12語あり、28.57%を占めている。三番目は「出典なし+出典あり」で、7語あり、16.67%を占めている。四番目は「出典あり+出典あり」で4語あり、9.52%を占めている。五番目は「新義あり+出典なし」で、3語あり、7.14%を占めている。六番目は「出典あり+新義あり」で、2語

あり、4.76%を占めている。最後は「出典なし＋新義あり」で1語あり、2.38%を占めている。ここでは「出典あり＋出典なし」、「出典なし＋出典なし」を取り上げる。

（1）出典あり＋出典なし

倍力電表、玻璃電気、不変電源、触接電気、単線電報、火花放電、金箔電探、熱光電灯、松香電気、無定磁針、無定電表、自感電溜、自感電圏

（2）出典なし＋出典なし

白熱電灯、玻片電機、電気濃率、電気容量、電気振子、電位容量、発電汽機、弗打電池、摩斯電報、摩斯電鑰、倭特電杯、倭特電堆

### 4.5 本節のまとめ

20世紀初頭清末資料から56語の四字語電気用語を抽出した。このうち、2+2型四字語、3+1型四字語、1+3型四字語がある。語数が圧倒的に多く、42語の2+2型四字語を検討対象に、さらに、前後二字語基に分けて、それぞれの性質を見ていくことにした。検討した結果について次のようにまとめる。

（1）語基の造語力。その造語力を見た場合、造語数の多い語基がかなり少ない。造語数が減少するにつれ、当該の語基が逆に数を増す傾向が見られる。前部二字語基は1語基あたりの平均造語数が1.40語で、後部二字語基は1語基あたりの平均造語数が1.45語である。20世紀初頭清末資料において、2+2型四字語前後語基の造語力が共に強くない。前後二字語基の造語力が弱く、安定性が低いと考えられる。

（2）語基の品詞性と結合関係。品詞から言えば、前部二字語基の品詞性はババラエティーに富み、名詞性、動詞性、形容詞性、副詞性の語基もあるのに対して、後部二字語基は品詞性が単純で、名詞性、動詞性語基しかない。前部二字語基は名詞性語基、動詞性、形容詞性、副詞性の順序に並んでいる。名詞性語基が63.33%、動詞性語基が26.67%。後部二字語基は名詞性語基が89.66%を、動詞性語基が10.34%を占めてい

る。分類結果によると、20世紀初頭清末資料では連体修飾関係を結ぶ2+2型電気用語が多く、85.71%を占めている。

　（3）2+2型四字語の出典。2+2型四字語電気用語をそのまま漢籍で見つけた用例が一つもないので、新造語が多いということになる。前後二字語基に分けて、それぞれの出典を求めると、「出典あり」の前後二字語基はそれぞれ50.00%、24.14%を占めて、「新義あり」の前後二字語基はそれぞれ6.67%、6.90%を占め、「出典なし」の前後二字語基は43.44%、68.97%を占めている。「出典あり」の前部二字語基が多いのに対して、「出典なし」の後部二字語基はそれより多い。

　（4）2+2型四字語の組み合わせるタイプ。2+2型四字語において、「出典あり＋出典なし」は最も多く13語あり、30.95%を占めている。次は「出典なし＋出典なし」で、12語あり、28.57%を占めている。

　（5）影響関係。2+2型四字語のうち、「宣とのみ一致」の2+2型四字語は7.14%、「明とのみ一致」の2+2型四字語は23.87%、「単独使用」の2+2型四字語は69.05%を占めている。前後二字語基に分けて、「宣と明と一致」の前後二字語基はそれぞれ6.67%、3.45%を占めている。「宣とのみ一致」の前後二字語基はそれぞれ13.33%、3.45%を占めている。「明とのみ一致」の前後二字語基はそれぞれ16.67%、24.14%を占めている。「単独使用」の前後二字語基はそれぞれ63.33%、68.97%を占めている。語レベルも語基レベルも「単独使用」のものが多いということは先行資料からの影響を受けたが、それほど大きくないということである。

## 5.本章のまとめ

　本章では20世紀初頭清末資料から抽出された電気用語410語を中心に、形態別にそれぞれ結合関係、出典など語構成の面から考察した。その内容を以下のようにまとめる。

　（1）品詞性と造語力の関係。名詞、動詞は語だけでなく、構成成分の中心でもある。名詞性二字語は69.93%、動詞性二字語は30.07%を占め

ている。2+1型三字語において、名詞性、動詞性前部二字語基はそれぞれ35.71%、63.39%を占めている。2+2型四字語において、前後二字語基でも名詞性語基が多く、それぞれ63.33%、90.00%を占めている。動詞性語基は前後二字語基でそれぞれ26.67%、10.00%を占めている。

（2）結合関係と造語力の関係。連体修飾関係は各造語形式で主な結合関係である。二字語の場合では連体修飾関係を表す二字語は61.54%を占める。2+1型三字語は本来前部二字語基と後部一字語基が連体修飾関係を結ぶ造語形式である。2+2型四字語の場合では連体修飾関係を表すのは85.71%を占めている。2+1型三字語前部二字語基の場合では述客関係を表す前部二字語基は39.29%を占めている。連体修飾関係を結ぶ前部二字語基は28.57%を占めている。

（3）語基の位置と造語力の関係。造語力が多い語基は少なく、造語数が減少するにつれ、該当の語基が逆に数を増す傾向が見られる。二字語前部語基は平均造語数が1語基あたりに2.47語であるのに対し、後部語基が1.72である。2+1型三字語前部二字語基は平均造語数が1語基あたりに1.54語であるのに対し、後部一字語基は3.46語である。2+2型四字語前部語基は1語基あたりに平均造語数が1.40語であるのに対し、後部語基が1.45語である。ということは、二字語前部語基が造語の中心的な要素で、2+1型三字語、2+2型四字語は後部語基が中心的な要素である。

（4）出典と造語力の関係。語レベルから見れば、「出典なし」の語は二字語で72.54%、2+1型三字語で100%、2+2型四字語で100%を占めている。語基レベルから見れば、2+1型三字語では前部二字語基は「出典あり」の語基が17.86%、「新義あり」の語基が11.61%、「出典なし」の語基が70.54%を占めている。2+2型四字語は「出典あり」の前後二字語基が50.00%、24.14%を占めている。「新義あり」の前後二字語基が6.67%、6.90%を占めている。「出典なし」の前後二字語基が43.33%、68.97%を占めている。20世紀初頭清末資料で語レベルは新造語が多い、それに「出典あり」の前部二字語基語基が多いのに対して、「出典なし」の後部二字語基が多い。

（5）語基間の組み合わせと造語力の関係。語基の出典と造語力により、2+1型三字語において、造語の多いタイプは「出典なし＋造語機能と意味が変わらない」形式と「出典なし＋造語機能が変わり、意味が変わらない」形式である。2+2型四字語において、造語の多い形式は「出典あり＋出典なし」と「出典なし＋出典なし」である。

（6）影響関係。語レベルから見れば、20世紀初頭清末資料で「宣と明と一致」「宣とのみ一致」「明とのみ一致」「単独使用」の二字語電気用語はそれぞれ18.31%、21.13%、21.83%、38.73%を占めている。「宣と明と一致」「宣とのみ一致」「明とのみ一致」「単独使用」2+1型三字語はそれぞれ2.89%、5.78%、27.17%、64.16%を占めている。「宣とのみ一致」、「明とのみ一致」、「単独使用」の2+2型四字語はそれぞれ7.14%、23.81%、69.05%を占めている。語基レベルから見れば、「宣と明と一致」「宣とのみ一致」「明とのみ一致」「単独使用」の2+1型三字語前部二字語基はそれぞれ6.25%、14.29%、30.36%、49.11%を占めている。「単独使用」の後部一字語基は22.00%を占めている。2+2型四字語において、「宣と明と一致」の前後二字語基はそれぞれ6.67%、3.45%を占めている。「宣とのみ一致」の前後二字語基はそれぞれ13.33%、3.45%を占めている。「明とのみ一致」の前後二字語基はそれぞれ16.67%、24.14%を占めている。「単独使用」の前後二字語基はそれぞれ63.33%、68.97%を占めている。語レベルから見れば、二字語が先行文献からの影響を大きく受けた。それは語の字数の増加につれて、影響力が逆に弱くなりつつある。

# 第六章　中日近代電気用語造語特徴の比較

　歴史言語学は言語を歴史に置いて研究することである。共時的な研究と異なり、歴史言語学は通時的な研究を主とする。羅仁地（2006）は「歴史言語学は言語形式の変化に重視する。言語形式を理解するには言語形式の由来を知る必要がある。（原文：历史语言学的着重点是语言形式的变化。但是我们如果要了解语言的形式，就必须要了解语言形式的来源①）」と指摘した。したがって、言語の変遷を知るために、本章は比較法を利用して、電気用語の語構成を比較する。

　本書において第二章、第三章、第四章、第五章でそれぞれ蘭学資料、清末在華宣教師資料、明治資料、20世紀初頭清末資料における電気用語の語構成特徴を検討した。それを踏まえて、語彙史からみる中日近代電気用語の造語上の特徴が本章の重点となっている。

## 1.造語形式から見る中日近代電気用語

　蘭学資料、清末在華宣教師資料、明治資料、20世紀初頭清末資料から抽出された二字語、三字語、四字語の数をまとめてみると、以下のようになる。

---

① 罗仁地.历史语言学与语言类型学.北京大学学报，2006（2）：27-30

表6-1　中日近代電気用語発展の動き

| 造語形態 ＼ 資料 | | 中国側資料 | | 日本側資料 | |
|---|---|---|---|---|---|
| | | 清末在華宣教師資料 | 20世紀初頭清末資料 | 蘭学資料 | 明治資料 |
| 二字語 | | 133（38.44） | 143（34.88） | 39（56.52） | 92（35.80） |
| 三字語 | 2+1型 | 120（34.68） | 173（42.20） | 17（24.64） | 103（40.08） |
| | 1+2型 | 30（8.67） | 38（9.27） | 6（8.70） | 23（8.95） |
| 四字語 | 2+2型 | 21（6.07） | 42（10.24） | 2（2.90） | 33（12.84） |
| | 3+1型 | 37（10.69） | 12（2.93） | 5（7.25） | 6（2.34） |
| | 1+3型 | 5（1.45） | 2（0.49） | 0 | 0 |
| 合計 | | 346 | 410 | 69 | 257 |

（1）二字語の動向

　抽出語の数から見ると、二字語は蘭学資料で5割を超えているが、清末在華宣教師資料、明治資料、20世紀初頭清末資料での割合はいずれも4割を超えていない。中国側は二字語電気用語は清末在華宣教師資料では38.44%を占めて、20世紀初頭清末資料では34.88%を占めている。日本側は蘭学資料では56.52%を占めているが、明治資料は35.80%だけ占めて、約20%下がっている。二字語電気用語の割合が下がるということは、近代日本で二字語電気用語は新語の主な造語形式ではないということである。割合も下がるということは近代中国でも日本と同じように、二字語が新語の主な造語形式ではないといえる。つまり、近代に至って、中日二字語電気用語が同じ傾向を示している。

（2）三字語の動向

　三字語電気用語は清末在華宣教師資料では150語あり、43.35%を占め、20世紀初頭清末資料では211語あり、51.47%を占めている。また蘭学資料で23語あり、33.34%を占め、明治資料では126語あり、49.03%を占めている。ということは三字語電気用語が蘭学資料で非主要な造語形式から明治資料で主要な造語形式へと転換したということである。三字語が清末在華宣教師資料、20世紀初頭清末資料では主要な造語形

式であるということも分かる。すくなくとも、清末在華宣教師は2+1型三字語、1+2型三字語という派生的な造語法を利用して、多くの新語を造る。

　三字語は2+1型と1+2型に分けられている。2+1型三字語が清末在華宣教師資料で34.68%を占め、20世紀初頭清末資料で42.20%を占めている。蘭学資料で24.64%を占め、明治資料では40.08%を占めている。1+2型の三字語は清末在華宣教師資料で8.67%を占め、20世紀初頭清末資料では9.27%を占めて、また蘭学資料で8.70%を占め、明治資料で8.95%を占めている。データから見ると、近代中日両国で2+1型三字語はいずれも1+2型三字語より多く、2+1型三字語が新語を造る際、活発な造語形式であることを示している。

（3）四字語の動向

　四字語電気用語は清末在華宣教師資料で18.21%を占めて、20世紀初清末期で13.66%を占めて、蘭学資料で10.15%を占めて、明治資料で15.18%を占めている。近代日本では四字語電気用語の割合が逐次高まっているが、近代中国では低下している。ということは日本で四字語電気用語が次第に新語創造に役割を果していることを示している。

　四字語は2+2型、3+1型、1+3型に分類されている。蘭学資料、明治資料に1+3型四字語がない。しかし、2+2型四字語は清末在華宣教師資料で6.07%、20世紀初頭清末資料で10.24%を占めて、蘭学資料で2.90%を占め、明治資料で12.84%を占めている。一方、3+1型四字語は清末在華宣教師資料で10.69%を占めて、20世紀初頭清末資料で2.93%を占めて蘭学資料で7.25%を占めて、明治資料で2.34%を占めている。1+3型四字語は清末在華宣教師資料で1.45%を占め、20世紀初頭清末資料で0.49%を占めている。2+2型四字語は近代中日両国で割合が逐次に高くなる。つまり、2+2型四字語は近代中日両国で3+1型四字語、1+3型四字語より新語を造りやすい四字語形式である。

　以上のように、日本から電気用語を大量に導入する前に、清末在華宣教師は2+1型或いは1+2型という派生造語法を利用して、多くの新語を

造った。また、この派生造語法を四字語に類推し、1+3型四字語、3+1型四字語も多く造った。一方、20世紀初頭清末資料には2+2型四字語という二字語を語基としている造語法と、清末在華宣教師からの影響を受けた1+3型四字語という造語形式がある。

## 2.二字語電気用語の比較

蘭学資料、清末在華宣教師資料、明治資料、20世紀初頭清末資料からそれぞれ二字語を39語、133語、92語、143語抽出した。造語力、品詞、結合関係、出典という四つの面から比較を行う。

### 2.1語基造語力の比較

造語力の考察をとおし、二字語電気用語の中心的な造語要素が分かるようになる。蘭学資料、清末在華宣教師資料、明治資料、20世紀初頭清末資料からの二字語電気用語が中核を担う語基を比較する。

表6-2　中日資料における二字語の語基造語力の比較

| 資料／語基位置 | 中国側資料 | | 日本側資料 | |
|---|---|---|---|---|
| | 清末在華宣教師資料 | 20世紀初頭清末資料 | 蘭学資料 | 明治資料 |
| 前部語基 | 2.51 | 2.47 | 1.15 | 1.77 |
| 後部語基 | 1.82 | 1.72 | 1.86 | 1.67 |

表6-2で分かるように、蘭学資料では後部語基が中核を担うのに対し、清末在華宣教師資料、明治資料、20世紀初頭清末資料では前部語基が中核を担う。即ち、語基の位置が造語力との関係を考察した。ここでは造語3語以上語を集め、以下のようにまとまる。

表6-3　中日資料における3語以上を造つた語基

| 資料／語基 | 中国側資料 | | 日本側資料 | |
|---|---|---|---|---|
| | 清末在華宣教師資料 | 20世紀初頭清末資料 | 蘭学資料 | 明治資料 |
| 前部語基 | 電−、相−、吸−、陽−、陰−、磁−、流−、摂−、阻−、化−、牽−、推− | 電−、磁−、正−、相−、負−、分−、流−、感−、化−、引− | 導− | 電−、磁−、傳−、導−、聚− |
| 後部語基 | −電、−力、−極、−気、−線、−引、−路、−吸、−摩 | −電、−力、−極、−引、−斥、−線、−攏、−灯、功、−路、−器、−体 | −力、−極、−体 | −極、−力、−線、−斥、−灯、−電、−流 |

　清末在華宣教師資料、明治資料、20世紀初頭清末資料という3種資料で造語が3語以上造った前部語基は同時に「電−、磁−」を含む。電気学という分野における用語を考察するゆえに、「電−、磁−」の造語が多いのは当然のことである。蘭学資料、清末在華宣教師資料、明治資料、20世紀初頭清末資料といった4種資料で同時に造語されている後部語基が「−力、−極」である。

## 2.2 語構成の比較

　二字語電気用語は二つの一字語基からなる複合語であるという語構成意識がかなり薄れているようだが、中日近代電気用語比較対照研究は内部構造に基づいた分析が求められるので、二字語の前後語基間の関係を比較する。

表6-4　中日資料における二字語電気用語品詞の比較

| 資料／品詞 | 中国側資料 | | 日本側資料 | |
|---|---|---|---|---|
| | 清末在華宣教師資料 | 20世紀初頭清末資料 | 蘭学資料 | 明治資料 |
| 名詞 | 80（60.15） | 100（69.93） | 27（69.23） | 54（58.70） |
| 動詞 | 53（39.85） | 43（30.07） | 12（30.77） | 38（41.30） |

　中国側の清末在華宣教師資料、20世紀初頭清末資料、日本側の蘭学

資料、明治資料において、二字語電気用語が一般的に名詞性と動詞性の語である。特に、名詞性二字語電気用語が優勢に立っている。ついでに動詞性二字語である。朱京偉（2015）では蘭学資料における二字語の品詞は本書電気用語の品詞ラングと同じように、名詞二字語が74.8%、動詞二字語が23.7%、形容詞二字語が1.5%を占めている。したがって、電気学においても、名詞、動詞は造語の多い品詞である。

　二字語は前後語基がどういう組立を持っているかということを考察する。蘭学資料、清末在華宣教師資料、明治資料、20世紀初頭清末資料という4種資料で二字語電気用語前後語基の結合関係を以下のようにまとめる。

表6-5　中日資料における二字語結合関係の比較

| 資料 修飾関係 | 中国側資料 | | 日本側資料 | |
|---|---|---|---|---|
| | 清末在華宣教師資料 | 20世紀初頭清末資料 | 蘭学資料 | 明治資料 |
| 連体修飾関係 | 77（57.89） | 88（61.54） | 26（66.67） | 52（56.52） |
| 並列関係 | 29（21.80） | 20（13.99） | 8（20.51） | 21（22.83） |
| 連用修飾関係 | 19（14.29） | 21（14.69） | 0 | 11（11.96） |
| 述客関係 | 5（3.79） | 10（6.99） | 2（5.13） | 7（7.61） |
| 主述関係 | 3（2.26） | 2（1.40） | 0 | 1（1.09） |
| 述補関係 | 0 | 0 | 1（2.56） | 0 |
| 客述関係 | 0 | 2（1.40） | 2（5.13） | 0 |

　朱京偉（2015）では蘭学資料における二字語の前後語基の結合関係について、連体修飾関係は73.7%、連用修飾関係は11.3%、並列関係は9%、述客関係は2.3%、主述関係は0.4%と記している。朱氏（2015）と同じ結果となって、連体修飾関係、並列関係、連用修飾関係は二字語電気用語の主な統語関係となっている。ここで連体修飾関係、並列関係、連用修飾関係を取り上げる。

（1）連体修飾関係の動向

連体修飾関係は清末在華宣教師資料で57.89%を占めて、20世紀初頭清末資料で61.54%を占めて、蘭学資料で66.67%を占めて、明治資料で56.52%を占めている。明治資料では連体修飾関係を結んだ二字語電気用語が減ったのはほかの関係を結んだ二字語が多くなったのである。近代日本では電気用語の結合関係が多様化している。連体修飾関係は日本でも中国でも造語中、よく使われる結合関係である。

（2）並列関係の動向

並列関係は清末在華宣教師資料で21.80%を占めて、20世紀初頭清末資料で13.99%を占めている。蘭学資料で20.51%を占めて、明治資料で22.83%を占めている。20世紀初頭清末資料で並列関係を結んだ二字語は清末在華宣教師資料と比べ、7.28%ぐらい下がのはほかの結合関係が現れたからである。日本側ではほぼ同じ比例である。

（3）連用修飾関係の動向

連用修飾関係は清末在華宣教師資料で14.29%を占めて、20世紀初頭清末資料で14.69%を占めて、蘭学資料で0%で、明治資料で11.96%を占めている。連用修飾関係を結ぶ二字語電気用語は日本でも、中国でも多くなる一方で、特に日本側が多い。語基間の統語関係が多様化になったので、多くの電気用語が造り出されたわけである。

以上のように、4種資料において、新語を造る際、前後語基をどのように組み合わせるのかを知るために、語基間の統語関係を考察した。連体修飾関係は4種資料で生産性が高い結合関係である。ついでに、並列関係、連用修飾関係である。述客関係、主述関係、述補関係、客述関係は生産性の低い統語関係である。

### 2.3 出典の比較

蘭学資料、清末在華宣教師資料、明治資料、20世紀初頭清末資料における二字語電気用語は中国漢籍との関係、それで、先行文献との関係も考察した。ただ、朱京偉（2013）では「蘭学資料の用例が清末在華宣

教師資料のそれより時期が早いからといって、蘭学資料から清末在華宣教師資料へ伝わると考えるのは不適切である。」と指摘した。同時に「蘭学資料と清末在華宣教師資料で共通に見られるとはいえ、互いに影響関係にあるというより、蘭学資料と清末在華宣教師資料がともに古い漢籍にある既存語から影響をうけたと考えるのが自然である。」とさらに説明した。朱氏（2015）では「圧力」のような蘭学資料でも、清末在華宣教師資料でも見つかった語が日中両国で別々に造られ、語形が偶然に一致したものも認められた。したがって、本書は蘭学資料、清末在華宣教師資料の間で一致する用語を考察せず、それは数量が少なく、偶然の発見だと考えられる。ところで、まず出典状況を見てみる。

表6-6　中日資料における二字語電気用語出典の比較

| 出典＼資料 | 中国側資料 | | 日本側資料 | |
|---|---|---|---|---|
| | 清末在華宣教師資料 | 20世紀初頭清末資料 | 蘭学資料 | 明治資料 |
| 出典あり | 46（34.59） | 24（16.90） | 16（41.02） | 21（22.83） |
| 新義あり | 18（13.53） | 15（10.56） | 4（10.26） | 7（7.61） |
| 出典なし | 69（51.88） | 104（72.54） | 19（48.72） | 64（69.57） |

　清末在華宣教師資料、20世紀初頭清末資料、蘭学資料、明治資料における二字語電気用語はいずれも「出典なし」の語が多い。「出典なし」の語が言い換えれば「新造語」或いは「新語」ともいえる。清末在華宣教師資料で「出典なし」の語が52.27%、20世紀初頭清末資料で「出典なし」の語が72.54%に上っている。蘭学資料において、「出典なし」の語が48.72%を占めて、明治資料において、「出典なし」の語が69.57%に達して、中日両国で新（造）語の割合があがる一方となる。つまり、「出典あり」の二字語電気用語を使うより新しい概念に対応する新（造）語を使うのは便利である。

### 2.4影響関係の比較

本書は主に明治資料が蘭学資料、清末在華宣教師資料に与えられた影響関係、20世紀初頭清末資料が清末在華宣教師資料、明治資料との影響関係を考察した。それを以下のようにまとめる。

表6-7　明・清における二字語の影響関係の比較

| 明治資料 | | 20世紀初頭清末資料 | |
|---|---|---|---|
| 蘭と宣と一致 | 8（8.70） | 宣と明と一致 | 26（18.31） |
| 蘭とのみ一致 | 9（9.78） | 宣とのみ一致 | 30（21.13） |
| 宣とのみ一致 | 16（17.39） | 明とのみ一致 | 31（21.83） |
| 単独使用 | 59（64.13） | 単独使用 | 56（38.73） |

明治資料における「単独使用」の二字語電気用語は64.13%になるのに対して、20世紀初頭清末資料における「単独使用」の二字語電気用語は38.73%しかない。言い換えれば、明治資料では新造語が多い代わりに、20世紀初頭清末資料では新造語が少なく、いままでの既存語を多く利用する。

それに、第四章で考察したように、明治資料で清末在華宣教師資料と偶然に語形が一致する二字語が多い。したがって、二字語電気用語について、明治資料は蘭学資料、清末在華宣教師資料からの影響が小さいのに対して、20世紀初頭清末資料は清末在華宣教師資料、明治資料からの影響が大きいといえる。

### 2.5本節のまとめ

本節では蘭学資料、清末在華宣教師資料、明治資料、20世紀初頭清末資料における二字語電気用語を造語力、品詞、結合関係、出典状況から比較した。以下のようにまとめる。

（1）語基の位置と造語力の関係。清末在華宣教師資料、明治資料、20世紀初頭清末資料において、前部語基は後部語基より造語力が強く、生

産性の高い語基は前部語基である。蘭学資料においては、逆になり、後部語基は前部語基より造語力が強くなり、生産性の高い語基は後部語基になる。

（2）品詞性と造語力の関係。4種資料における二字語電気用語は名詞性と動詞性二字語がある。しかも、名詞性二字語電気用語が動詞性より多い。

（3）結合関係と造語力の関係。4種資料で連体修飾関係を結ぶ二字語電気用語が圧倒的に多い。20世紀初頭清末資料で連用修飾関係を結んだ二字語電気用語は並列関係を結んだ二字語電気用語より多いことは二字語内部構造が複雑化しているといえる。とくに、「名＋動」タイプは名詞化になりやすい。20世紀初頭清末資料では客述関係を結んだ二字語電気用語が出てきた。明らかに、日本語の影響を受けたのである。

（3）出典と造語力の関係。電気用語の出典状況から4資料における電気用語の造語方法を考察した。4種資料でも「出典なし」の語が多い。「出典あり」の二字語電気用語は中国漢籍からのものとはいえ、普遍性と定着性が欠けるので、電気領域の中心語彙にならなかったのである。それに、資料ごとに、減りつつある。かえって、「出典なし」の二字語電気用語は資料ごとに、増えつつある。「新義あり」の二字語電気用語は語基の意味変化により語全体に意味変化をもたらす。つまり、中国古典からの既存語を利用するより新語を造る方法を利用している。

（4）影響関係。明治資料における「単独使用」の二字語電気用語は64.13％になっているのに対して、20世紀初頭清末資料における「単独使用」の二字語電気用語は38.73％しかない。重複した電気用語数からみれば、明治資料は蘭学資料、清末在華宣教師資料からの影響が小さいのに対して、20世紀初頭清末資料は清末在華宣教師資料、明治資料からの影響が大きいといえる。それに、結合関係も清末在華宣教師資料、明治資料の影響を受けた。

## 3. 2+1型三字語電気用語の比較

蘭学資料、清末在華宣教師資料、明治資料、20世紀初頭清末資料には2+1型三字語がそれぞれ17語、120語、103語、173語がある。前後語基の造語力、前部二字語基の品詞性と結合関係、出典から比較する。

### 3.1語基造語力の比較

二字語のように2+1型三字語を前部二字語基と後部一字語基に分けて、語の中核を担う造語の中心語基を比較する。

表6-8　中日資料における2+1型三字語の語基造語力の比較

| 資料<br>語基位置 | 中国側資料 | | 日本側資料 | |
|---|---|---|---|---|
| | 清末在華宣教師資料 | 20世紀初頭清末資料 | 蘭学資料 | 明治資料 |
| 前部二字語基 | 1.64 | 1.54 | 2.13 | 1.61 |
| 後部一字語基 | 2.86 | 3.46 | 1.42 | 2.90 |

中日両側資料における前部二字語基と後部一字語基の造語力について蘭学資料の中心語基が前部二字語基であるのに対して、清末在華宣教師資料、明治資料、さらには20世紀初頭清末資料でも後部一字語基が中心語基になる。朱京偉（2011）では蘭学資料医学、天文歴算学における後部一字語基の造語力は7語になるのに対して、本書は電気用語を中心にした2+1型三字語後部一字語基の造語力は1.42語のみである。ここからみれば、蘭学時代において、2+1型三字語という派生造語法は電気領域でまだ未発達の状態だといえる。表によると、日本では明治時代に入ってから、電気用語が徐々に豊富になっていき、2+1型三字語後部一字語基が新語を造る際、中核を担う語基になる。中国側で清末在華宣教師資料では後部一字語基による造語がすでに系統性が揃ったといえる。つまり、在華宣教師は後部一字語基を中心にする派生造語法を利用して、多くの電気用語を造った。20世紀初頭清末資料における2+1型三字語は

後部一字語基の造語力が一層強くなる。

### 3.2 前部二字語基の語構成の比較

蘭学資料、清末在華宣教師資料、明治資料、20世紀初頭清末資料という4種資料における2+1型三字語電気用語は前部二字語基と後部一字語基が基本的に連体修飾関係を結ぶ。中日2+1型三字語電気用語の語構造をよりよく理解するために、前部二字語基の品詞性、結合関係を比較する。

表6-9　中日資料における前部二字語基品詞の比較

| 品詞＼資料 | 中国側資料 | | 日本側資料 | |
|---|---|---|---|---|
| | 清末在華宣教師資料 | 20世紀初頭清末資料 | 蘭学資料 | 明治資料 |
| 動詞性 | 37（50.68） | 71（63.39） | 3（37.50） | 46（71.88） |
| 名詞性 | 34（46.58） | 40（35.71） | 5（62.50） | 17（26.56） |
| 形容詞性 | 2（2.74） | 1（0.89） | 0 | 1（1.56） |

2+1型三字語は造語成分としての前部二字語基が動詞性語基が名詞性語基より多い。形容詞性二字語電気用語はない状態から形容詞性二字語基があるようになる。中国側では動詞性前部二字語基が多い動きであるのに対して、日本側では蘭学資料と明治資料は違う状況になる。朱京偉（2011a）（2011b）では蘭学資料と清末在華宣教師資料では前部二字語基は名詞性語基が多いと指摘した。本書では蘭学資料において同じように、名詞性前部二字語語基が多い。清末在華宣教師資料では動詞性前部二字語基が優勢に立っていることが分かった。清末在華宣教師資料では動詞性二字語基が小差で一位を占めている。明治資料と20世紀初頭清末資料では動詞性二字語基が他の品詞より遥かに多いので、20世紀初頭清末資料では明治資料からの影響が造語成分の二字語基までに及ぼされた。

2+1型三字語は基本的に連体修飾関係を結ぶ派生的な造語である。内

部構造を明らかにするために、前後語基がどういう組立を持っているか
ということを考察した。蘭学資料、清末在華宣教師資料、明治資料、20
世紀初頭清末資料という4種資料で前部二字語基の結合関係を以下のよ
うにまとめる。

表6-10　中日資料における2+1型三字語前部二字語基結合関係の比較

| 資料 \ 修飾関係 | 中国側資料 | | 日本側資料 | |
|---|---|---|---|---|
| | 清末在華宣教師資料 | 20世紀初頭清末資料 | 蘭学資料 | 明治資料 |
| 述客関係 | 29（39.73） | 44（39.29） | 2（25.00） | 22（34.38） |
| 連体修飾関係 | 29（39.73） | 32（28.57） | 4（50.00） | 14（21.88） |
| 連用修飾関係 | 4（5.48） | 14（12.50） | 0 | 6（9.38） |
| 並列関係 | 4（5.48） | 10（8.93） | 1（12.50） | 18（28.13） |
| 主述関係 | 3（4.11） | 4（3.57） | 0 | 2（3.13） |
| 音訳 | 4（5.48） | 6（5.36） | 1（12.50） | 2（3.13） |
| 客述関係 | 0 | 1（0.89） | 0 | 0 |
| 述補関係 | 0 | 1（0.89） | 0 | 0 |

　朱京偉（2011a）では蘭学資料における2+1型三字語前部二字語語基
の結合関係について、主な結合関係は連体修飾関係は35.6%、並列関係
29.2%、連用修飾関係は8.84%と記している。朱氏（2011b）は清末在華
宣教師資料における2+1型三字語前部二字語語基の結合関係について、
主な結合関係は連体修飾関係は57.5%、並列関係11.2%、連用修飾関係
は3.00%と記している。

　本書は前部二字語基の結合関係がそのような結果となって、述客関
係、連体修飾関係、並列関係、連用修飾関係は二字語基の主な語構造と
なっている。

（1）述客関係の動向

　述客関係を結ぶ前部二字語基は清末在華宣教師資料では39.73%を
占めて、20世紀初頭清末資料では39.29%を占めている。蘭学資料で

25.00%を占め、明治資料で34.38%を占めている。述客関係を結ぶ二字
語は語より短文と認めるものが多いが、述客関係を結ぶ前部二字語基は
後部一字語基と組み合わせ、三字語になる。中国側では清末宣教師資料
における述客関係を結ぶ二字語より述客関係を結ぶ二字語基の割合が上
がるようになる。清末宣教師資料、20世紀初頭清末資料における述客
関係を結ぶ前部二字語基の割合はたいてい同じであることは宣教師が電
気用語の創出への姿から見える。

（2）連体修飾関係の動向

　連体修飾関係を結ぶ前部二字語基は清末在華宣教師資料で39.73%、
20世紀初頭清末資料で28.57%を占めている。蘭学資料で50.00%を、明
治資料で21.88%占めている。連体修飾関係を結ぶ前部二字語基の割合
は中国でも日本でも下がる一方であることは明らかである。それは2+1
型三字語の内部構造が複雑化、繊細化になる証である。

（3）連用修飾関係の動向

　連用修飾関係を結ぶ前部二字語基は中国側では清末在華宣教師資料
で5.48%を占めて、20世紀初頭清末資料で12.50%を占めている。日本
側では蘭学資料で0%、明治資料では9.38%を占めている。連用修飾関
係を結ぶ前部二字語基は日本でも、中国でも多くなる一方である。連
用修飾関係を結ぶ前部二字語基は主に、名+動、動+動、形+動という
三つのタイプに集まっている。特に、名+動の構造が意味合いが複雑で
ある。

（4）並列関係の動向

　並列関係を結ぶ前部二字語基は中国側では清末在華宣教師資料で
5.48%を占めて、20世紀初頭清末資料で8.93%を占めている。日本側で
は蘭学資料で12.50%を占めて、明治資料で28.13%を占めている。並
列関係を結ぶ前部二字語基の割合が中国でも、日本でもあがる一方で
ある。

　以上のように、4種資料において、新語を造る際、前部二字語基をど
のように組み合わせるのか、つまり語基間の統語関係を考察した。述客

関係、連体修飾関係は4種資料で生産性が高い結合関係である。ついで
に、並列関係、連用修飾関係である。客述関係、主述関係、述補関係は
生産性の低い統語関係である。連体修飾関係は二字語だけでなく、2+1
型三字語前部二字語基で生産性の高い統語関係である。

### 3.3 出典の比較

本書は2+1型三字語と前部二字語基の出典状況を考察した。本節では
それぞれ比較する。

蘭学資料、清末在華宣教師資料、明治資料、20世紀初頭清末資料に
おける2+1型三字語は中国漢籍との関係、それで、先行文献との関係も
考察した。二字語と同じような方法に従った。

表6-11　中日資料における2+1型三字語出典の比較

| 出典＼資料 | 中国側資料 | | 日本側資料 | |
|---|---|---|---|---|
| | 清末在華宣教師資料 | 20世紀初頭清末資料 | 蘭学資料 | 明治資料 |
| 出典あり | 1（0.83） | 0 | 0 | 0 |
| 新義あり | 0 | 0 | 0 | 0 |
| 出典なし | 119（99.17） | 173（100） | 17（100） | 103（100） |

中日側資料における2+1型三字語電気用語はいずれも「出典なし」の
語が多い。「出典なし」の語を言い換えれば「新造語」或いは「新語」と
いえる。「新（造）語」が4種資料で絶対的な優勢に立っている。蘭学
資料、明治資料、20世紀初頭清末資料において、「出典なし」の語が
100％に達している。中日両国で新（造）語の比例があがる一方である。
前後語基に分けて、前部二字語基と後部一字語基出典の比較を以下のよ
うにまとめる。

表6-12　中日資料における2+1型三字語前部二字語基出典の比較

| 資料<br>出典 | 中国側資料 | | 日本側資料 | |
|---|---|---|---|---|
| | 清末在華宣教師資料 | 20世紀初頭清末資料 | 5（62.50） | 明治資料 |
| 出典あり | 18（24.66） | 20（17.86） | 0 | 17（26.56） |
| 新義あり | 12（16.44） | 13（11.61） | 3（32.50） | 7（10.94） |
| 出典なし | 43（58.90） | 79（70.54） | 5（62.50） | 40（62.50） |

　前部二字語基の方も三字語の出典状況と比べ、ほとんど同じで、「出典なし」の語基が多い。「出典なし」の語基を言い換えれば「新造語基」といえる。蘭学資料以外に、「新造語基」が絶対的な優勢に立っている。清末在華宣教師資料で「出典なし」の語基が58.33%、20世紀初頭清末資料で「出典なし」の語基が70.54%に達している。蘭学資料において、「出典なし」の語基が32.50%だけ占めている。明治資料で、「出典なし」の語基が62.50%に上がる。中日両国で新造語基の割合もあがる一方になる。前部二字語基は2+1型三字語と同じ動きを示している。ただ、前部二字語基の出典から見れば、蘭学資料では中国古典と深い関係を持っている。

　「出典なし」の前部二字語基が量的に多く、造語力も強い。後部一字語基は意味と造語機能により以下のようにまとめる。

表6-13　中日資料における2+1型三字語後部一字語基造語機能と意味の比較

| 機能・意味 | 資料 | 中国側資料 | | 日本側資料 | |
|---|---|---|---|---|---|
| | | 清末在華宣教師資料 | 20世紀初頭清末資料 | 蘭学資料 | 明治資料 |
| 造語機能が変わらない語基 | 意味が変わる語基 | 1（2.38） | 1（2.00） | 0 | 1（2.86） |
| | 意味が変わらない語基 | 20（47.62） | 21（42.00） | 5（41.67） | 12（34.29） |
| 造語機能が変わる語基 | 意味が変わる語基 | 2（4.76） | 1（2.00） | 3（25.00） | 2（5.71） |
| | 意味が変わらない語基 | 19（45.24） | 27（54.00） | 4（33.33） | 20（57.14） |

　造語機能と意味により、後部一字語基の性質は各資料において状況が違う。　以上から見れば、いずれの資料において、造語機能が変わり、意味が変わらない語基と造語機能も意味も変わらない語基が多い。中国側も、日本側も、造語機能も意味も変わらない後部一字語基の数は減りつつある代わりに、造語機能が変わり、意味が変わらない後部一字語基の数は増えている。つまり、中国古典からの意味を利用して、派生的な造語法で、2+1型三字語を多く造り出した。

### 3.4 語基間の組み合わせ方式の比較

　蘭学資料、清末在華宣教師資料、明治資料、20世紀初頭清末資料における2+1型三字語は前後語基の出典により、どのように組み合わせるのか、比較をしながら、異なる資料における電気用語の造語方式の特徴を明らかにする。4種資料において、12種の組み合わせ方式がある。次のようにまとめる。

表6-14　中日資料における2+1型三字語造語方式の比較

| 組み合わせ方式 ＼ 資料 | 中国側資料 | | 日本側資料 | |
|---|---|---|---|---|
| | 清末在華宣教師資料 | 20世紀初頭清末資料 | 蘭学資料 | 明治資料 |
| 出典なし+造語機能と意味が変わらない | 51（42.50） | 64（36.99） | 4（23.53） | 38（36.89） |
| 出典なし+造語機能が変わり、意味が変わらない | 30（25.00） | 61（35.26） | 2（11.76） | 29（28.16） |
| 出典あり+造語機能と意味が変わらない | 16（13.33） | 20（11.56） | 3（17.65） | 17（16.50） |
| 新義あり+造語機能と意味が変わらない | 8（6.67） | 7（4.05） | 0 | 3（2.91） |
| 新義あり+造語機能が変わり、意味が変わらない | 5（4.17） | 14（8.09） | 0 | 6（5.83） |
| 出典あり+造語機能が変わり、意味が変わらない | 3（2.50） | 2（1.16） | 4（23.53） | 3（2.91） |
| 出典あり+造語機能が変わらない、意味が変わる | 2（1.67） | 0 | 0 | 0 |

続表

| 資料<br>組み合わせ方式 | 中国側資料 | | 日本側資料 | |
|---|---|---|---|---|
| | 清末在華宣教師<br>資料 | 20世紀初頭清末資料 | 蘭学資料 | 明治資料 |
| 出典なし＋造語機能と意味が変わる | 2（1.67） | 2（1.16） | 2（11.76） | 5（4.85） |
| 出典あり＋造語機能と意味が変わる | 2（1.67） | 0 | 2（11.76） | 0 |
| 出典なし＋造語機能が変わらない、意味が変わる | 1（0.83） | 3（1.73） | 0 | 1（0.97） |
| 新義あり＋造語機能と意味が変わる | 0 | 0 | 0 | 1（0.97） |

　造語機能が変わっても、意味が変わらない後部一字語基による造語が多い。中日両側でも資料において、「出典なし」の前部二字語基と「造語機能と意味が変わらない」後部一字語基との組み合わせ方式が造語の多い方式である。ここでは「出典なし＋造語機能と意味が変わらない」、「出典なし＋造語機能が変わり、意味が変わらない」という造語の多い組み合わせ方式を取り上げる。

　（1）出典なし＋造語機能と意味が変わらない

　「出典なし＋造語機能と意味が変わらない」という組み合わせ方式は4種資料でも造語が多い。中国側において、清末在華宣教師資料では42.50％で、20世紀初頭清末資料では36.99％を占めている。清末在華宣教師は中国で新語の創出に力を尽くした姿が見られる。電気用語に乏しい蘭学資料と比べ、明治資料における電気用語が多くなり、造語方式も多くなった。

　（2）出典なし＋造語機能が変わり、意味が変わらない

　「出典なし＋造語機能が変わり、意味が変わらない」という組み合わせ方式は中国側では、清末在華宣教師資料で25.00％、20世紀初頭清末資料では35.26％を占めている。20世紀初知識人は宣教師用語、日本語を取り入れるだけにとどまらず、新語の創出にも力を尽くした。蘭学資

料で11.76%を占めているのに対して、明治資料では28.16%、半分ぐらいの差がある。ここから見れば、明治時代電気用語の創出は中国古典との関係が薄くなる。

### 3.5影響関係の比較

本書は主に明治資料が蘭学資料、清末在華宣教師資料との影響関係、20世紀初頭清末資料が清末在華宣教師資料、明治資料との影響関係を考察した。まず明治資料、20世紀初頭清末資料で2+1型三字語の影響関係を以下のようにまとめる。

表6-15　明・清における2+1型三字語の影響関係の比較

| 明治資料 | | 20世紀初頭清末資料 | |
|---|---|---|---|
| | | 宣と明と一致 | 5（2.89） |
| 蘭と一致 | 3（2.91） | 宣とのみ一致 | 10（5.78） |
| 宣と一致 | 7（6.80） | 明とのみ一致 | 47（27.17） |
| 単独使用 | 93（90.29） | 単独使用 | 111（64.16） |

明治資料における「単独使用」の2+1型三字語電気用語は90.29%になっているのに対して、20世紀初頭清末資料における「単独使用」の2+1型三字語電気用語は64.16%しかない。言い換えれば、明治資料では新造語が多い代わりに、20世紀初頭清末資料では新造語がそれほど多くない。いままでの既存語を多く利用して、二字語電気用語より新造語が多くなっている。

それに、第三章で考察したように、明治資料で清末在華宣教師資料と偶然に語形が一致する二字語が多い。したがって、明治資料は蘭学資料、清末在華宣教師資料からの影響が小さいのに対して、20世紀初頭清末資料は清末在華宣教師資料、明治資料からの影響が比較的大きいといえる。前後語基に分けて前部二字語基と後部一字語基の影響関係を比較する。

表6-16　明・清における2+1型三字語前部二字語基影響関係の比較

| 明治資料 | | 20世紀初頭清末資料 | |
|---|---|---|---|
| | | 宣と明と一致 | 7（6.25） |
| 蘭と一致 | 2（3.13） | 宣とのみ一致 | 16（14.29） |
| 宣と一致 | 7（10.94） | 明とのみ一致 | 34（30.36） |
| 単独使用 | 55（85.94） | 単独使用 | 55（49.11） |

　明治資料における「単独使用」の前部二字語基は85.94％になっているのに対して、20世紀初頭清末資料における「単独使用」の前部二字語基は49.11％しかなっていない。言い換えれば、明治資料では新造語基が多い代わりに、20世紀初頭清末資料では新造語基がそれほど多くなく、いままでの既存語基を多く利用し、後部一字語基と組み合わせ、新語を造る。

　それに、第三章で考察したように、明治資料で清末在華宣教師資料と偶然に語形が一致する二字語基が多い。したがって、2+1型三字語のように、明治資料は蘭学資料、清末在華宣教師資料からの影響が小さいのに対して、20世紀初頭清末資料は清末在華宣教師資料、明治資料からの影響が大きいといえる。後部一字語基の影響関係を以下のようにまとめる。

表6-17　明・清における2+1型三字語後部一字語基影響関係の比較

| 明治資料 | | 20世紀初頭清末資料 | |
|---|---|---|---|
| 蘭と宣と一致 | 8（22.86） | 宣と明と一致 | 15（30.00） |
| 蘭とのみ一致 | 2（5.71） | 宣とのみ一致 | 12（24.00） |
| 宣とのみ一致 | 8（22.86） | 明とのみ一致 | 12（24.00） |
| 単独使用 | 17（48.57） | 単独使用 | 11（22.00） |

　明治資料における「単独使用」の後部一字語基は48.57％になっているのに対して、20世紀初頭清末資料における「単独使用」の後部一字

語基は22.00%にしかなっていない。言い換えれば、明治資料、20世紀初頭清末資料では新造する後部一字語基が少ない。これまでの既存語基を多く利用している。二種資料でも前部二字語基は後部一字語基より新造する語基が多い。ということは安定性の高い後部一字語基が新概念を担い、入れ替えが激しい前部二字語基と組み合わせて、新語を造る。

### 3.6本節のまとめ

本節では中日資料における2+1型三字語電気用語を造語力、品詞、結合関係、出典状況で比較した。以下のようにまとめる。

（1）語基の位置と造語力の関係。中国側においては清末在華宣教師資料、20世紀初頭清末資料で、後部一字語基は造語力が前部二字語基より強い。つまり、造語の中心的な要素は後部一字語基に集まってる。日本側においては明治資料で後部一字語基は造語力が強いのに対して、蘭学資料で逆に前部二字語基は造語力が強い。

（2）前部二字語基品詞性と造語力の関係。2+1型三字語は本来名詞性の語であるが、前後語基に分け、違う結果になっている。中日両側では動詞性、名詞性前部二字語基が多い。そして、清末在華宣教師資料、明治資料、20世紀初頭清末資料で形容詞性語基も出てきた。2+1型三字語内部構造が豊富、複雑化してきた。

（3）前部二字語基の結合関係と造語力の関係。2+1型三字語は前部二字語基と後部一字語基が基本的には連体修飾関係を結ぶ。しかし、前後語基に分けて、違う結果になっている。明治資料、20世紀初頭清末資料では述客関係を結ぶ前部二字語基は多い。蘭学資料では連体修飾関係を結ぶ前部二字語基が多い。清末在華宣教師資料では述客関係、連体修飾関係を結ぶ前部二字語基が同じように39.73%を占めている。

（3）出典と造語力の関係。電気用語の出典状況から中日資料における電気用語の造語方法も考察した。中日資料でも「出典なし」の2+1型三字語が多い。2+1型三字語を前後語基に分けて、その出典を考察した。「出典あり」の前部二字語基は中国漢籍からのものとはいえ、普遍性と

定着性が欠けるので、電気領域の中心語基にならなかったのである。それに、資料ごとに、減りつつある。かえって、「出典なし」の前部二字語基は資料ごとに、増えつつある。後部一字語基について、中日資料で造語機能も意味も変わらない語基と造語機能が変わり、意味が変わらない語基が多い。

（4）語基間の組み合わせ方式のと造語力の関係。中日資料では「出典なし＋造語機能と意味が変わらない」という組み合わせ方式による造語が多い。

（5）影響関係。明治資料における「単独使用」の2+1型三字語電気用語は90.29％になっているのに対して、20世紀初頭清末資料における「単独使用」の2+1型三字語電気用語は64.16％にしかなっていない。語基レベルから言えば、明治資料における「単独使用」の前部二字語基は85.94％になって、「単独使用」の後部一字語基は42.86％になっているのに対して、20世紀初頭清末資料における「単独使用」の前部二字語基は49.11％になって、「単独使用」の後部一字語基は24.00％にしかなっていない。つまり、語レベルから見れば、明治資料、20世紀初頭清末資料は先行文献からの影響がそれほど大きくなく、とくに明治資料は蘭学資料、清末在華宣教師資料からの影響が小さい。語基レベルから見れば、明治資料は蘭学資料、清末在華宣教師資料からの影響が小さい。20世紀初頭清末資料は清末在華宣教師資料、明治資料からの影響が比較的大きい。

## 4. 2+2型四字語電気用語の比較

蘭学資料、清末在華宣教師資料、明治資料、20世紀初頭清末資料には2+2型四字語がそれぞれ2語、21語、33語、42語がある。前後語基の造語力、品詞と結合関係、出典から比較する。

## 4.1 語基造語力の比較

2+1型三字語前後語基のように2+2型四字語を前部二字語基と後部二字語基に分けて、語の中核を担う語基を比較する。

表6-18　中日資料における2+2型四字語の語基造語力の比較

| 資料<br>語基位置 | 中国側資料 | | 日本側資料 | |
|---|---|---|---|---|
| | 清末在華宣教師資料 | 20世紀初頭清末資料 | 蘭学資料 | 明治資料 |
| 前部二字語基 | 1.24 | 1.40 | 1 | 1.27 |
| 後部二字語基 | 1.91 | 1.45 | 2 | 3 |

蘭学資料、清末在華宣教師資料、明治資料、20世紀初頭清末資料における前部二字語基と後部二字語基の造語力について、日本側では蘭学資料、明治資料の中核語基が後部二字語基である。中国側では清末在華宣教師資料では、中核語基が後部二字語基であるのに対して、20世紀初頭清末資料では前後二字語基の造語力がほとんど同じで後部二字語基がやや強い。

## 4.2 語構成の比較

蘭学資料、清末在華宣教師資料、明治資料、20世紀初頭清末資料という4種資料における2+2型四字語電気用語前後二字語基の品詞性、結合関係を比較する。

表6-19　中日資料における前後二字語基品詞の比較

| 資料<br>品詞 | | 中国側資料 | | 日本側資料 | |
|---|---|---|---|---|---|
| | | 清末在華宣教師資料 | 20世紀初頭清末資料 | 蘭学資料 | 明治資料 |
| 名詞性 | 前部語基 | 9（52.94） | 19（63.33） | 1（50.00） | 11（42.31） |
| | 後部語基 | 10（90.91） | 26（89.66） | 1（100） | 9（81.82） |
| 動詞性 | 前部語基 | 8（47.06） | 8（26.67） | 1（50.00） | 10（38.46） |
| | 後部語基 | 1（9.09） | 3（10.34） | 0 | 2（18.18） |

| 品詞 \ 資料 | | 中国側資料 | | 日本側資料 | |
|---|---|---|---|---|---|
| | | 清末在華宣教師資料 | 20世紀初頭清末資料 | 蘭学資料 | 明治資料 |
| 形容詞性 | 前部語基 | 0 | 2（6.67） | 0 | 1（1.56） |
| | 後部語基 | 0 | 0 | 0 | 0 |
| 副詞 | 前部語基 | 0 | 1（3.33） | 0 | 0 |
| | 後部語基 | 0 | 0 | 0 | 0 |

　表6-19を見てみると、蘭学資料、清末在華宣教師資料、明治資料、20世紀初頭清末資料といった4種資料で前部語基は品詞が豊富で、名詞、動詞、形容詞、副詞などの品性があるのに対して、後部語基は品詞が名詞、動詞に集中している。それに、後部語基は名詞性語基が多く、ついで、動詞性語基が二番目となる。前部動詞性語基は後部動詞性語基より割合が高い。形容詞性語基、副詞性語基は造語の際、活発ではなく、普通、語の前部にくる。日本側では蘭学資料より明治資料における語基品詞がバラエティーで、名詞性、動詞性語基は割合が低くなる。中国側でも名詞性前部語基の割合が高くなり、動詞性前部語基が低くなるのに対して、動詞性後部語基の割合が低くなり、名詞性語基が多くなる。

　2+2型四字語の語構造は前後語基がどういう組立を持っているかということを考察した。蘭学資料、清末在華宣教師資料、明治資料、20世紀初頭清末資料という4種資料で前後二字語基の統語関係を以下のようにまとめる。

表6-20　中日資料における2+2型四字語前後二字語基結合関係の比較

| 修飾関係 \ 資料 | 中国側資料 | | 日本側資料 | |
|---|---|---|---|---|
| | 清末在華宣教師資料 | 20世紀初頭清末資料 | 蘭学資料 | 明治資料 |
| 連体修飾関係 | 20（95.24） | 36（85.71） | 2（100） | 29（87.88） |
| 連用修飾関係 | 1（4.76） | 2（4.76） | 0 | 3（9.09） |
| 主述関係 | 0 | 2（4.76） | 0 | 0 |
| 客述関係 | 0 | 2（4.76） | 0 | 1（3.03） |

　2+2型四字語前後二字語基の結合関係が連体修飾関係、連用修飾関係、主述関係、客述関係となっている。連体修飾関係は主な結合関係になる。

　（1）連体修飾関係の動向

　日本側では連体修飾関係を結ぶ前後二字語基は蘭学資料で100%を占め、明治資料では87.88%を占めている。一方、中国側では清末在華宣教師資料で95.24%を占めて、20世紀初頭清末資料で85.71%を占めている。中日両国では連体修飾関係を結ぶ2+2型四字語が少ないのは2+2型四字語の語基間の結合関係が豊富になるからである。とくに、20世紀初頭清末資料は清末在華宣教師資料、明治資料の影響を受けて、造語機能もその影響を受けた。

　（2）連用修飾関係の動向

　日本側では連用修飾関係を結ぶ前部二字語基は蘭学資料では0%で、明治資料で9.09%を占めている。中国側では清末在華宣教師資料で4.76%を占めて、20世紀初頭清末資料でも4.76%を占めている。連用修飾関係を結ぶ前後二字語基は日本では多くなる一方で、中国ではあまり変化がない。

　（3）他の関係

　日本側も中国側も前後語基の結合関係が豊富になっている。とくに、客述関係を結ぶ2+2型四字語は日本側からの影響を受けた。

### 4.3 出典の比較

　朱京偉（2012b）（2013b）が「中国四字語の造語形式が日本語の影響を受けた」と指摘した。本書は2+2型四字語と前後二字語基の出典状況を考察した。本節ではそれぞれ比較する。

　蘭学資料、清末在華宣教師資料、明治資料、20世紀初頭清末資料における2+2型四字語は中国漢籍との関係、それから先行文献との関係も考察した。前と同じような方法に従った。

表6-21　中日資料における2+2型四字語出典の比較

| 出典＼資料 | 中国側資料 | | 日本側資料 | |
|---|---|---|---|---|
| | 清末在華宣教師資料 | 20世紀初頭清末資料 | 蘭学資料 | 明治資料 |
| 出典あり | 0 | 0 | 0 | 0 |
| 新義あり | 0 | 0 | 0 | 0 |
| 出典なし | 21（100） | 42（100） | 2（100） | 33（100） |

　中日資料における2+2型四字語電気用語はいずれも「出典なし」の語である。「出典なし」の語を言い換えれば「新造語」といえる。「新造語」が4種資料で絶対的な優勢に立っている。前後語基に分け、前部二字語基と後部二字語基の出典状況の比較を以下のようにまとめる。

表6-22　中日資料における2+2型四字語前後二字語基出典の比較

| 出典＼資料 | | 中国側資料 | | 日本側資料 | |
|---|---|---|---|---|---|
| | | 清末在華宣教師資料 | 20世紀初頭清末資料 | 蘭学資料 | 明治資料 |
| 出典あり | 前部語基 | 6（35.29） | 15（50.00） | 2（100） | 20（76.92） |
| | 後部語基 | 3（27.27） | 7（24.14） | 0 | 2（18.18） |
| 新義あり | 前部語基 | 4（23.53） | 2（6.67） | 0 | 1（3.85） |
| | 後部語基 | 1（9.09） | 2（6.90） | 0 | 3（27.27） |
| 出典なし | 前部語基 | 7（41.18） | 13（43.33） | 0 | 5（19.23） |
| | 後部語基 | 7（63.64） | 20（68.97） | 1（100） | 6（54.55） |

　二字語基のほうも2+2型四字語の出典状況と比べ、違う状況にある。前部二字語基について、日本側では「出典あり」の前部語基が減りつつある状態である。中国側では増しつつある状態を示している。どちらも、前部二字語基が中国古典からのものが多い。後部二字語基について日本側も、中国側も「出典なし」の後部二字語基が増えつつある。　蘭学資料、清末在華宣教師資料、明治資料、20世紀初頭清末資料において、後部二字語基は「出典なし」の語基が多い。つまり、後部二字語基

は前部二字語基より新造語基の割合が高い。前で分かるように、2+2型四字語において、後部二字語基が造語の中心的な要素で、それに、造語の中心的な要素を担う新造語基が多い。

### 4.4 語基間の組み合わせ方式の比較

蘭学資料、清末在華宣教師資料、明治資料、20世紀初頭清末資料における2+2型四字語は前後語基の出典により、どのように組み合わせるのか、比較をしながら、異なる資料における電気用語の造語方式の特徴を明らかにする。4種資料において、9種の組み合わせ方式がある。次のようにまとめる。

表6-23　中日資料における2+2型四字語組み合わせ方式の比較

| 組み合わせ方式 ＼ 資料 | 中国側資料 | | 日本側資料 | |
|---|---|---|---|---|
| | 清末在華宣教師資料 | 20世紀初頭清末資料 | 蘭学資料 | 明治資料 |
| 出典あり＋出典なし | 6（28.57） | 13（30.95） | 2（100） | 14（42.42） |
| 出典なし＋出典なし | 5（23.81） | 12（28.57） | 0 | 5（15.15） |
| 出典なし＋出典あり | 5（23.81） | 7（16.67） | 0 | 2（6.06） |
| 新義あり＋出典あり | 2（9.52） | 0 | 0 | 0 |
| 新義あり＋出典なし | 2（9.52） | 3（7.14） | 0 | 1（3.03） |
| 出典あり＋新義あり | 1（4.76） | 2（4.76） | 0 | 7（21.21） |
| 出典あり＋出典あり | 0 | 4（9.52） | 0 | 2（6.06） |
| 出典なし＋新義あり | 0 | 1（2.38） | 0 | 2（6.06） |

中日資料において、造語の多い組み合わせ方式は「出典あり＋出典なし」である。ここでは造語の多い組み合わせ方式は「出典あり＋出典なし」「出典なし＋出典あり」「出典なし＋出典なし」という三つ組み合わせ方式を取り上げる。

（1）出典あり＋出典なし

蘭学資料では2+2型四字語は全部で「出典あり」の前部二字語基と

「出典なし」の後部二字語基との組み合わせ方式である。明治資料では、42.42%に減った。電気用語に乏しい蘭学資料は組み合わせ方式も少ないのに対して、明治資料において、組み合わせ方式が多様化に富み、多くの造語を造ったわけである。清末在華宣教師資料、20世紀初頭清末資料では、割合の変化が少ない。

（2）出典なし＋出典なし

「出典なし＋出典なし」という組み合わせ方式がない蘭学資料から15.15%に上がった明治資料へと変わった。中国側でいずれもは2割以上を占めている。

（3）出典なし＋出典あり

「出典なし＋出典あり」という組み合わせ方式がない蘭学資料から6.06%に上がった明治資料へと変わった。清末在華宣教師資料での23.81%から20世紀初頭清末資料での16.67%に下がった。各章で考察したように、2+2型四字語の後部語基が造語の中心的な語基である。「出典あり」の後部語基が中心語基になるという造語形式が日本側より、清末在華宣教のほうがさらに好きなようである。在華宣教師は中国古典からの言葉を先に考慮に入れるといえる。20世紀初頭清末資料では電気領域で中国古典とのかかわりが薄くなりつつある明治資料から影響を受けていることもみられる。

　ここで注意してもたいのは明治資料における「出典あり＋新義あり」という組み合せで、ほかの3資料ではわずかであるが、明治資料では造語の多い組み合わせである。

### 4.5影響関係の比較

　本書は主に明治資料が蘭学資料、清末在華宣教師資料との影響関係、20世紀初頭清末資料が清末在華宣教師資料、明治資料との影響関係を考察した。まず明治資料、20世紀初頭清末資料で2+2型四字語の影響関係を以下のようにまとめる。

表6-24　明・清における2+2型四字語の影響関係の比較

| 明治資料 | | 20世紀初頭清末資料 | |
|---|---|---|---|
| | | 宣と明と一致 | 0 |
| 蘭と一致 | 0 | 宣とのみ一致 | 3（7.14） |
| 宣と一致 | 0 | 明とのみ一致 | 10（23.81） |
| 単独使用 | 33（100） | 単独使用 | 29（69.05） |

　明治資料における「単独使用」の2+2型四字語電気用語は100％になっているのに対して、20世紀初頭清末資料における「単独使用」の2+2型四字語電気用語は69.05％しかない。言い換えれば、明治資料でも、20世紀初頭清末資料でも「単独使用」の2+2型四字語が多い。したがって、先行文献からの影響が小さくなる一方である。ただ明治資料は新造語が多い代わりに、20世紀初頭清末資料では新造語がそれほど多くない、いままでの既存語を多く利用している。明治資料からの影響が清末在華宣教師資料より大きいといえる。

　2+2型四字語前後語基がともに二字語基なので、前後語基を合わせて、比較する。

表6-25　明・清における2+2型四字語前後二字語基影響関係の比較

| 明治資料 | | | 20世紀初頭清末資料 | | |
|---|---|---|---|---|---|
| | 前部語基 | 後部語基 | | 前部語基 | 後部語基 |
| | | | 宣と明と一致 | 2（6.67） | 1（3.45） |
| 蘭と一致 | 0 | 0 | 宣とのみ一致 | 4（13.33） | 1（3.45） |
| 宣と一致 | 2（7.69） | 1（9.09） | 明とのみ一致 | 5（16.67） | 7（24.14） |
| 単独使用 | 24（92.31） | 10（90.91） | 単独使用 | 19（63.33） | 20（68.97） |

　明治資料における「単独使用」の前部二字語基と後部二字語基はそれぞれ92.31％、90.91％を占めている。20世紀初頭清末資料における「単独使用」の前部二字語基と後部二字語基はそれぞれ63.33％、68.97％に

なっている。言い換えれば、明治資料、20世紀初頭清末資料で「単独使用」の語基が多い。20世紀初頭清末資料において、宣教師資料と一致する前部二字語基は合わせて20.00%、後部二字語基は6.90%を占めている。明治資料と一致する前部二字語基は合わせて23.33%、後部二字語基は27.59%を占めている。一連の数字から見れば、20世紀初頭清末資料は清末在華宣教師資料より明治資料からの影響が大きい。後部二字語基は造語の中心的な要素である上に、「出典なし」の語基が多い。それに対して、明治資料は蘭学資料と一致する前後二字語基はない。清末在華宣教師資料と一致する前部二字語基と後部二字語基はそれぞれ7.69%、9.09%を占めている。したがって、割合から見れば、明治資料は清末在華宣教師資料からの影響がより大きいが、わずかである。

## 4.6 本節のまとめ

本節では中日資料における2+2型四字語電気用語を造語力、品詞、結合関係、出典状況を比較した。以下のようにまとめる。

（1）語基の位置と造語力の関係。蘭学資料、清末在華宣教師資料、明治資料、20世紀初頭清末資料において、後部二字語基は造語力が前部二字語基より強い。つまり、造語の中心的な要素は後部二字語基に集まっている。

（2）語基の品詞と造語力の関係。2+2型四字語を前部二字語基と後部二字語基に分けて、前後二字語基の品詞性を考察した。名詞性語基が積極的に造語し、特に後部語基のほうにくる名詞性語基が多い。ついでに、動詞性語基である。

（3）結合関係と造語力の関係。中日資料で前後二字語基が連体修飾関係を結ぶ2+2型四字語は多い。明治資料、20世紀初頭清末資料では前後二字語基結合関係が豊富になり、主述関係、客述関係という結合関係も出てきた。

（4）出典と造語力の関係。中日資料でも「出典なし」の2+2型四字語が多い。2+2型四字語を前後語基に分けて、その出典を考察した。蘭学

資料、明治資料、20世紀初頭清末資料で「出典あり」の前部二字語基は多い。清末在華宣教師資料だけは「出典なし」の前部二字語基が多い。中国漢籍からのものとはいえ、普遍性と定着性が欠けるので、電気領域の中心語基にならなかったのである。それに、日本側、中国側でも資料ごとに、逐次増えつつある。かえって、「出典なし」の前部二字語基は日本側、中国側でも資料ごとに、逐次増えつつある。後部二字語基について、「出典なし」の語基が4種資料でも多い。前で考察したように、「出典なし」の二字語基は造語力が強いので、「出典なし」の二字語基は電気領域の中心語基になった。

（5）語基間の組み合わせ方式と造語力の関係。中日資料において、造語の多い組み合わせ方式は「出典あり＋出典なし」である。清末在華宣教師資料、明治資料、20世紀清末資料「出典なし＋出典なし」、「出典なし＋出典あり」による造語も多い。明治資料では「出典あり＋新義あり」による造語も多い。

（6）影響関係。明治資料における「単独使用」の2+2型四字語電気用語は100%になっているのに対して、20世紀初頭清末資料における「単独使用」の2+2型四字語電気用語は66.10%になっている。語基レベルから言えば、明治資料における「単独使用」の二字語基は78.38%になっているのに対して、20世紀初頭清末資料における「単独使用」の二字語基は67.80%になっている。つまり、語レベルも、語基レベルもから見れば、明治資料、20世紀初頭清末資料は先行文献からの影響がそれほど大きくないが、とくに明治資料は蘭学資料、清末在華宣教師資料からの影響が小さい。

## 5.本章のまとめ

本章は蘭学資料、清末在華宣教師資料、明治資料、20世紀初頭清末資料における形態が違う電気用語の比較を行い、造語特徴を以下のようにまとめる。

（1）語基の位置と造語力の関係。4種資料で形態が違う電気用語は中心的な造語要素が異なる。二字語について、清末在華宣教師資料、明治資料、20世紀初頭清末資料で前部語基による造語が多い。蘭学資料では逆に、後部語基の造語力が強いので、造語の中心的要素になる。2+1型三字語について、清末在華宣教師資料、明治資料、20世紀初頭清末資料では後部一字語基の造語力が強い。蘭学資料では逆に、前部二字語基の造語力が強いので、造語の中心的な要素になる。2+2型四字語について、4種資料で後部二字語基の造語力が強いので、造語の中心的な要素になる。言い換えれば、後部語基が造語中、中心的な要素になりやすい。造語力から蘭学資料は電気用語が未発達の状態といえる。特に2+1型三字語である。

（2）品詞性と造語力の関係。名詞、動詞が造語際、よく活用された品詞で、造語の語基になりやすい。名詞、動詞が語でも語基でも多いものである。二字語、2+1型三字語、2+2型四字語で名詞性、動詞性の語或いは語基が多い。

（3）結合関係と造語力の関係。連体修飾関係は生産性が強い結合関係である。造語中、連体修飾関係を結ぶ電気用語が多い。二字語、2+1型三字語、2+2型四字語において、連体修飾関係を結ぶ語が圧倒的に多い。2+1型三字語の前部二字語基において、述客関係、連体修飾関係を結ぶ語基が多い。

（4）出典と造語力の関係。電気領域で新（造）語（語基）が多い。4種資料で、二字語、2+1型三字語、2+2型四字語といった形態の違う電気用語は「出典なし」の語が多い。言い換えれば、電気領域で新（造）語が多い。語基の出典がバラエティーに富んでいるが、全体から見れば、「出典なし」の語基も多い。4種資料で「出典なし」の語と二字語基が多い。「出典なし」の二字語基は量的には多く、造語力が強い。「出典あり」の二字語基は造語力が全体的に弱い。それに、2+1型三字語後部一字語基は造語機能が変わり、意味が変わらないタイプと造語機能も意味も変わらない語基が多い。

（5）語基間の組み合わせ方式と造語力の関係。2+1型三字語について、4種資料では「出典なし＋造語機能と意味が変わらない」という組み合わせ方式による造語が多い。2+2型四字語について、4種資料でも、「出典あり＋出典なし」という組み合わせ方式による造語が多い。

（6）影響関係。形態の違う語により、先行文献からの影響も違う。明治資料、20世紀初頭清末資料において、二字語が先行文献から受ける影響が一番大きい。ついで、2+1型三字語、2+2型四字語の順に並んでいる。明治資料は語レベルでも、語基レベルでも蘭学資料、清末在華宣教師資料からの影響を受けたが、それほど大きくないのに対し、20世紀初頭清末資料は二字語、三字語、清末在華宣教師資料、明治資料からの影響が大きい。

# 第七章 終 章

　明朝末期清朝初期のカトリック宣教師が中国に来て、中国士人と協力して翻訳し、新語が湧いてきた。19世紀の30、40年代には、プロテスタント宣教師の到来とともに、大量の新語も次々と登場した。この二つの時期に翻訳された書籍や、できた新語も日本が明治時代に入る前に、日本を学ぶ主要なルートの一つとなっている。この時の西洋文化の伝播は「西–中–日」の過程を示している[①]。

　一方、1774年の『解体新書』の登場は、日本が蘭学時代に入ったことを示している。この時代の日本は大量の蘭学資料を翻訳して、西洋の先進的な科学技術を取り入れた。各分野で大量の「新語」が生まれた。明治時代は国を挙げて西洋文明の吸収に乗り出した時代である。解説書、啓蒙書、研究書、報告書はいうに及ばず、翻訳書もまた広汎な分野で夥しい数が出版されている。この時期、西洋文明を吸収するにあたって、何よりも必要なことは西洋の言葉を日本語に翻訳することであったと思われる。清末中国はまた日本に留学して、日本語の書籍を翻訳するブームが現れた。日本から借用した新語が大量に流れ込む。西洋文化の伝播は「西–日–中」の過程を示している。王国維の話によれば、新語の発生と発展の背後には近代新思想、新学術入力の歴史的実態が反映さ

---

　① 冯天瑜.近代汉字术语的生成演变及中西日文化互动研究.北京：经济科学出版社，2016：460

れている①。王国維の言葉は、近代中国の実態を反映しているだけでな
く、蘭学時代と明治時代の日本も反映している。

　本書では、電気用語の生成ルールと発展という二つのルートから、近
代における電気用語の造語特徴を体系的に考察した。近代術語の生成と
変遷に関する研究に微力ながら、貢献したいと考える。

## 1.本書のまとめ

　本書の研究は三つの部分に分けられている。第一部分は本書の序章
で、先行研究を整理し、本書の目的、意義、研究方法、研究資料などを
述べた。第二部分は電気用語を中心に量的分析を行った。第三部分は第
二部分を踏まえて、比較方法により質的分析を行った。各部分を下記の
ようにまとめる。

### 1.1先行研究の整理

　本書は中日語彙交流という背景下で、電気用語に関する研究と語彙史
に重きを置いている。

　中日語彙交流に関する研究視点は明治時代や清朝末期、民国初期の日
本語の借用に置かれて、喜ばしい成果をあげた。その中で本書の構造は
朱京偉（2003）に大きく影響されている。朱京偉（2003）は中日近代交
流を背景に、両国の新語の出現時期とつながりがあるかどうかを整理し
た。それは本書で新語の出典判断基準となっている。その次に朱氏は中
日両国の近代における西、中、日間の交流の輪郭図を整理した。資料収
集上で、本書もそこから示唆を得ている。ここ数年来、言葉の研究はデー
タベースでキーワードを含む例文を検索する方法を示し、「歴史知識
が特定の観念に沈殿する」から「歴史が語彙に沈殿する」までの流れを
示している。つまり、概念史、思想史の角度から言葉の研究を行う動き

---

① 同上

である。

電気用語についてはまだ研究する価値があると思われる。いままでの研究は「電気」という言葉の由来に注目されているが、もう一つは中英の翻訳を触れた研究もある。言語資料となった文献は清末在華宣教師資料の方が多く、それに、単一時代或いは単一文献についての研究が多い。それは中日言語交流から考えれば、どこか足りないところがある。朱京偉（2011）（2013）（2015）などは蘭学資料、清末在華宣教師資料における二字語、三字語、四字語の造語特徴を分析した。朱氏は一般語或いは多領域の用語に注目したのに対して、本書は電気学に関する文献資料を多く収集した。特定領域の造語特徴を考察することは本書の主旨である。

以上に基づいて、本書は電気学という特定分野における用語の造語特徴に関する研究を展開していた。中国側はアヘン戦争後から1900年までの清末在華宣教師資料と1900年から1910年までの20世紀初頭清末資料を整理した。日本側はやや早い蘭学時代から明治時代にかけての文献を整理した。清末在華宣教師資料や蘭学資料に安定性の低い語がたくさん存在している。本書は造語形式を主に考察するため、できるだけ、多くの当時使用されていた語を抽出した。

### 1.2電気用語を中心にする量的分析

本書は七章から構成され、第二章は江戸末期の蘭学資料における電気用語の特徴、第三章は清末在華宣教師資料における電気用語の特徴、第四章は明治資料における電気用語の特徴、第五章は20世紀初頭清末資料における電気用語の特徴である。本書は時代順にしたがって展開する。

#### 1.2.1江戸末期の蘭学資料における電気用語

青地林宗『気海観瀾』（1825）、宇田川榕庵『舎密開宗』（1837）、川本幸民『気海観瀾広義』（1851）、大庭雪斎『民間格致問答』（1862–64）という4資料から総数80語の電気用語を選び出し、共通する電気用語を

一回だけ計算し、最初の出例を保留する方法により、最後実数は69語となる。主に、二字語、2+1型三字語、2+2型四字語を中心に、形態別に、それぞれ結合関係、出典など語構成の面から考察した。その内容を以下のようにまとめる。

（1）品性性と造語力の関係。名詞、動詞は語だけでなく、構成成分の中心でもある。名詞性二字語は69.23%、動詞性二字語は30.77%を占めている。2+1型三字語において、名詞性、動詞性前部二字語基はそれぞれ62.50%、37.50%を占めている。2+2型四字語において、前部二字語基が名詞性、動詞性語基がそれぞれ50.00%を占めている。名詞性後部二字語基が100%を占めている。

（2）結合関係と造語力の関係。二字語の場合では連体修飾関係を表す二字語は66.67%を占めて、2+1型三字語は前部二字語基と後部一字語基は基本的に連体修飾関係を結ぶ。2+2型四字語の場合では連体修飾関係を表すのは100%を占めている。2+1型三字語前部二字語基の場合では連体修飾関係を表す前部二字語基は50.00%を占めている。以上から、蘭学資料では連体修飾関係が電気用語を構成した際の主な修飾関係である。

（3）語基の位置と造語力の関係。語基の造語力から造語の中心的な語基が見える。二字語の後部語基の平均造語数が1.86語で、前部語基の1.15語よりわずかに多く、2+1型三字語前部二字語基の平均造語数が2.13語で、後部一字語基の1.42語より多く、2+2型四字語の後部二字語基の平均造語数が2語で、前部二字語基の1語より多いことは蘭学資料で二字語、2+2型四字語は中心的な語基がいずれも後部語基に集まり、2+1型三字語の中心的な要素は前部二字語基である。少なくとも、蘭学時代で2+1型三字語電気用語は発達していないことが分かる。

（4）出典と造語力の関係。語レベルからすれば、「出典なし」の語が二字語では48.72％を占めて、2+1型三字語、2+2型四字語では「出典なし」の語が100%を占めている。つまり、二字語、2+1型三字語、2+2型四字語では蘭学者による新造語が多い。語基レベルからすれば、2+1

型三字語前部二字語基では「出典あり」の語基が62.50%、「出典なし」の語基は37.50%を占めている。一方、後部一字語基のうち、蘭学資料「単独使用」の語基が漢籍から借用されたものより多く、58.33%を占めている。分析によると、造語機能と意味が変わらない語基が多い。2+2型四字語は「出典あり」の前部二字語基が100%、「出典なし」の後部二字語基が100%を占めている。語基の出典状況はバラエティーにわたる。「出典なし」の後部語基が多い。

（5）語基間の組み合わせ方式と造語力の関係。2+1型三字語は前部二字語基と後部一字語基に分け、「出典なし＋造語機能と意味が変わらない」「出典あり＋造語機能が変わり、意味が変わらない」による造語が多く、それぞれ4語を造り、23.53%を占めている。2+2型四字語は全部で「出典あり＋出典なし」からなる造語である。

1.2.2 清末在華宣教師資料における電気用語

瑪高温『博物通書』（1851）、合信『博物新編』（1855）、丁韙良『格物入門』（1868）、傅蘭雅『電学綱目』（1879）、艾約瑟『格質質学啓蒙』（1886）、傅蘭雅『通物電光』（1899）、衛理『無線電報』（1900）の7資料から総語数441語の電気用語を選び出し、共通する電気用語を一回だけ計算し、最初の出例を保留する方法により、最後実数346語となる。主に、二字語、2+1型三字語、2+2型四字語を中心に、形態別に、それぞれ結合関係、出典など語構成の面から考察した。その内容を以下のようにまとめる。

（1）品詞性と造語力の関係。名詞、動詞は語だけでなく、構成成分の中核でもある。名詞性二字語が60.15%、動詞性二字語が39.85%を占めている。2+1型三字語は基本的に名詞である。前部二字語基において、動詞性、名詞性、形容詞性のものがそれぞれ50.68%、46.58%、2.74%を占めている。2+2型四字語において、名詞性前後二字語基はそれぞれ52.94%、90.91%を占めているのに対して、動詞性後部二字語基はそれぞれ47.06%、9.09%を占めている。言い換えれば、名詞性二字語が語だけでなく、造語要素としても重要である。ついでに動詞性二字語で

ある。

（2）結合関係と造語力の関係。連体修飾関係は各造語形式で主な結合関係である。二字語の場合では連体修飾関係を表す二字語は57.89%を占めて、2+1型三字語はもちろん、前後語基が基本的に連体修飾関係を結ぶ。2+2型四字語の場合では連体修飾関係を表すのは95.24%を占めている。2+1型三字語において、前部二字語基の場合でも述客関係、連体修飾関係を表す前部二字語基は同じく39.73%を占めている。

（3）語基の位置と造語力の関係。二字語の前部語基の平均造語数が2.51語で、後部語基の1.82語より多い。2+1型三字語前部二字語基の平均造語数が1.64語より、後部一字語基が2.86語である。2+2型四字語の後部二字語基の平均造語数が1.91語で、前部二字語基の1.24語より多く、造語の中心的な要素になる。

（4）出典と造語力の関係。語レベルからすれば、「出典あり」の二字語が34.59%、「新義あり」の二字語が13.53%、「出典なし」の語が二字語では51.88%を占めている。2+1型三字語で、「出典あり」の語が0.83%、「出典なし」の語が99.17%を占めている。2+2型四字語では「出典なし」の語が100%を占めている。つまり、二字語、2+1型三字語、2+2型四字語では宣教師による新造語が多い。語基レベルからすれば、2+1型三字語では前部二字語基は「出典あり」の語基が24.66%、「新義あり」の語基が16.44%、「出典なし」の語基が58.90%である。一方、「単独使用」の後部一字語基が半分を占めている。2+2型四字語は「出典あり」の前後二字語基がそれぞれ35.29%、27.27%を占めている。「新義あり」の前後二字語基はそれぞれ23.53%、9.09%を占めている。「出典なし」の前後二字語基は41.18%、63.64%を占めている。「出典なし」の前部二字語基と後部語基が多い。

（5）語基間の組み合わせ方式と造語力の関係。語基の出典と造語力により、2+1型三字語において、造語の多いタイプは「出典なし＋造語機能と意味が変わらない」タイプで、2+2型四字語においては「出典あり＋出典なし」による造語が一番多い。

1.2.3 明治資料における電気用語

片山淳吉『改正増補物理階梯』(1876)、飯盛挺造『物理学』(1881)、藤田正方『簡明物理学』(1884)、木村駿吉『新編物理学』(1890)、中村清二『近世物理学教科書』(1902)、本多光太郎・田中三四郎『新選物理学』(1903)といった6資料から電気用語を選び出し、共通する電気用語を一回だけ計算し、最初の出例を保留する方法により、最後実数257語となる。主に、二字語、2+1型三字語、2+2型四字語を中心に、形態別にそれぞれ結合関係、出典など語構成の面から考察した。その内容を以下のようにまとめる。

(1)品性性と造語力の関係。名詞、動詞は語だけでなく、構成成分の中心でもある。名詞性二字語は、58.70%、動詞性二字語は41.30%を占めている。2+1型三字語において、名詞性、動詞性前部二字語基はそれぞれ26.56%、71.88%を占めている。2+2型四字語において、前後二字語基でも、名詞性語基が多く、それぞれ、42.31%、81.82%を占めている。動詞性語基は前後二字語基でそれぞれ38.46%、18.18%を占めている。

(2)結合関係と造語力の関係。連体修飾関係は各造語形式で主な結合関係である。二字語の場合では連体修飾関係を表す二字語は56.52%をしめて、2+1型三字語はもちろん、前後語基が基本的に連体修飾関係を結ぶが、前部二字語基の場合では述客関係を表す前部二字語基は34.38%を占めている。並列関係を結ぶ前部二字語基は28.13%を占めている。連体修飾関係を結ぶ前部二字語基は21.88%しか占めていない。2+2型四字語の場合では連体修飾関係を表すのは87.88%を占めている。以上から分かるように、連体修飾関係は二字語、2+1型三字語、2+2型四字語の主な結合関係である。2+1型三字語は本来前部二字語基と後部一字語基が連体修飾関係を結ぶわけである。述客関係を結ぶ前部二字語基が多い。

(3)語基の位置と造語力の関係。造語が多い語基は少なく、造語数が減少するにつれ、該当の語基が逆に数を増す傾向が見られる。二字

語前部語基は平均造語数が1語基あたりに1.77語であるのに対し、後部語基が1.67である。2+1型三字語前部二字語基は平均造語数が1語基あたりに1.61語であるのに対し、後部一字語基が2.90語である。2+2型四字語前部語基は1語基あたりに平均造語数が1.27語であるのに対し、後部語基が3語である。以上からわかることは基本的に、二字語は前部語基が、2+1型三字語、2+2型四字語は後部語基が造語の中心的な要素である。

（4）出典と造語力の関係。語レベルからすれば、「出典なし」の語は二字語で69.57%を占めて、2+1型三字語で100%を占めて、2+2型四字語でも100%を占めている。語基レベルからすれば、2+1型三字語では前部二字語基は「出典あり」の語基が26.56%、「新義あり」の語基が10.94%、「出典なし」の語基が62.50%を占めている。2+2型四字語は「出典あり」の前部語基が76.92%、後部語基が18.18%を占めている。「新義あり」の前部語基が3.85%、後部語基が27.27%を占めている。「出典なし」の前部語基が19.23%、後部語基が54.55%を占めている。中心的な語基としての後部二字語基は「出典なし」の語基が多い。

（5）語基間の組み合わせと造語力の関係。2+1型三字語において造語の多い形式は「出典なし＋造語機能と意味が変わらない」形式と「出典なし＋造語機能が変わり、意味が変わらない」形式である。2+2型四字語において「出典あり＋出典なし」形式、「出典あり＋新義あり」形式と「出典なし＋出典なし」形式は造語の多い組合わせである。

（6）影響関係。二字語電気用語においては「蘭と宣と一致」の二字語が8.70%、「蘭とのみ一致」の二字語が9.78%、「宣とのみ一致」の二字語が17.39%、「単独使用」の二字語が64.13%を占めている。2+1型三字語において「蘭と一致」の三字語が2.91%、「宣と一致」の三字語が6.80%、「単独使用」三字語が90.29%を占めている。2+2型四字語において、「単独使用」の四字語が100%を占めている。明治資料では新造語が多いことが分かる。語を構成する語基も考察した。「単独使用」の2+1型三字語前部二字語基と後部一字語基はそれぞれ85.94%、42.86%

を占めている。「単独使用」の2+2型四字語前部二字語基と後部二字語基はそれぞれ92.31%、90.91%を占めている。つまり、語だけでなく語基も蘭学資料、清末在華宣教師資料からの影響が小さいといえる。ただ、2+1型三字語後部一字語基は安定性が割合に高い。

### 1.2.4 20世紀初頭清末資料における電気用語

藤田豊八、王季烈『物理学』（1900–1903）、陳榥『物理易解』（1902）、謝洪賚『最新中学教科書物理学』（1904）、伍光建『物理教科書静電気』（1905）、伍光建『物理教科書動電気』（1906）、叢琯珠『新撰物理学』（1906）、林国光『中等教育物理学』（1906）といった7資料から総数664語の電気用語を選び出し、共通する電気用語を一回だけ計算し、最初の出例を保留する方法により、最後実数410語となる。主に、二字語、2+1型三字語、2+2型四字語を中心に、形態別にそれぞれ結合関係、出典など語構成の面から考察した。その内容を以下のようにまとめる。

（1）品詞性と造語力の関係。名詞、動詞は語だけでなく、構成成分の中心でもある。名詞性二字語は69.93%、動詞性二字語は30.07%を占めている。2+1型三字語において、名詞性、動詞性前部二字語基はそれぞれ35.71%、63.39%を占めている。2+2型四字語において、前後二字語基でも名詞性語基が多く、それぞれ63.33%、90.00%を占めている。動詞性語基は前後二字語基でそれぞれ26.67%、10.00%を占めている。

（2）結合関係と造語力の関係。連体修飾関係は各造語形式で主な結合関係である。二字語の場合では連体修飾関係を表す二字語は61.54%を占める。2+1型三字語は本来前部二字語基と後部一字語基が連体修飾関係を結ぶ造語形式である。2+2型四字語の場合では連体修飾関係を表すのは85.71%を占めている。2+1型三字語前部二字語基の場合では述客関係を表す前部二字語基は39.29%を占めている。連体修飾関係を結ぶ前部二字語基は28.57%を占めている。

（3）語基の位置と造語力の関係。造語力が多い語基は少なく、造語数が減少するにつれ、該当の語基が逆に数を増す傾向が見られる。二字語

前部語基は平均造語数が1語基あたりに2.47語であるのに対し、後部語基が1.72である。2+1型三字語前部二字語基は平均造語数が1語基あたりに1.54語であるのに対し、後部一字語基は3.46語である。2+2型四字語前部語基は1語基あたりに平均造語数が1.40語であるのに対し、後部語基が1.45語である。ということは、二字語前部語基が造語の中心的な要素で、2+1型三字語、2+2型四字語は後部語基が中心的な要素である。

（4）出典と造語力の関係。語レベルから見れば、「出典なし」の語は二字語で72.54%、2+1型三字語で100%、2+2型四字語で100%を占めている。語基レベルから見れば、2+1型三字語では前部二字語基は「出典あり」の語基が17.86%、「新義あり」の語基が11.61%、「出典なし」の語基が70.54%を占めている。2+2型四字語は「出典あり」の前後二字語基が50.00%、24.14%を占めている。「新義あり」の前後二字語基が6.67%、6.90%を占めている。「出典なし」の前後二字語基が43.33%、68.97%を占めている。20世紀初頭清末資料で語レベルは新造語が多い、それに「出典あり」の前部二字語基語基が多いのに対して、「出典なし」の後部二字語基が多い。

（5）語基間の組み合わせと造語力の関係。語基の出典と造語力により、2+1型三字語において、造語の多いタイプは「出典なし＋造語機能と意味が変わらない」形式と「出典なし＋造語機能が変わり、意味が変わらない」形式である。2+2型四字語において、造語の多い形式は「出典あり＋出典なし」と「出典なし＋出典なし」である。

（6）影響関係。語レベルから見れば、20世紀初頭清末資料で「宣と明と一致」「宣とのみ一致」「明とのみ一致」「単独使用」の二字語電気用語はそれぞれ18.31%、21.13%、21.83%、38.73%を占めている。「宣と明と一致」「宣とのみ一致」「明とのみ一致」「単独使用」2+1型三字語はそれぞれ2.89%、5.78%、27.17%、64.16%を占めている。「宣とのみ一致」、「明とのみ一致」、「単独使用」の2+2型四字語はそれぞれ7.14%、23.81%、69.05%を占めている。語基レベルから見れば、「宣と明と一致」「宣とのみ一致」「明とのみ一致」「単独使用」の2+1型三字語前部

二字語基はそれぞれ6.25%、14.29%、30.36%、49.11%を占めている。「単独使用」の後部一字語基は22.00%を占めている。2+2型四字語において、「宣と明と一致」の前後二字語基はそれぞれ6.67%、3.45%を占めている。「宣とのみ一致」の前後二字語基はそれぞれ13.33%、3.45%を占めている。「明とのみ一致」の前後二字語基はそれぞれ16.67%、24.14%を占めている。「単独使用」の前後二字語基はそれぞれ63.33%、68.97%を占めている。語レベルから見れば、二字語が先行文献からの影響を大きく受けた。それは語の字数の増加につれて、影響力が逆に弱くなりつつある。

### 1.3電気用語を中心とする質的分析

蘭学資料、清末在華宣教師資料、明治資料、20世紀初頭清末資料における形態の違う電気用語の比較をとおし、以下のような結論が出た。

（1）語基の位置と造語力の関係。4種資料で形態が違う電気用語は中心的な造語要素が異なる。二字語について、清末在華宣教師資料、明治資料、20世紀初頭清末資料で前部語基による造語が多い。蘭学資料では逆に、後部語基の造語力が強いので、造語の中心的な要素になる。2+1型三字語について、清末在華宣教師資料、明治資料、20世紀初頭清末資料では後部一字語基の造語力が強い。蘭学資料では逆に、前部二字語基の造語力が強いので、造語の中心的な要素になる。2+2型四字語について、4種資料で後部二字語基の造語力が強いので、造語の中心的な要素になる。言い換えれば、後部語基が造語中、中心的な要素になりやすい。造語力から蘭学資料は電気用語が未発達の状態といえる。特に2+1型三字語である。

（2）品詞性と造語力の関係。名詞、動詞が造語際、よく活用された品詞で、造語の語基になりやすい。名詞、動詞が語でも語基でも多いものである。二字語、2+1型三字語、2+2型四字語で名詞性、動詞性の語或いは語基が多い。

（3）結合関係と造語力の関係。連体修飾関係は生産性が強い結合関係

である。造語中、連体修飾関係を結ぶ電気用語が多い。二字語、2+1型三字語、2+2型四字語において、連体修飾関係を結ぶ語が圧倒的に多い。2+1型三字語の前部二字語基において、述客関係、連体修飾関係を結ぶ語基が多い。

　（4）出典と造語力の関係。電気領域で新（造）語（語基）が多い。4種資料で、二字語、2+1型三字語、2+2型四字語といった形態の違う電気用語は「出典なし」の語が多い。言い換えれば、電気領域で新（造）語が多い。語基の出典がバラエティーに富んでいるが、全体から見れば、「出典なし」の語基も多い。4種資料で「出典なし」の語と二字語基が多い。「出典なし」の二字語基は量的には多く、造語力が強い。「出典あり」の二字語基は造語力が全体的に弱い。それに、2+1型三字語後部一字語基は造語機能が変わり、意味が変わらないタイプと造語機能も意味も変わらない語基が多い。

　（5）語基間の組み合わせ方式と造語力の関係。2+1型三字語について、4種資料では「出典なし＋造語機能と意味が変わらない」という組み合わせ方式による造語が多い。2+2型四字語について、4種資料でも、「出典あり＋出典なし」という組み合わせ方式による造語が多い。

　（6）影響関係。形態の違う語により、先行文献からの影響も違う。明治資料、20世紀初頭清末資料において、二字語が先行文献から受ける影響が一番大きい。ついで、2+1型三字語、2+2型四字語の順に並んでいる。明治資料は語レベルでも、語基レベルでも蘭学資料、清末在華宣教師資料からの影響を受けたが、それほど大きくないのに対し、20世紀初頭清末資料は二字語、三字語、清末在華宣教師資料、明治資料からの影響が大きいといえる。

## 2.本書の貢献、不足部分と今後の展開

　語彙史なるものの目指すところは単に各時代の言語体系の推移を記述するのみでなく、そこに現れる言語の表現スタイルの変遷を明らかにす

ることであり、さらに、それを生んだそれぞれの時代の言語における思考法乃至は発想の変遷を精神史的な事実として理解することである。それに、資料としての言語記号をいかに活用するかという表現者たる人間の精神運動における変移の事実を説明することである。

　中日両国は漢字文化圏において、古くから交流が絶えずに続いている。古い時代において、日本は中国文化を取り入れていた。江戸末期洋学（蘭学）を契機に、勉強対象と視点が徐々に変わり、明治期に至って、「脱亜入欧」説も取りあげられた。それにしても、新知識、新概念を表すとき、「漢語」で対訳するのが基本であった。同時代の中国で、宣教師は西方科学技術を伝播する中で大きな柱になっている。日清戦争後、宣教師の代わりに、日本側が中国の知識吸収の対象になっていた。

　このような社会背景下で、語彙史から中日近代電気用語の語構成特徴を量的分析、質的分析、比較法を通して行ったことにより、中日近代電気用語の造語特徴を深く認識でき、中日近代術語の造語特徴も理解し、在華宣教師が中国語新語創造への貢献を正確に理解し、評価することにも役立つ。同時に、中国語の発展と変革を全面的に研究することに現実的意味と学術的価値を持っていると考えられる。「越歴」から「電（気）」への変遷は言語表現の変遷だけでなく、言葉記号の背後に潜んでいる中日近代思想、精神変化もうかがえる。

　蘭学資料、清末在華宣教師資料、明治資料、20世紀初頭清末資料における電気用語の語構成特徴を明らかにしたが、これからそれらを踏まえて、研究を続けていく。

　（1）言語資料。蘭学では資料が少ないので、引き続き、歴史文献を掘り起こしていく。宣教師の資料については、傅蘭雅が翻訳した「電気」に関する資料が今後、重点的に考察する。

　（2）時期背景。本書は近代という背景に設定している。中国国内では近代というと、普通、1919年新文化運動が下限となっている。しかし、もし下限を1919年にしたら、日本側の時間とずれも出てくる。したがって、本書は資料の選定にあたって、1910年を下限にしている。1910

年から1919年にかけての間の研究を今後の課題にする。

（3）研究角度。これからも本書上に、翻訳角度、科学技術伝播史、語彙研究角度からそれぞれ展開するするつもりである。翻訳角度について、清末宣教師資料、20世紀初頭清末資料の中に日系資料と欧米系資料がある。いずれも翻訳性質の資料であり、これらの資料の中で運用されている翻訳方法と策略を今後の研究内容の一つとする。科学技術伝播史について、電気学が近代中日で伝播思想、伝播ルートなどから研究する価値もある。語彙角度について、一つは電気用語分布から着手し、術語の定着に関する研究も検討する必要がある。もう一つは本書が語基の意味に触れたが、語基の意味と語全体意味の関係、また意味項目により造語力の変動特徴も考察すべきである。

# 参考文献（発表年次による）

## 中国語書籍

谭汝谦、实藤惠秀、小川博.中国译日本书综合目录.香港：中文大学出版社（香港），1980

王力.汉语史稿.北京：中华书局，1980

任学良.汉语造词法.北京：中国社会科学出版社，1981

史和、姚福中、叶翠娣编.中国近代报刊书目.福州：福建人民出版社，1991

蒋绍愚.近代汉语研究概要.北京：北京大学出版社，1994

马西尼著 黄河清译.现代汉语词汇形成–19世纪汉语外来词研究.上海：汉语大词典出版社，1997

李贵连.二十世纪的中国法学.北京：北京大学出版社，1998

王冰.中外物理交流史.长沙：湖南教育出版社，2001

王健.西法东渐–––外国人与中国法的近代变革.北京：中国法政大学出版社，2001

戴念.祖电和磁的历史.长沙：湖南教育出版社，2002

李约瑟.中国科学技术史第四卷物理学及相关技术.北京：科学出版社有限责任公司，2003

陈光磊.汉语词法论.上海：学林出版社，2004

冯天瑜.新语探源：中西日文化互动与近代汉字术语生成.北京：中华书局，

2004

史有为.外来语：異文化的使者.上海：上海辞书出版社，2004

周振鹤.晚晴营业书目.上海：上海书店出版社，2005

蒋绍愚.古汉语词汇纲要.北京：商务印书馆，2005

蒋绍愚.近代汉语研究概要.北京：商务印书馆，2005

李运博.中日近代词汇的交流：梁启超的作用与影响.天津：南开大学出版社，2006

熊月之.晚晴新学书目提要.上海：上海书店出版社，2007

解海江、章黎平.汉语词汇比较研究.北京：中国社会科学出版社，2008

刘凡夫.以汉字为媒介的新词传播：近代中日间词汇交流的研究.大连：辽宁师范大学出版社，2009

叶蜚声、徐通锵.语言学纲要.北京：北京大学出版社，2010

沈国威.近代中日词汇交流研究 汉字新词的创制、受容与共享.北京：中华书局，2010

金观涛、刘青峰.观念史研究 中国现代重要政治术语的形成.北京：法律出版社，2010

崔军民.萌芽期的现代法律新词研究.北京：中国社会科学出版社，2011

熊月之.西学东渐与晚清社会.北京：中国人民大学出版社，2011

张晓.近代汉译西学书目提要（明末至1919）.北京：北京大学出版社，2012

纪晓晶.日语字音语素研究.北京：外文出版社，2013

刘叔新.汉语描写词汇学.北京：商务印书馆，2013

梁启超.中国近三百年学术史.北京：商务印书馆，2013

咏梅.中日近代物理学交流史研究.北京：中央民族大学出版社，2013

常晓宏.鲁迅作品中过的日语借词.天津：南开大学出版社，2014

孙江、陈力卫.亚洲概念史研究（第二辑）.上海：三联书店，2014

冯天瑜.近代汉语术语的生成演变与中西日文化互动研究.北京：经济科学出版社，2016

朱京伟.近代中日词汇交流的轨迹.北京：商务印书馆，2020

## 中国語論文

王立达.现代汉语从日语借来的词汇.中国语文，1958（68）：90–94

王树槐.清末翻译名词的统一问题.中央研究院近代史研究所集刊，1969（1）：47–82

谭汝谦.中日之间翻译事业的几个问题.日本研究，1985（3）：82–87

戴念祖.我国古代对电的认识的发展，1976（5）：280–284

戴念祖.物理学在近代中国的历程.湖南近代中国与近代文化，1988：551–566

胡思庸.西方传教士与晚清的格致学.湖南近代中国与近代文化，1988：531–550

潘贤模.上海开埠初期的重要报刊.湖南近代中国与近代文化，1988：1279–1291

王晓秋.试论近代中日文化的交流.湖南近代中国与近代文化，1988：166–172

周幼瑞.中国最早的报纸之一《申报》.湖南近代中国与近代文化，1988：1292–1301

徐华坤.周郇和《电学纲目》.杭州大学学报，1988（1）：52–56

王扬宗.江南制造局翻译馆史略.中国科技史料，1988（3）：65–74

邹振环.合信及其编译的《博物新编》.上海翻译杂志，1989（1）：45

刘广定.《格物探源》与韦廉臣的中文著作.收入杨翠華、黄一农编.近代中国科技史论集，1991：195–213

王扬宗清末益智书会统一科技术语工作述评.中国科技史料，1991（12）：9–19

张学忠.构词能力浅谈.松辽学刊（社会科学版），1991（2）：90–92

孙邦华.傅蘭雅与上海格致书院.学术月刊，1993（8）：65–73

王扬宗.晚清科学译书杂考.中国科技史料，1994（4）：32–40

王扬宗.《格致汇编》之中国编辑者考.文献，1995（6）：45–48

王扬宗.《格致汇编》与西方近代科技知识在清末的传播.中国科技史料，

1996（1）：36–47

张秉伦、胡化凯.中国古代"物理"一词的由来与词义演变.自然科学史研究，1998（1）：55–60

张人凤.我国近代教育史上第一套成功的教科书－商务版《最新教科书》.商务印书馆一百年1897–1997：374–376

熊月之.晚清几个政治词汇的翻译与使用.史林，1999（1）：57–62

张澔.傅蘭雅的化学翻訳的原则和理念.中国科技史料，2000（4）：297 — 306

吕乐.力及其特征.外国语，2000（4）：35–41

李迪、徐义保.第一本中译X射线著作《通物電光》.科学技术与辩证法，2002（3）：76–79

罗仁地.历史语言学和语言类型学.北京大学学报，2002（2）：27–30

王健.输出与回归：法学名词在中日之间.法学，2002（4）：15–23

刘丹青.语言类型学与汉语研究.世界汉语教学，2003（4）：5–12

韩礼刚《格物入门》和《格物测算》的物理学内容分析D.内蒙古师范大学，2006

章清."国家"与"个人"之间－－－略论晚清中国对"自由"的阐述.史林，2007（3）：9–29

石鸥.开现代教科书之先河的《最新教科书》.湖南师范大学教育科学学报，2008（3）：29

赵晓阳.基督教徒与早期华人出版事业－以谢洪赉与商务印书馆早期出版为中心.青海师范大学学报（哲学社会科学版），2009（3）：81–84

邓世还.伍光建生平及主要译著年表新文学史料，2009（11）：153–158

雷银照.第一本中文及其历史地位.电磁学著作电气电子教学学报，2010（2）：126–129

沈国威.西方新概念的受容与造新字为译词.浙江大学学报，2010（1）：121–134

李林、单長吉、徐楠、潘梦鹄.电磁学发展历史概述.吉林省教育学院学报，2011（2）：136–137

邱艳萍.概念整合在语素化构词中的作用.西南民族大学学报，2012（4）：
　178-179

朱京伟.《时务报》（1896-98）中的日语借词文本分析与二字词部分.日语
　学习与研究，2012a（3）：19-28

朱京伟.《时务报》（1896-98）中的日语借词：三字词与四字词部分.日本
　学研究，2012b（22）：94-106

朱京伟.《清议报》（1898-1901）中的二字日语借词.日本学研究，2013a
　（23）：25-39

朱京伟.《清议报》（1898-1901）中的四字日语借词.日语学习与研究，
　2013b（6）：10-20

咏梅、冯立昇.《格物入门》在日本的传播.西北大学学报（自然科学版），
　2013（1）：157-162

白鸽.西方来华传教士对中国语言文字变革运动影响研究D.陕西师范大
　学，2013

尚新.语言类型学视野与语言对比研究.外语教学与研究，2013（1）：
　130-139

孙莉.语用学研究中的定性分析方法探究.外语教学理论与实践，2014
　（2）：9-14

张晓凌.伍光健我国白话文翻译第一人.蘭台史话，2014（11）：153-154

汪峰.从历史演变看汉语的基本结构演变.北京大学学报，2015（1）：
　136-142

王广超.王季烈译编两本物理教科书初步研究.中国科技史杂，2015（2）：
　191-202

张维友.语素化和范畴化–新语素的认知识解.外国语文研究，2015（2）：
　12-19

罗集广等."西学东渐"对中日近代翻译实践的影响.湖南科技大学学报，
　2016（3）：120-125

伍青、陆孙男、高圣兵.傅蘭雅化学术语翻译的研究.中国科技术语，2017
　（6）：53-58

龚缨晏、郑乐静.为中国设计电码：美国传教士玛高温的《博物通书》.自然辨证法通讯，2018（6）：50-56

冯弋舟.人类对电的认识历程.发现，2018（2）：150-152

胡建华.什么是新描写主义.当代语言学，2018（4）：475-477

王丽娟.语义变化的机制.山东青年，2018（6）：166-168

王丽娟.中文"红"的词义转化———兼与日语"赤"的对比.北方文学，2018（7）：221-222

郭盛、聂馥玲.英语术语electricity汉语译名流变简释.中国科技术语，2020（2）：74-80

王丽娟.清末知识分子译词研究———以王季烈《物理学》为主.财经论文增刊，2020：184-189

贾立元.催眠术在近代中国的传播（1839-1911）.科学文化评论，2020（3）：55

## 日本語書籍

山田孝雄.国語の中に於ける漢語の研究.東京：宝文館出版，1940

斉藤静.日本語に及ぼしたオランダ語の影響.東京：篠崎書林，1967

広田栄太郎.近代訳語考.東京：東京堂出版，1968

佐藤亨.近世語彙の研究.東京：桜楓社，1973

日本物理学会.日本物理学.平塚：東海大学出版社，1978

佐藤喜代治.現代の語彙.講座日本語の語彙第7巻.東京：明治書院，1981

国立国語研究所.専門語の諸問題.東京：秀英出版，1981

佐藤喜代治.近代の語彙.東京：明治書院，1982

池上禎造.漢語研究の構想.東京：岩波書店，1984

佐藤亨.幕末・明治初期語彙の研究.東京：桜楓社，1986

森岡健二.語彙の形成.東京：明治書院，1986

森岡健二.（改訂）近代語の成立（語彙編）.東京：明治書院，1991

飛田良文．東京語成立史の研究．東京：東京堂出版，1992

影山太郎．文法と語形成．東京：ひつじ書房，1993

宮島達夫．語彙論研究．東京：むぎ書房，1994

荒川清秀．近代日中学術用語の形成と伝播．東京：白帝社，1997

杉本つとむ．近代日本語の成立と発展．東京：八坂書房，1998

杉本つとむ．（増定）日本翻訳語史の研究．東京：八坂書房，1999

杉本つとむ．日本英語文化史の研究．東京：八坂書房，1999

斉藤倫明．朝倉日本語講座4語彙・意味．東京：朝倉書店，2002

真田治子．近代日本語における学術用語の成立と定着．東京：絢文社，
　2002

陳力衛．和製漢語の形成とその展開．東京：汲古書院，2001

朱京偉．近代日中新語の創出と交流 ― 人文科学と自然科学の専門語を中
　心に．東京：白帝社，2003

斎藤倫明．語彙論的語構成論．東京：ひつじ書房，2004

高野繁男．近代漢語の研究．東京：明治書院，2004

小林英樹．現代日本語の漢語動名詞の研究．東京：ひつじ書，2004

高野繁男．近代漢語の研究．東京：明治書院，2004

沈国威．（改訂新版）近代日中語彙交流史 ― 新漢語の生成と受容．東京：
　笠間書院，2008

宮地裕、甲斐睦朗．日本語学特集テーマ別ファイル普及版漢字漢語1．東
　京：明治書院，2008

安部清哉等．シリーズ日本語史2語彙史．東京：岩波書店，2009

鈴木泰、清水康行．古田東朔　日本語　近代への歩み国語学史2．東京：
　くろしお出版，2010

大島弘子、中島晶子、ブラン・ラウル編．漢語の言語学．東京：くろしお
　出版，2010

何志明．現代日本語における複合動詞の組み合わせ．東京：笠間書院，
　2010

鈴木泰、清水康行、山東功、古田啓．古田東朔　近現代日本語生成コ

レクション第1巻江戸から東京へ（国語史1）.東京：くろしお出版，2012

村木新次郎.漢語の品詞性を問う.日本語の品詞体系とその周辺.東京：ひつじ書房，2012

佐藤亨.現代に生きる日本語漢語の成立と展開.東京：明治書院，2013

影山太郎複合動詞研究の最先端.東京：ひつじ書房，2013

木村秀次.近代文明と漢語.東京：おうふう，2013

野村雅昭.現代日本漢語の探求.東京：東京堂出版，2013

孫建軍.近代日本語の起源.東京：早稲田大学出版社，2015


## 日本語論文


吉田　寅.『格物探原』と十九世紀の東亜キリスト教.基督教史学，1961（11）：15-28

田中　実.中日学術用語交流史の問題.科学史研究，1970（9）：11-17

宮地　裕.現代漢語の語基について.語文，1973（31）：68-80

野村雅昭.接辞性字音語基の性格.電子計算機による国語研究，1978（9）：102-138

湯浅茂雄.蘭学資料の語彙–『舎密開宗』の用語を中心として.近世の語彙，1981：365 — 388

吉田　寅.イギリス宣教医ワイリー（偉烈亜力）の中国文科学書について–"談話"を中心として.東京学芸大学付属高等学校研究紀要，1992（20）：9-22

幸　田.『民間格致問答』の著者ボイスと訳者大庭雪斎.津山高専紀要，1983（21）：1-27

吉田　寅.中国語科学書"博物新編"とその日本版.東洋史論集，1990（3）：1-10

中山　茂.近代西洋科学用語中日互借対照表.科学史研究，1992（81）：3

八耳俊文.漢訳西学書『博物通書』と「電気」の定着.青山学院女子短期

大学紀，1992（46）：109–132

八耳俊文.D.Jマッゴウランと中国、日本　1843–1893.『洋学Ⅰ ― 洋学史学会研究年報』，1993：43–87

八耳俊文.中国における宣教師による科学啓蒙活動と進化論.平成2・3・4年度科学研究費補助金（総合研究A）研究成果報告書『進化論受容の比較科学史の研究，1993：51–61

沈国威.中国の近代学術用語の創出と導入 ― 文化交流と語彙交流の視点から.文林，1995（29）：51–72

八耳俊文.対『重学浅説』的版本以及化学史的研究.青山学院女子短期大学紀要，1996（50）：285–307

八耳俊文.19世紀中期における西洋人宣教師の科学啓蒙活動についての基礎的研究.『平成6年度科学研究費補助金（一般研究C）研究成果報告書』，1996

八耳俊文.重学浅説の書誌学及び化学史の研究.青山学院女子短期大学紀要，1996（50）：285–307

八耳俊文.幕末明治初期に渡来した自然神学の自然観 ― ホブソン"博物新編"を中心に.青山学院女子短期大学総合文化研究所年報，1996（4）：127–140

沈国威.近代における漢字学術用語の生成と交流 ― 医学用語編.文林，1996（1）59–94

沈国威.漢語の育てた近代日本語.国文学，1996（11）：80–86

八耳俊文.アヘン戦争以後の漢訳西洋科学書の成立と日本への影響 ― 1850年代のプロテスタント宣教師中国語著作を中心に.吉田忠・李廷挙編『科学技術』『日中文化交流史業書8』，1998：252–310

金京沢、磯崎哲夫.20世紀初頭の中国の理科教科书に関する研究–自然科学系の和書漢訳書を中心に.理科教育学研究，2000（1）：1–12

真田治子.明治期学術漢語の一般化の過程–『哲学字彙』と各種メディアの語彙表との対照.日本語科学，2002（11）：100–114

岡本正志.日本における物理教育の創始者たち ― 物理教育の形成期を探

る.大学の物理教育2003（1）：6-10

中村邦光.科学史入門：日本における「物理」という術語の形成過程.科学史研究，2003（42）：218-222

八田明夫、八田英夫.江戸末期の理科書「気海観瀾広義」について.鹿児島大学教育学部教育実践研究紀要，2004（14）：1-5

陳力衛.『博物新編』の日本受容形態について —— 新概念への対応を中心に.日本近代語研究，2005（4）：199-217

張厚泉.「電気」という近代漢語の意味変遷.言語と交流，2006（9）：59-70

中村邦光.日本における近代物理学の受容と訳語の選定.学術動向，2006（11）：80-85

八耳俊文.電気の始まり.学術の動向，2007（12）：89

千葉謙悟.訳語「奇跡」と日中語彙交流.或問，2009（16）：19-32

何華珍.近代日中間における漢語の交流の歴史.日本語学，2010（10）：16-31

荒川清秀.日中字音語基の造語機能の対照.現代日本語の探求，2013（7）：60-82

野村雅昭.品詞性による字音複合語基の分類.現代日本語の探求，2013（7）：134-145

山下喜代.接辞性字音形態素の造語機能.現代日本語の探求，2013（7）：83-108

朱京偉.蘭学資料の三字漢語についての考察.国語研プロジェクトレビュー，2011（4）：12

朱京偉.蘭学資料の四字漢語についての考察.語構成パターンと語基の性質を中心に.国立国語研究所論集，2011（2）：165-184

朱京偉.在華宣教師の洋学資料に見える四字語.蘭学資料の四字漢語との対照を兼ねて.国立国語研究所論集，2013（6）：245-271

朱京偉.蘭学資料.の二字漢語とその語構成的特徴.斉藤倫明、石井正彦日本語語彙へのアプローチ，2015：214-233

斉藤倫明.複合字音語基相言類の位置づけをめぐって.斉藤倫明、石井正彦（編）日本語語彙へのアプローチ，2015：11-26

小林英樹.漢語動詞をめぐって.斉藤倫明、石井正彦（編）日本語語彙へのアプローチ，2015：47-61

王麗娟.『博物新編』及び中の物理用語について.或問，2015（28）：139-148

朱京偉.語構成パターンの日中対照とその記述方法.東アジア言語接触の研究沈国威、内田慶一（編）東アジア言語接触の研究，2016：321-351

王麗娟.専門語から一般語へと ― 積極・消極を中心に.或問，2017（32）：35-43

# 付録1　明治時代における物理教科書一覧表<sup>①</sup>

| 年代 | 書名 | 作者 | 出版社 | 原作者 | 性質 |
|------|------|------|--------|--------|------|
| 1868 | （訓蒙）窮理図解 | 福沢諭吉 | | | 欧美系 |
| 1869 | 格物入門和解 | | | 丁韙良 | 中国系 |
| 1869 | 理化新説 | 三崎嘯輔 | | | 欧美系 |
| 1870–72 | 理化日記 | 市川盛三郎 | | | 欧美系 |
| 1871 | 挿訳理学初歩（未完成） | 中村順一郎 | | | 欧美系 |
| 1872 | 物理階梯 | 片山淳吉 | | | 欧美系 |
| 1872 | 理学初歩直訳（未完成） | 青木輔清 | | | 欧美系 |
| 1872 | 理学初歩図解（未完成） | 伊藤明徳 | | | 欧美系 |
| 1872 | 窮理発蒙 | | | | |
| 1872 | 窮理捷径十二月帖 | | | | |
| 1872 | 窮理問答 | 後藤達三 | | | 欧美系 |
| 1872 | 窮理便解 | 望月城 | | | 欧美系 |
| 1872 | 物理訓蒙 | 吉田賢輔訳 | | | 欧美系 |
| 1872 | 理学啓蒙 | 片山淳吉 | | | |
| 1872 | 窮理書直訳（格賢勃斯） | 魚沼安正 | | | 欧美系 |
| 1872–73 | 窮理通 | 尾形一貫 | | | 欧美系 |
| 1873 | 訓蒙窮理大全（未完成） | | | | 欧美系 |
| 1873 | 窮理問答 | 鳥山　啓 | | | |
| 1873 | 窮理往来 | | | | |

---

①　空白のところは不詳。

続表

| 年代 | 書名 | 作者 | 出版社 | 原作者 | 性質 |
|------|------|------|--------|--------|------|
| 1873 | 窮理の近道 | | | | |
| 1873 | 窮理新説 | 矢須河通斎 | | | 欧美系 |
| 1873 | 窮理大全 | 阿曽沼恒斎? | | | |
| 1873 | 理学新論 | 藤田正方 | | | |
| 1874 | 物理階梯 | 片山淳吉 | | | 欧美系 |
| 1874 | 窮理本原 | 落合真澄 | | | |
| 1874 | 物理日記 | 市川盛三郎 | | | 欧美系 |
| 1875 | 物理全志 | 宇田川準一 | | | 欧美系 |
| 1875 | 小学物理書 | 内田成道 | | | 欧美系 |
| 1875 | 物理問答 | 永峯秀樹 | 内藤伝右衛門 | | 欧美系 |
| 1875 | 理学新書 | 福田正二 | 福井源太郎 | | |
| 1876 | 小学物理新誌 | 松井惟利 | 小松園蔵版 | | |
| 1876 | （改正増補）物理階梯 | 片山淳吉 | 文部省以及各県版本 | | 欧美系 |
| 1876 | 物理階梯・続編 | 片山淳吉 | 天梁館 | | |
| 1877 | 格物全書 | 小宮山弘道 | | | 欧美系 |
| 1877 | 理学摘用 | 加藤宗甫 | | | |
| 1877 | （万有七科）理学 | 中川重麗 | | | |
| 1877 | （百科全書）物理書 | 小島銑三郎 | | | |
| 877 | 物理新編 | 田中義廉 | 西洋平 | | 欧美系 |
| 1878 | 風雨鍼用法略記 | 中井幸太郎 | | | 欧美系 |
| 1878 | 物理小学 | 角田真平 | 内外兵事新聞局 | | |
| 1878 | （士氏）物理小学 | 小林六郎 | | | |
| 1879 | スチュワート物理学 | 川本 | | | 欧美系 |
| 1879 | 物理全志 | 宇田川準一 | | | 欧美系 |
| 1879 | 改正物理全志 | 宇田川準一 | | | 欧美系 |
| 1879 | 士都華氏物理学 | 川本清一 | 東京大学理学部 | | 欧美系 |
| 1879 | 物理階梯質問録 | 渡辺弘人 | 圭章堂 | | |

続表

| 年代 | 書名 | 作者 | 出版社 | 原作者 | 性質 |
|------|------|------|--------|--------|------|
| 1879 | 物理全志図 | 宇田川準一 | 煙雨楼 | | |
| 1879 | 物理学 | 飯盛挺造 | 島村利助[ほか | | |
| 1880 | (小学)理学問答 | 志賀泰山 | | | |
| 1880 | 高等物理新誌 | 平井深励 | 清豊楼 | | |
| 1881 | 改正物理小学字引 | 宮崎柳条 | 牧野善兵衛 | | |
| 1881 | 改正物理小誌 | 宇田川準一 | | | |
| 1881 | 学校用物理書 | 山岡謙介訳 | 丸家善七 | | 欧美系 |
| 1881 | 小学物理講義 | 片山淳吉<br>百田重明記 | 汲古堂 | | |
| 1882 | 小学物理問答 | 宇田川準一 編訳 | 文学社 | | 欧美系 |
| 1883 | 物理学教授法 | 村岡範為馳 | | | |
| 1883 | 改正物理小誌字引 | 宇田川準一閲 | 文学社編 | | 自編 |
| 1883 | 小学物理啓蒙問題 | 田中竹次郎 | 大黒屋 | | 自編 |
| 1883 | 小学物理書 | 志賀泰山 | 原亮三郎[ほか] | | 欧美系 |
| 1883 | 物理問答 | 村松一 編 | 溝部惟幾 | | 自編 |
| 1884 | 簡明物理学 | 藤田正方 | 大日本薬舗会 | | 自編 |
| 1884 | 士氏物理小學問答 | 蘆葉六郎 編述 | 牧野善兵衛 | | |
| 1884 | 初学物理問答 | 内山末作 | | | 自編 |
| 1884 | 物理暗記 | 伊月元一郎 | 高井恒善 | | |
| 1884 | 物理小誌附録 | 宇田川準一 | 文学社 | | 自編 |
| 1884 | 物理初歩 | 平賀義美 | 普及舎 | | 自編 |
| 1885 | 簡単器機物理試験法 | 福原衡 | 開誘社 | | 自編 |
| 1885 | 小物理学書巻1 | 櫻井房記 譯 | 東京物理学校 | ジヤメン | 欧美系 |
| 1885 | 小学物理啓蒙問題詳解 | 田中竹次郎 | 大黒屋 | | 自編 |
| 1885 | 小学物理小試 | 林守清 | 中近堂 | | 自編 |
| 1885 | 小学問答物理書 | 依田実 | 徴古堂 | | |

続表

| 年代 | 書名 | 作者 | 出版社 | 原作者 | 性質 |
|---|---|---|---|---|---|
| 1885 | 初学物理書 | 伴徳政 | 錦森堂[ほか] | | 編訳 |
| 1885 | 小学校生徒用物理書 | 後藤牧太 | | | |
| 1886 | 小物理学書巻2 | 中村精男 | 東京物理学校 | | 欧美系 |
| 1886 | 士都華氏物理学 | 川本清一 | | バルフール・ステウアルト | 欧美系 |
| 1886 | 物理学講義 | 織田又太郎 述、武弓吉之介、新治吉太郎 | 柳旦堂 | | 自編 |
| 1887 | 小中学用物理問答三百題 | 迫喜代治 | 頴才新誌社 | | 自編 |
| 1887 | 士都華氏物理学 | 清野勉 増訂補譯 | | [B.ステウアルト] | 欧美系 |
| 1888 | 物理学 | 宇田川準一 | 福田仙蔵[ほか], | | 欧美系 |
| 1889 | 実験物理小学 | 頓野広太郎 | 中田書店 | | 自編 |
| 1889 | 物理学粋 | 山田董 | 島村利助 | | 自編 |
| 1890 | 小物理学 | | 敬業社 | | 自編 |
| 1890 | 物理奇観 | 竹内広業 | 竹内広業 | | 自編 |
| 1890 | 物理学応用解説 | 峯是三郎 | 金港堂 | | 自編 |
| 1890 | 新編物理学 | 木村駿吉 | 内田老鶴圃 | | 自編 |
| 1890 | 物理学現今之進歩 | 木村駿吉 | | | 自編 |
| 1891 | 簡易物理学 | 坂下亀太郎 | 博文館 | | 自編 |
| 1891 | 実験物理小学 | 頓野広太郎 | 中田清兵衛 | | 自編 |
| 1891 | 実地応用物理奇観.第2篇 | 坂下亀太郎 | 博文館 | | 自編 |
| 1891 | 中学数理書 | 西松二郎訳 | 有正館 | | 欧美系 |
| 1891 | 物理学問答 | 中村成忠編 | 中村成忠 | | 自編 |
| 1892 | 小物理学：新訳 | 中西準太郎 | 日進堂[ほか] | | 欧美系 |
| 1892 | 新編小物理学 | 木村駿吉 | 内田老鶴圃 | | 自編 |

続表

| 年代 | 書名 | 作者 | 出版社 | 原作者 | 性質 |
|---|---|---|---|---|---|
| 1892 | 普通物理学 | 菊池熊太郎 | 金港堂 | | 自編 |
| 1892 | 物理学応用解説 | 峯是三郎 | 金港堂 | | 自編 |
| 1892 | 物理学新解 | 中利通 | 穎才社 | | 自編 |
| 1892 | 理化示教 | 敬業社 | 敬業社 | | 自編 |
| 1893 | 物理問題集：小学校生徒用 | 加茂吉郎 | 細謹舎 | | 自編 |
| 1893 | 新編中物理学 | 木村駿吉 | 内田老鶴圃 | | 自編 |
| 1893 | 物理学 | 菊池熊太郎 | 金港堂 | | 自編 |
| 1893 | 物理学原論（上・下） | 木村駿吉 訳補 | 内田老鶴圃 | | 欧美系 |
| 1893 | 物理学講本（上・中・下） | 神戸要次郎 | 田中増蔵 | | 欧美系 |
| 1893 | 物理学百問百等 | 中利通 | 長嶋文昌堂 | | 自編 |
| 1893 | 理科教授法 | 今泉祐善 | 博文館 | | 自編 |
| 1894 | 近世物理学 | 水島久太郎 | 有斐閣 | | 自編 |
| 1894 | 新選普通物理学 | 菊池熊太郎 | 敬業社 | | 自編 |
| 1894 | 新編物理学 | 生駒万治 | 博文館 | | 自編 |
| 1894 | 普通物理学教科書（上・中・下） | 三守守 編 | 敬業社 | | 自編 |
| 1894 | 物理提綱：中等教育 | 飯盛挺造、寺尾捨次郎 編 | | | 自編 |
| 1894 | 物理学 | 平山順 | 哲学館 | | 編訳 |
| 1894 | 物理学教科書（上・下） | 菊池熊太郎 | 敬業社 | | 自編 |
| 1894 | 物理学講義（上・下） | 飯盛挺造 | 明治講医会 | | 自編 |
| 1894 | 物理問答 | 飯盛挺造 古屋恒次郎 | 丸善株式会社書店、南江堂書店 | | |
| 1895 | 簡易物理実験法 | 吉岡勘之助 | 普及舎 | | 欧美系 |
| 1895 | 新編物理学 | 木村駿吉 | | | 自編 |
| 1896 | 新選普通物理学教科書 | 酒井佐保 編 | 富山房 | | 自編 |
| 1896 | 新編物理学問答 | 岡田章平 | 此村黎光堂 | | 自編 |

続表

| 年代 | 書名 | 作者 | 出版社 | 原作者 | 性質 |
|---|---|---|---|---|---|
| 1896 | 新編理化示教 | 伊達道太郎 編<br>小泉栄次郎 補 | 林平次郎 | | 自編 |
| 1896 | 新編理化示教 | 宮本久太郎 | 春陽堂 | | 自編 |
| 1896 | 中学理化示教 | 池田菊苗 | 金港堂 | | 自編 |
| 1896 | 中等物理教科書 | 三輪桓一郎 | 金港堂 | | 自編 |
| 1896 | 物理学上巻 | 藤井兼 | 藤井兼 | | 自編 |
| 1896 | 物理学教科書（上・中・下） | 酒井佐保 | 富山房 | | 自編 |
| 1896 | 物理学講本（上・中・下） | 神戸要次郎 | 吐鳳堂 | | 編訳 |
| 1896 | 物理学問答 | 富山房 | 富山房 | | 自編 |
| 1897 | 新編理化学示教 | 山下安太郎 | 内田老鶴圃 | | 自編 |
| 1897 | 物理教科書 | 菊池熊太郎 | 金港堂 | | 自編 |
| 1897 | 物理学 | 飯塚啓 | 文学社 | | 自編 |
| 1898 | 物理学教科書 | 後藤牧太、根岸福弥 | 大日本図書 | | 自編 |
| 1898 | 物理学計算問題：解法自在 | 伴徳政 | 山海堂 | | 自編 |
| 1898 | 物理学初歩 | 後藤牧太 等著 | 普及舎 | | 自編 |
| 1898 | 物理学本義 | 酒井佐保 | 大日本理科通信講習会 | | 自編 |
| 1898 | 理化示教．理化に係る事柄 | 八田三郎 等著 | 金港堂 | | 自編 |
| 1898 | 理化示教：中等教科 | 山元敬太郎 | 文学社 | | 自編 |
| 1898 | 磁気と電気 | 木村駿吉 | | | |
| 1899 | 近世物理学教科書 | 中村清二 | 富山房 | | 自編 |
| 1899 | 数理学講義録．物理学講義前編 | | 東京数理学会 | | 自編 |
| 1899 | 物理示要 | 大前寛忠訳 | 篠田謙治 | | 欧美系 |
| 1899 | 物理学教科書 | 市川林太郎 | 三省堂 | | 自編 |
| 1900 | 中等教育物理提要 | 飯盛挺造、寺尾捨次郎 | 丸善書店 | | 自編 |

続表

| 年代 | 書名 | 作者 | 出版社 | 原作者 | 性質 |
|------|------|------|--------|--------|------|
| 1900 | 女子物理学 | 飯盛挺造 | | | |
| 1900 | 物理学教科書 | 酒井佐保 | 冨山房 | | 自編 |
| 1900 | 数理学講義録.物理学講義 | 東京数理学会 | 東京数理学会 | | 自編 |
| 1900 | 数理学講義録.重学講義 | 東京数理学会 | 東京数理学会 | | 自編 |
| 1900 | 物理新編 | 足立震太郎 | 金港堂 | | 自編 |
| 1900 | 物理学：女子理科 | 原田長松 | 吉川半七 | | 自編 |
| 1900 | 物理学講義録 | 飯盛挺造 述、松原司馬 記 | 岐阜県武儀郡 | | 自編 |
| 1900 | 理化示教 | 池田菊苗 等 | 金港堂 | | 自編 |
| 1901 | 新選物理学 | 本多光太郎、田中三四郎 | 内田老鶴圃 | | 自編 |
| 1901 | 新編物理学教科書 | 森山辰之助 | 金港堂 | | 自編 |
| 1901 | 中学物理学教程（上・下） | 浦口善為 | 丸善 | | 自編 |
| 1901 | 普通物理学 | 原田長松 | 吉川半七 | | 自編 |
| 1901 | 物理般論：自習及講義用.第1・2巻 | 木村駿吉 | 大日本図書 | エヅアルド・リーケ 著 | 欧美系 |
| 1901 | 物理学教科書 | 市川林太郎 | 三省堂書店 | | 自編 |
| 1901 | 物理学教科書問題集 | 後藤牧太、根岸福弥 | 大日本図書 | | 自編 |
| 1901 | 物理学問答 | 山海堂編輯所 | 山海堂 | | 自編 |
| 1902 | 新選物理問答 | 岡野英太郎 | 富田文陽堂 | | 自編 |
| 1902 | 新選物理学教科書 | 関本幸太郎、小倉鈕次 | 大日本図書 | | 自編 |
| 1902 | 新定物理学 | 菅野皆可 | 興文社 | | 自編 |
| 1902 | 実験物理学 | 中村清二 | 富山房 | ワールブルヒ 著 | 欧美系 |
| 1902 | 数理学講義録.重学講義 | 東京数理学会 | 東京数理学会 | | 自編 |

続表

| 年代 | 書名 | 作者 | 出版社 | 原作者 | 性質 |
|---|---|---|---|---|---|
| 1902 | 中等物理教科書 | 小宅千次郎 | 金港堂 | | 自編 |
| 1902 | 中等物理学 | 須藤伝次郎 | 目黒書房 | | 自編 |
| 1902 | 物理教科書 | 神戸要次郎 | 興文社 | | 自編 |
| 1902 | 物理計算及問題詳解 | 伴徳政 | 修学堂 | | 自編 |
| 1902 | 物理学教科書：普通教育 | 田丸卓郎 | 開成館 | | 自編 |
| 1902 | 物理学計算法解説（前後編） | 近藤清次郎、池田清 | 盛文堂 | | 自編 |
| 1902 | 物理学教科書 | 三輪桓一郎 | 金港堂 | | 自編 |
| 1902 | 物理学新教科書：普通教育 | 田丸卓郎 | 開成館 | | 自編 |
| 1902 | 物理学問題義解. 第1編 | 中島市太郎 | | | 自編 |
| 1902 | 物理学問題例解 | 三沢力太郎 | 明昇堂 | | 自編 |
| 1903 | 新選物理学問答 | 寺崎留吉 | 博文館 | | 自編 |
| 1903 | 実験物理　第1編（物性論） | 玉置清一 編 | 開発社 | | 自編 |
| 1903 | 中学物理学教科書 | 早川金之助 | 金港堂 | | 自編 |
| 1903 | 中等物理教科書 | 三守守 | 普及舎 | | 自編 |
| 1903 | 普通物理学教科書（上） | 三守守 | | | 自編 |
| 1903 | 物理気象教科書 | 横井時敬、佐久間謙 | 普及舎 | | 自編 |
| 1903 | 物理計算問題 | 柴田初治郎 | 興文社 | | 自編 |

続表

| 年代 | 書名 | 作者 | 出版社 | 原作者 | 性質 |
|---|---|---|---|---|---|
| 1903 | 物理計算問題解式 | 柴田初治郎 | 興文社 | | 自編 |
| 1903 | 物理学：言文一致 | 富山房編輯部 | 富山房 | | 自編 |
| 1903 | 物理学：中等教科 | 中村精男、小林晋吉 | 水野書店 | | 自編 |
| 1903 | 物理学教科書 | 酒井佐保 | 富山房 | | 自編 |
| 1903 | 物理学粹 | 山田董 | 丸善書店 | | 自編 |
| 1903 | 物理学中教科書 | 本間義次郎 | 敬業社 | | 自編 |
| 1903 | 物理学理論解説 | 伴徳政 | 六合館 | | 自編 |
| 1903 | 補習物理学 | 市川林太郎 | 三省堂 | | 自編 |
| 1903 | 理科教本物理篇 | 普及舎 | 普及舎 | | 自編 |
| 1904 | 普通物理学教科書（下） | 三守守 | 敬業社 | | 自編 |
| 1905 | 最近物理学問答 | 理科研究会 編 | 参文舎 | | 自編 |
| 1905 | 最新物理学講義 | 広仲宗太 | 修学堂 | | 自編 |
| 1905 | 新式物理学教科書 | 本多光太郎、田中三四郎 著 | 内田老鶴圃 | | 自編 |
| 1905 | 中等教科図説全書・物理学 | 教科研究会 編 | 盛林堂 | | 自編 |
| 1905 | 物理学解義：理論計算（上・下） | 山下安太郎 著、本多光太郎 閲 | 有朋堂 | | 自編 |
| 1905 | 物理学公式 | 藤井郷三 | 高岡書店 | | 自編 |

続表

| 年代 | 書名 | 作者 | 出版社 | 原作者 | 性質 |
|---|---|---|---|---|---|
| 1905 | 補習物理参考書 | 林鶴松 編 | 富山房 | | 自編 |
| 1905 | 補習用物理学 | 田中三四郎 | 金刺芳流堂 | | 自編 |
| 1906 | 近世物理学講義 | 池田清，田口良平 著 | 高岡書店 | | 自編 |
| 1906 | 新選物理学階梯：中等教育 | 蒔田宗次 著、後藤牧太 閲 | 博文館 | | 自編 |
| 1906 | 新選物理学教科書 | 本多光太郎 | 開成館 | | 自編 |
| 1906 | 表説物理学（上・下巻） | 普通学講習会 | 此村欽英堂 | | 自編 |
| 1906 | 普通物理学（上・下巻） | 福井政一 | 博文館 | | 自編 |
| 1906 | 物理の話 | 藤谷長吾（省軒外史）著 | 藤谷崇文館 | | 自編 |
| 1906 | 物理学（前後編） | 林茂増 | 文武堂 | | 自編 |
| 1906 | 物理学教科書 | 板橋盛俊 | 三省堂 | | 自編 |
| 1906 | 物理学教科書：普通教育 | 本間義次郎、大島鎮治 著 | 宝文館 | | 自編 |
| 1906 | 物理学計算問題解義 | 田中伴吉 | 金刺芳流堂 | | 自編 |
| 1907 | 普通教育物理学 | 山口鋭之助 | 大日本図書 | | 自編 |
| 1907 | 物理学（上・下巻） | 横田憲之 | 中等学術研究会 | | 自編 |
| 1907 | 物理学（上編） | 美島近一郎 | 六盟館 | | 自編 |
| 1907 | 物理学.電気学之部（動電気） | 小出貫一郎 | 長谷川活版所 | | 自編 |
| 1907 | 物理学課本 | 後藤牧太 | 東亜公司 | | 自編 |

続表

| 年代 | 書名 | 作者 | 出版社 | 原作者 | 性質 |
|------|------|------|--------|--------|------|
| 1907 | 物理学講義 | 田中三四郎 | 金刺芳流堂 | | 自編 |
| 1907 | 物理学通解：理論計算.下巻 | 近藤清次郎 | 高岡書店 | | 自編 |
| 1907 | 物理学的勢力不滅論 | 本多光太郎 | 内田老鶴圃 | | 自編 |
| 1907 | 物理学表解：言文一致 | 永田赳二 | 田中宋栄堂 | | 自編 |
| 1907 | 理化講話 | 本多光太郎、池田菊苗 述，種村宗八 | 早稲田大学出版部 | | 自編 |
| 1907 | 理科提要 | 藤井健次郎 等 | 開成館 | | 自編 |
| 1908 | 応用物理学 | 山田正隆 | 攻玉社工学校土木講義録発行部 | | 自編 |
| 1908 | 最新物理学教科書 | 本多光太郎、田中三四郎 | 内田老鶴圃 | | 自編 |
| 1908 | 最新物理学講義 | 森総之助 | 宝文館 | | 自編 |
| 1908 | 新式物理学綱用 | 平田徳太郎 | 高岡書店 | | 自編 |
| 1908 | 新体物理学教科書 | 野田貞 | 開成館 | | 自編 |
| 1908 | 実業物理教科書 | 石沢吉磨 | 金港堂 | | 自編 |
| 1908 | 中等物理学講義 | 青葉万六、岡新六 | 博文館 | | 自編 |
| 1908 | 物理化学講義（上・中・下） | 大幸勇吉 | 富山房 | | 自編 |
| 1908 | 物理近説 | 飯盛挺造、近藤耕蔵 | | | 自編 |
| 1908 | 物理学教科書：農学校用 | 稲垣乙丙 | 博文館 | | 自編 |

続表

| 年代 | 書名 | 作者 | 出版社 | 原作者 | 性質 |
|---|---|---|---|---|---|
| 1908 | 物理学業話 | 鶴田賢次 | 博文館 | | 自編 |
| 1908 | 物理学輓近の発展 | 平塚忠之助 著 | 大日本図書 | | 自編 |
| 1908 | 物理学問題集 | 岡三郎 編 | 彩雲閣 | | 自編 |
| 1908 | 物理学問答 | 島村東洋 編 | 修学堂 | | 自編 |
| 1908 | 物理学要解 | 田中三四郎 著 | 金刺芳流堂 | | 自編 |
| 1908 | 理科教授資料：普通教育. 下巻　物理篇 | 樋口勘治郎 等著 | 鍾美堂 | | 自編 |
| 1908 | 理科摘要. 下 | 柿原久保 | 魂友会出版部 | | 自編 |
| 1908 | 最新物理学教科書 | 本多光太郎、田中三四郎 | 内田老鶴圃 | | 自編 |
| 1909 | 物理学：実験及理論 | 森総之助 編、村岡範為馳 閲 | 積善館 | | 自編 |
| 1909 | 物理学綱要（1・2・3・4巻） | 柴田初治郎 編 | 興文社 | | 自編 |
| 1910 | 新撰物理学実験法 | 友田鎮三 | 開成館 | | 自編 |
| 1910 | 中等物理学教科書 | 和田猪三郎、倉林源四郎 | 金港堂 | | 自編 |
| 1910 | 摘要理科図説. 第5編　物理学 | 東京理科学会 編、三宅驥一 閲 | 水野書店 | | 自編 |
| 1910 | 物理学精義：受験参考 | 西沢勇志智、多田静夫 | 鍾美堂 | | 自編 |
| 1911 | 新編物理学教科書 | 本多光太郎、田中三四郎 | 内田老鶴圃 | | 自編 |
| 1911 | 新編物理学教科書 | 近藤耕蔵 | 目黒書店 | | 自編 |
| 1911 | 独習物理新編（上・下巻） | 恩田重信 | 金原商店 | | 自編 |

続表

| 年代 | 書名 | 作者 | 出版社 | 原作者 | 性質 |
|---|---|---|---|---|---|
| 1911 | 普通物理学教科書 | 石沢吉磨 | 金港堂 | | 自編 |
| 1911 | 物理解義：理論計算（上・下） | 山下安太郎 著 | 有朋堂 | | 自編 |
| 1911 | 物理化学 | 大幸勇吉 著 | 富山房 | | 自編 |
| 1911 | 物理学教科書：優級師範 | 三沢力太郎 著 | 光風館 | | 自編 |
| 1911 | 物理学講義：言文一致 | 明治中学会 | 明治中学会 | | 自編 |
| 1911 | 物理学講義実験法 | 森総之助 | 丸善 | | 自編 |

# 付録2　江戸末期の蘭学資料における電気用語の分布

| 二字語 | | |
|---|---|---|
| **4種資料における電気用語** | | |
| 引力 | 気海観瀾 | 青山林宗 |
| 引力 | 民間格致問答 | 大庭雪斎 |
| 引力 | 気海観瀾広義 | 川本幸民 |
| 引力 | 舎密開宗 | 宇田川榕庵 |
| **3種資料における電気用語** | | |
| 導体 | 気海観瀾 | 青山林宗 |
| 導体 | 民間格致問答 | 大庭雪斎 |
| 導体 | 気海観瀾広義 | 川本幸民 |
| **2種資料における電気用語** | | |
| 北極 | 気海観瀾広義 | 川本幸民 |
| 北極 | 民間格致問答 | 大庭雪斎 |
| 磁石 | 民間格致問答 | 大庭雪斎 |
| 磁石 | 気海観瀾広義 | 川本幸民 |
| 機力 | 気海観瀾広義 | 川本幸民 |
| 機力 | 舎密開宗 | 宇田川榕庵 |
| 摩擦 | 民間格致問答 | 大庭雪斎 |
| 摩擦 | 気海観瀾広義 | 川本幸民 |
| 南極 | 気海観瀾広義 | 川本幸民 |

続表

| | | |
|---|---|---|
| 南極 | 民間格致問答 | 大庭雪斎 |
| 1種資料における電気用語 | | |
| 本体 | 民間格致問答 | 大庭雪斎 |
| 弾力 | 民間格致問答 | 大庭雪斎 |
| 導線 | 気海観瀾広義 | 川本幸民 |
| 導子 | 気海観瀾広義 | 川本幸民 |
| 断縁 | 民間格致問答 | 大庭雪斎 |
| 感動 | 気海観瀾広義 | 川本幸民 |
| 積極 | 舎密開宗 | 宇田川榕庵 |
| 減極 | 気海観瀾広義 | 川本幸民 |
| 減少 | 民間格致問答 | 大庭雪斎 |
| 絶縁 | 気海観瀾広義 | 川本幸民 |
| 流体 | 舎密開宗 | 宇田川榕庵 |
| 摩揩 | 気海観瀾 | 青山林宗 |
| 強力 | 舎密開宗 | 宇田川榕庵 |
| 受器 | 舎密開宗 | 宇田川榕庵 |
| 吸引 | 舎密開宗 | 宇田川榕庵 |
| 消極 | 舎密開宗 | 宇田川榕庵 |
| 圧力 | 舎密開宗 | 宇田川榕庵 |
| 験器 | 舎密開宗 | 宇田川榕庵 |
| 陽積 | 民間格致問答 | 大庭雪斎 |
| 異性 | 舎密開宗 | 宇田川榕庵 |
| 陰積 | 民間格致問答 | 大庭雪斎 |
| 誘引 | 民間格致問答 | 大庭雪斎 |
| 原体 | 気海観瀾 | 青山林宗 |
| 越素 | 気海観瀾広義 | 川本幸民 |
| 増極 | 気海観瀾広義 | 川本幸民 |
| 増進 | 民間格致問答 | 大庭雪斎 |
| 張力 | 気海観瀾 | 青山林宗 |

続表

| | | |
|---|---|---|
| 真空 | 民間格致問答 | 大庭雪斎 |
| 中和 | 舎密開宗 | 宇田川榕庵 |
| 性力 | 気海観瀾 | 青山林宗 |
| 電光 | 民間格致問答 | 大庭雪斎 |
| 素質 | 民間格致問答 | 大庭雪斎 |
| 三字語 | | |
| 2種資料における電気用語 | | |
| 磁石力 | 民間格致問答 | 大庭雪斎 |
| 磁石力 | 気海観瀾広義 | 川本幸民 |
| 1種資料における電気用語 | | |
| 北極素 | 気海観瀾広義 | 川本幸民 |
| 避電線 | 気海観瀾 | 青山林宗 |
| 不導体 | 気海観瀾広義 | 川本幸民 |
| 磁石機 | 気海観瀾広義義 | 川本幸民 |
| 磁石極 | 気海観瀾広義 | 川本幸民 |
| 磁石針 | 気海観瀾広義 | 川本幸民 |
| 機開器 | 民間格致問答 | 大庭雪斎 |
| 減越歴 | 気海観瀾広義 | 川本幸民 |
| 減越素 | 気海観瀾広義 | 川本幸民 |
| 流動物 | 民間格致問答 | 大庭雪斎 |
| 流動質 | 気海観瀾 | 青山林宗 |
| 南極素 | 気海観瀾広義 | 川本幸民 |
| 善導体 | 民間格致問答 | 大庭雪斎 |
| 験気器 | 舎密開宗 | 宇田川榕庵 |
| 越歴機 | 気海観瀾広義 | 川本幸民 |
| 越歴極 | 気海観瀾広義 | 川本幸民 |
| 越歴計 | 気海観瀾広義 | 川本幸民 |
| 越歴力 | 気海観瀾広義 | 川本幸民 |
| 越歴体 | 気海観瀾広義 | 川本幸民 |

続表

| | | |
|---|---|---|
| 越歴験 | 気海観瀾広義 | 川本幸民 |
| 増越歴 | 気海観瀾広義 | 川本幸民 |
| 増越素 | 気海観瀾広義 | 川本幸民 |
| 四字語 | | |
| 1種資料における電気用語 | | |
| 玻璃越歴 | 気海観瀾広義 | 川本幸民 |
| 摩擦越歴 | 気海観瀾広義 | 川本幸民 |
| 無機性体 | 舎密開宗 | 宇田川榕庵 |
| 越列機力 | 舎密開宗 | 宇田川榕庵 |
| 越列幾体 | 民間格致問答 | 大庭雪斎 |
| 麻屈涅質 | 民間格致問答 | 大庭雪斎 |
| 華爾斯性 | 気海観瀾広義 | 川本幸民 |

# 付録3　清末宣教師資料における電気用語の分布

| 二字語 | | |
|---|---|---|
| 7種資料における電気用語 | | |
| 電気 | 無線電報 | 衛理 |
| 電気 | 通物電光 | 傅蘭雅 |
| 電気 | 電学綱目 | 傅蘭雅 |
| 電気 | 格物入門 | 丁韙良 |
| 電気 | 博物新編 | 合信 |
| 電気 | 博物通書 | 瑪高温 |
| 電気 | 格致質学啓蒙 | 艾約瑟 |
| 6種資料における電気用語 | | |
| 通信 | 無線電報 | 衛理 |
| 通信 | 通物電光 | 傅蘭雅 |
| 通信 | 電学綱目 | 衛理 |
| 通信 | 格致質学啓蒙 | 艾約瑟 |
| 通信 | 格物入門 | 丁韙良 |
| 通信 | 博物通書 | 瑪高温 |
| 5種資料における電気用語 | | |
| 電力 | 無線電報 | 衛理 |
| 電力 | 通物電光 | 傅蘭雅 |
| 電力 | 電学綱目 | 傅蘭雅 |

続表

| | | |
|---|---|---|
| 電力 | 格致質学啓蒙 | 艾約瑟 |
| 電力 | 格物入門 | 丁韙良 |
| 4種資料における電気用語 | | |
| 北極 | 通物電光 | 傅蘭雅 |
| 北極 | 電学綱目 | 傅蘭雅 |
| 北極 | 博物新編 | 合信 |
| 北極 | 博物通書 | 瑪高温 |
| 電路 | 無線電報 | 衛理 |
| 電路 | 通物電光 | 傅蘭雅 |
| 電路 | 電学綱目 | 傅蘭雅 |
| 電路 | 格致質学啓蒙 | 艾約瑟 |
| 南極 | 通物電光 | 傅蘭雅 |
| 南極 | 電学綱目 | 傅蘭雅 |
| 南極 | 博物新編 | 合信 |
| 南極 | 博物通書 | 瑪高温 |
| 吸力 | 通物電光 | 傅蘭雅 |
| 吸力 | 電学綱目 | 傅蘭雅 |
| 吸力 | 格致質学啓蒙 | 艾約瑟 |
| 吸力 | 格物入門 | 丁韙良 |
| 阻力 | 無線電報 | 衛理 |
| 阻力 | 通物電光 | 傅蘭雅 |
| 阻力 | 格致質学啓蒙 | 艾約瑟 |
| 阻力 | 電学綱目 | 傅蘭雅 |
| 3種資料における電気用語 | | |
| 電報 | 無線電報 | 衛理 |
| 電報 | 電学綱目 | 傅蘭雅 |
| 電報 | 格物入門 | 丁韙良 |
| 電池 | 無線電報 | 衛理 |
| 電池 | 格致質学啓蒙 | 艾約瑟 |

続表

| | | |
|---|---|---|
| 電池 | 格物入門 | 丁韙良 |
| 電光 | 無線電報 | 衛理 |
| 電光 | 通物電光 | 傅蘭雅 |
| 電光 | 格物入門 | 丁韙良 |
| 電線 | 無線電報 | 衛理 |
| 電線 | 格物入門 | 丁韙良 |
| 電線 | 通物電光 | 傅蘭雅 |
| 電学 | 無線電報 | 衛理 |
| 電学 | 格物入門 | 丁韙良 |
| 電学 | 格致質学啓蒙 | 艾約瑟 |
| 流行 | 通物電光 | 傅蘭雅 |
| 流行 | 電学綱目 | 傅蘭雅 |
| 流行 | 格致質学啓蒙 | 艾約瑟 |
| 流質 | 通物電光 | 傅蘭雅 |
| 流質 | 無線電報 | 衛理 |
| 流質 | 電学綱目 | 傅蘭雅 |
| 摩擦 | 電学綱目 | 傅蘭雅 |
| 摩擦 | 博物通書 | 瑪高温 |
| 摩擦 | 博物新編 | 合信 |
| 相推 | 通物電光 | 傅蘭雅 |
| 相推 | 電学綱目 | 傅蘭雅 |
| 相推 | 博物新編 | 合信 |
| 相引 | 通物電光 | 傅蘭雅 |
| 相引 | 電学綱目 | 傅蘭雅 |
| 相引 | 博物新編 | 合信 |
| 2種資料における電気用語 | | |
| 磁気 | 無線電報 | 衛理 |
| 磁気 | 格物入門 | 丁韙良 |
| 磁石 | 格物入門 | 丁韙良 |

続表

| | | |
|---|---|---|
| 磁石 | 博物新編 | 合信 |
| 電灯 | 通物電光 | 傅蘭雅 |
| 電灯 | 電学綱目 | 傅蘭雅 |
| 電極 | 通物電光 | 傅蘭雅 |
| 電極 | 格物入門 | 丁韙良 |
| 電鑑 | 電学綱目 | 傅蘭雅 |
| 電鑑 | 格物入門 | 丁韙良 |
| 電鈴 | 無線電報 | 衛理 |
| 電鈴 | 通物電光 | 傅蘭雅 |
| 電鎗 | 無線電報 | 衛理 |
| 電鎗 | 格物入門 | 丁韙良 |
| 電器 | 電学綱目 | 傅蘭雅 |
| 電器 | 格物入門 | 丁韙良 |
| 電鐘 | 通物電光 | 傅蘭雅 |
| 電鐘 | 格物入門 | 丁韙良 |
| 負電 | 通物電光 | 傅蘭雅 |
| 負電 | 電学綱目 | 傅蘭雅 |
| 感動 | 無線電報 | 衛理 |
| 感動 | 電学綱目 | 傅蘭雅 |
| 合成 | 電学綱目 | 傅蘭雅 |
| 合成 | 格物入門 | 丁韙良 |
| 極点 | 通物電光 | 傅蘭雅 |
| 極点 | 電学綱目 | 傅蘭雅 |
| 静電 | 無線電報 | 衛理 |
| 静電 | 通物電光 | 傅蘭雅 |
| 吸引 | 電学綱目 | 傅蘭雅 |
| 吸引 | 格致質学啓蒙 | 艾約瑟 |
| 相抵 | 電学綱目 | 傅蘭雅 |
| 相抵 | 格致質学啓蒙 | 艾約瑟 |

続表

| 相合 | 格致質学啓蒙 | 艾約瑟 |
|------|------|------|
| 相合 | 博物新編 | 合信 |
| 相吸 | 電学綱目 | 傅蘭雅 |
| 相吸 | 格物入門 | 丁韙良 |
| 消化 | 電学綱目 | 傅蘭雅 |
| 消化 | 格物入門 | 丁韙良 |
| 圧力 | 通物電光 | 傅蘭雅 |
| 圧力 | 無線電報 | 衛理 |
| 陽気 | 格物入門 | 丁韙良 |
| 陽気 | 博物新編 | 合信 |
| 陰気 | 格物入門 | 丁韙良 |
| 陰気 | 博物新編 | 合信 |
| 引電 | 格致質学啓蒙 | 艾約瑟 |
| 引電 | 格物入門 | 丁韙良 |
| 真空 | 通物電光 | 傅蘭雅 |
| 真空 | 電学綱目 | 傅蘭雅 |
| 正電 | 通物電光 | 傅蘭雅 |
| 正電 | 電学綱目 | 傅蘭雅 |
| 1種資料における電気用語 | | |
| 本体 | 電学綱目 | 傅蘭雅 |
| 擦摩 | 格致質学啓蒙 | 艾約瑟 |
| 傳引 | 博物新編 | 合信 |
| 磁界 | 無線電報 | 衛理 |
| 磁鉄 | 格物入門 | 丁韙良 |
| 次圏 | 通物電光 | 傅蘭雅 |
| 呆鉄 | 博物通書 | 瑪高温 |
| 電表 | 格物入門 | 丁韙良 |
| 電車 | 通物電光 | 傅蘭雅 |
| 電磁 | 無線電報 | 衛理 |

続表

| | | |
|---|---|---|
| 電堆 | 格物入門 | 丁韙良 |
| 電機 | 格物入門 | 丁韙良 |
| 電架 | 格物入門 | 丁韙良 |
| 電浪 | 無線電報 | 衛理 |
| 電溜 | 格致質学啓蒙 | 艾約瑟 |
| 電流 | 無線電報 | 衛理 |
| 電瓶 | 格物入門 | 丁韙良 |
| 電槍 | 格物入門 | 丁韙良 |
| 電速 | 通物電光 | 傅蘭雅 |
| 電信 | 格致質学啓蒙 | 艾約瑟 |
| 電性 | 格物入門 | 丁韙良 |
| 動電 | 無線電報 | 衛理 |
| 動力 | 電学綱目 | 傅蘭雅 |
| 反響 | 無線電報 | 衛理 |
| 分化 | 格物入門 | 丁韙良 |
| 附電 | 通物電光 | 傅蘭雅 |
| 附圏 | 電学綱目 | 傅蘭雅 |
| 副池 | 格物入門 | 丁韙良 |
| 感電 | 無線電報 | 衛理 |
| 功力 | 無線電報 | 衛理 |
| 貫串 | 格致質学啓蒙 | 艾約瑟 |
| 化電 | 通物電光 | 傅蘭雅 |
| 化分 | 電学綱目 | 傅蘭雅 |
| 化合 | 電学綱目 | 傅蘭雅 |
| 回路 | 格物入門 | 丁韙良 |
| 尖点 | 電学綱目 | 傅蘭雅 |
| 減線 | 博物通書 | 瑪高温 |
| 揩摩 | 格致質学啓蒙 | 艾約瑟 |
| 流動 | 博物新編 | 合信 |

続表

| | | |
|---|---|---|
| 流通 | 無線電報 | 衛理 |
| 馬力 | 通物電光 | 傅蘭雅 |
| 摩電 | 通物電光 | 傅蘭雅 |
| 能力 | 無線電報 | 衛理 |
| 牽逼 | 博物新編 | 合信 |
| 牽合 | 博物新編 | 合信 |
| 牽引 | 博物新編 | 合信 |
| 乾電 | 格物入門 | 丁韙良 |
| 乾繼 | 電学綱目 | 傅蘭雅 |
| 驅吸 | 格致質学啓蒙 | 艾約瑟 |
| 驅逐 | 格致質学啓蒙 | 艾約瑟 |
| 去路 | 格物入門 | 丁韙良 |
| 摂取 | 博物新編 | 合信 |
| 摂力 | 無線電報 | 衛理 |
| 摂吸 | 博物新編 | 合信 |
| 摂引 | 博物新編 | 合信 |
| 湿電 | 格物入門 | 丁韙良 |
| 通字 | 博物通書 | 瑪高温 |
| 推拒 | 博物新編 | 合信 |
| 推開 | 博物新編 | 合信 |
| 推離 | 博物新編 | 合信 |
| 退避 | 格致質学啓蒙 | 艾約瑟 |
| 吸気 | 博物新編 | 合信 |
| 吸取 | 格致質学啓蒙 | 艾約瑟 |
| 吸摂 | 博物新編 | 合信 |
| 相傳 | 博物新編 | 合信 |
| 相反 | 電学綱目 | 傅蘭雅 |
| 相犯 | 博物新編 | 合信 |
| 相和 | 電学綱目 | 傅蘭雅 |

統表

| | | |
|---|---|---|
| 相離 | 電学綱目 | 傅蘭雅 |
| 相聯 | 電学綱目 | 傅蘭雅 |
| 相摩 | 格物入門 | 丁韙良 |
| 相驅 | 格物入門 | 丁韙良 |
| 相消 | 電学綱目 | 傅蘭雅 |
| 消滅 | 博物新編 | 合信 |
| 陽電 | 格致質学啓蒙 | 艾約瑟 |
| 陽端 | 博物新編 | 合信 |
| 陽極 | 格物入門 | 丁韙良 |
| 陽線 | 博物新編 | 合信 |
| 陰電 | 格致質学啓蒙 | 艾約瑟 |
| 陰端 | 博物新編 | 合信 |
| 陰極 | 格物入門 | 丁韙良 |
| 陰線 | 博物新編 | 合信 |
| 引力 | 電学綱目 | 傅蘭雅 |
| 増線 | 博物通書 | 瑪高温 |
| 漲力 | 電学綱目 | 傅蘭雅 |
| 中和 | 博物新編 | 合信 |
| 阻礙 | 格物入門 | 丁韙良 |
| 阻路 | 電学綱目 | 傅蘭雅 |
| 阻滞 | 格物入門 | 丁韙良 |
| 三字語 | | |
| 3種資料における電気用語 | | |
| 来頓瓶 | 無線電報 | 衛理 |
| 来頓瓶 | 通物電光 | 傅蘭雅 |
| 来頓瓶 | 電学綱目 | 傅蘭雅 |
| 2種資料における電気用語 | | |
| 電動力 | 電学綱目 | 傅蘭雅 |
| 電動力 | 通物電光 | 傅蘭雅 |

続表

| 電気機 | 格物入門 | 丁韙良 |
|---|---|---|
| 電気機 | 格致質学啓蒙 | 艾約瑟 |
| 電気力 | 電学綱目 | 傅蘭雅 |
| 電気力 | 格致質学啓蒙 | 艾約瑟 |
| 電気器 | 無線電報 | 衛理 |
| 電気器 | 電学綱目 | 傅蘭雅 |
| 発電器 | 電学綱目 | 傅蘭雅 |
| 発電器 | 通物電光 | 傅蘭雅 |
| 附電気 | 通物電光 | 傅蘭雅 |
| 附電気 | 電学綱目 | 傅蘭雅 |
| 負電気 | 通物電光 | 傅蘭雅 |
| 負電気 | 電学綱目 | 傅蘭雅 |
| 負極点 | 通物電光 | 傅蘭雅 |
| 負極点 | 電学綱目 | 傅蘭雅 |
| 副磁鉄 | 無線電報 | 衛理 |
| 副磁鉄 | 格物入門 | 丁韙良 |
| 量電器 | 通物電光 | 傅蘭雅 |
| 量電器 | 電学綱目 | 傅蘭雅 |
| 螺絲圏 | 通物電光 | 傅蘭雅 |
| 螺絲圏 | 格物入門 | 丁韙良 |
| 通電路 | 通物電光 | 傅蘭雅 |
| 通電路 | 格致質学啓蒙 | 艾約瑟 |
| 吸鉄気 | 通物電光 | 傅蘭雅 |
| 吸鉄気 | 博物通書 | 艾約瑟 |
| 吸鉄器 | 通物電光 | 傅蘭雅 |
| 吸鉄器 | 電学綱目 | 傅蘭雅 |
| 蓄電瓶 | 格致質学啓蒙 | 艾約瑟 |
| 蓄電瓶 | 格物入門 | 丁韙良 |
| 正電気 | 通物電光 | 傅蘭雅 |

統表

| | | |
|---|---|---|
| 正電気 | 電学綱目 | 傅蘭雅 |
| 正極点 | 通物電光 | 傅蘭雅 |
| 正極点 | 電学綱目 | 傅蘭雅 |
| 1種資料における電気用語 | | |
| 愛摂力 | 電学綱目 | 傅蘭雅 |
| 愛吸力 | 通物電光 | 傅蘭雅 |
| 北電極 | 格物入門 | 丁韪良 |
| 北極気 | 博物通書 | 瑪高温 |
| 本電路 | 電学綱目 | 傅蘭雅 |
| 本電気 | 電学綱目 | 傅蘭雅 |
| 本吸鉄 | 通物電光 | 傅蘭雅 |
| 変電器 | 通物電光 | 傅蘭雅 |
| 出電極 | 通物電光 | 傅蘭雅 |
| 出電路 | 通物電光 | 傅蘭雅 |
| 次電気 | 電学綱目 | 傅蘭雅 |
| 次電圏 | 通物電光 | 傅蘭雅 |
| 次吸鉄 | 電学綱目 | 傅蘭雅 |
| 単層池 | 格致質学啓蒙 | 艾約瑟 |
| 電報線 | 無線電報 | 衛理 |
| 電磁浪 | 無線電報 | 衛理 |
| 電光灯 | 通物電光 | 傅蘭雅 |
| 電行路 | 通物電光 | 傅蘭雅 |
| 電機器 | 博物新編 | 合信 |
| 電力較 | 通物電光 | 傅蘭雅 |
| 電路体 | 電学綱目 | 傅蘭雅 |
| 電気灯 | 無線電報 | 衛理 |
| 電気減 | 博物通書 | 瑪高温 |
| 電気局 | 博物新編 | 合信 |
| 電気浪 | 無線電報 | 衛理 |

続表

| | | |
|---|---|---|
| 電気溜 | 格致質学啓蒙 | 艾約瑟 |
| 電気路 | 無線電報 | 衛理 |
| 電気熱 | 博物新編 | 合信 |
| 電気数 | 電学綱目 | 傅蘭雅 |
| 電気学 | 格格致質学啓蒙 | 艾約瑟 |
| 電気増 | 博物通書 | 瑪高温 |
| 電器械 | 格致質学啓蒙 | 艾約瑟 |
| 電牽力 | 通物電光 | 傅蘭雅 |
| 電線圏 | 無線電報 | 衛理 |
| 電圧力 | 通物電光 | 傅蘭雅 |
| 電陽気 | 博物新編 | 合信 |
| 電揺鈴 | 格物入門 | 丁韙良 |
| 動電気 | 電学綱目 | 傅蘭雅 |
| 動物電 | 通物電光 | 傅蘭雅 |
| 発電体 | 通物電光 | 傅蘭雅 |
| 法耳台 | 無線電報 | 衛理 |
| 法通線 | 格物入門 | 丁韙良 |
| 反電気 | 電学綱目 | 傅蘭雅 |
| 反響器 | 無線電報 | 衛理 |
| 防雷鉄 | 格物入門 | 丁韙良 |
| 放電叉 | 格物入門 | 丁韙良 |
| 放電桿 | 通物電光 | 傅蘭雅 |
| 附電堆 | 電学綱目 | 傅蘭雅 |
| 附電力 | 通物電光 | 傅蘭雅 |
| 附電圏 | 通物電光 | 傅蘭雅 |
| 附電性 | 通物電光 | 傅蘭雅 |
| 負電極 | 通物電光 | 傅蘭雅 |
| 負電力 | 通物電光 | 傅蘭雅 |
| 負電路 | 電学綱目 | 傅蘭雅 |

続表

| | | |
|---|---|---|
| 負電梳 | 通物電光 | 傅蘭雅 |
| 負電体 | 通物電光 | 傅蘭雅 |
| 負電指 | 通物電光 | 傅蘭雅 |
| 副電池 | 格物入門 | 丁韙良 |
| 副吸鐵 | 電学綱目 | 傅蘭雅 |
| 感電圏 | 無線電報 | 衛理 |
| 琥珀気 | 格物入門 | 丁韙良 |
| 化電器 | 通物電光 | 傅蘭雅 |
| 同光泡 | 通物電光 | 傅蘭雅 |
| 同光器 | 通物電光 | 傅蘭雅 |
| 接電台 | 格物入門 | 丁韙良 |
| 進電極 | 通物電光 | 傅蘭雅 |
| 進電路 | 通物電光 | 傅蘭雅 |
| 静電器 | 通物電光 | 傅蘭雅 |
| 聚光泡 | 通物電光 | 傅蘭雅 |
| 絶電質 | 無線電報 | 衛理 |
| 冷熱電 | 通物電光 | 傅蘭雅 |
| 連電池 | 無線電報 | 衛理 |
| 另電気 | 電学綱目 | 傅蘭雅 |
| 煤電灯 | 格物入門 | 丁韙良 |
| 煤気灯 | 通物電光 | 傅蘭雅 |
| 摩電器 | 通物電光 | 傅蘭雅 |
| 南電極 | 格物入門 | 丁韙良 |
| 南極気 | 博物通書 | 瑪高温 |
| 内衡器 | 通物電光 | 傅蘭雅 |
| 鑷鉄器 | 電学綱目 | 傅蘭雅 |
| 鑷鉄圏 | 電学綱目 | 傅蘭雅 |
| 千里信 | 格物入門 | 丁韙良 |
| 乾電機 | 格物入門 | 丁韙良 |

続表

| | | |
|---|---|---|
| 收電器 | 通物電光 | 傅蘭雅 |
| 双層池 | 格致質学啓蒙 | 艾約瑟 |
| 松香質 | 電学綱目 | 傅蘭雅 |
| 探電器 | 格致質学啓蒙 | 艾約瑟 |
| 通電料 | 通物電光 | 傅蘭雅 |
| 通電器 | 通物電光 | 傅蘭雅 |
| 通電体 | 電学綱目 | 傅蘭雅 |
| 通電物 | 通物電光 | 傅蘭雅 |
| 通電線 | 電学綱目 | 傅蘭雅 |
| 外衛器 | 通物電光 | 傅蘭雅 |
| 無極針 | 格物入門 | 丁韙良 |
| 吸驅力 | 格致質学啓蒙 | 艾約瑟 |
| 吸鉄力 | 通物電光 | 傅蘭雅 |
| 吸鉄石 | 格致質学啓蒙 | 艾約瑟 |
| 吸鉄性 | 通物電光 | 傅蘭雅 |
| 吸鉄針 | 電学綱目 | 傅蘭雅 |
| 吸物力 | 格致質学啓蒙 | 艾約瑟 |
| 顕電器 | 通物電光 | 傅蘭雅 |
| 顕光器 | 通物電光 | 傅蘭雅 |
| 顯轉器 | 電学綱目 | 傅蘭雅 |
| 蓄電針 | 格物入門 | 丁韙良 |
| 陽電極 | 格致質学啓蒙 | 艾約瑟 |
| 陽電溜 | 格致質学啓蒙 | 艾約瑟 |
| 陽電気 | 格致質学啓蒙 | 艾約瑟 |
| 陰電極 | 格致質学啓蒙 | 艾約瑟 |
| 陰電溜 | 格致質学啓蒙 | 艾約瑟 |
| 陰電気 | 格致質学啓蒙 | 艾約瑟 |
| 引電架 | 格物入門 | 丁韙良 |
| 引電器 | 通物電光 | 傅蘭雅 |

続表

| | | |
|---|---|---|
| 引電質 | 無線電報 | 衛理 |
| 匀電器 | 通物電光 | 傅蘭雅 |
| 増力器 | 無線電報 | 衛理 |
| 真空管 | 電学綱目 | 傅蘭雅 |
| 正電池 | 格物入門 | 丁韙良 |
| 正電極 | 通物電光 | 傅蘭雅 |
| 正電力 | 通物電光 | 傅蘭雅 |
| 正電路 | 電学綱目 | 傅蘭雅 |
| 正電梳 | 通物電光 | 傅蘭雅 |
| 正電体 | 通物電光 | 傅蘭雅 |
| 正電指 | 通物電光 | 傅蘭雅 |
| 正負極 | 電学綱目 | 傅蘭雅 |
| 正磁鉄 | 格物入門 | 丁韙良 |
| 指字機 | 格致質学啓蒙 | 艾約瑟 |
| 助声器 | 無線電報 | 衛理 |
| 貯電箱 | 無線電報 | 衛理 |
| 阻電力 | 通物電光 | 傅蘭雅 |
| 阻電率 | 通物電光 | 傅蘭雅 |
| 阻力器 | 電学綱目 | 傅蘭雅 |
| 阻力質 | 電学綱目 | 傅蘭雅 |
| 2種資料における電気用語 | | |
| 玻璃電気 | 電学綱目 | 傅蘭雅 |
| 玻璃電気 | 格致質学啓蒙 | 艾約瑟 |
| 電気機器 | 無線電報 | 衛理 |
| 電気機器 | 格致質学啓蒙 | 艾約瑟 |
| 通物電光 | 無線電報 | 衛理 |
| 通物電光 | 通物電光 | 傅蘭雅 |
| 1種資料における電気用語 | | |
| 愛克司光 | 通物電光 | 傅蘭雅 |

続表

| | | |
|---|---|---|
| 不傳電物 | 格致質学啓蒙 | 艾約瑟 |
| 傳電横桿 | 格致質学啓蒙 | 艾約瑟 |
| 傳電機器 | 無線電報 | 衛理 |
| 傳電気物 | 電学綱目 | 傅蘭雅 |
| 傳電気質 | 電学綱目 | 傅蘭雅 |
| 次発電器 | 通物電光 | 傅蘭雅 |
| 次附電圏 | 通物電光 | 傅蘭雅 |
| 単線電路 | 格物入門 | 丁韙良 |
| 德律風線 | 無線電報 | 衛理 |
| 電報機式 | 格物入門 | 丁韙良 |
| 電機動勢 | 格物入門 | 丁韙良 |
| 電気機局 | 博物新編 | 合信 |
| 電気通標 | 博物通書 | 瑪高温 |
| 電気陽線 | 博物新編 | 合信 |
| 電気陰線 | 博物新編 | 合信 |
| 発電気器 | 電学綱目 | 傅蘭雅 |
| 発電気筒 | 電学綱目 | 傅蘭雅 |
| 発号機器 | 無線電報 | 衛理 |
| 防雷鉄索 | 格致質学啓蒙 | 艾約瑟 |
| 放電気体 | 電学綱目 | 傅蘭雅 |
| 附成電気 | 電学綱目 | 傅蘭雅 |
| 附吸鉄気 | 通物電光 | 傅蘭雅 |
| 負電極点 | 通物電光 | 傅蘭雅 |
| 負電路体 | 電学綱目 | 傅蘭雅 |
| 負電気体 | 電学綱目 | 傅蘭雅 |
| 負電気線 | 電学綱目 | 傅蘭雅 |
| 該司拉管 | 電学綱目 | 傅蘭雅 |
| 海底電報 | 格物入門 | 丁韙良 |
| 恒吸鉄条 | 通物電光 | 傅蘭雅 |

続表

| | | |
|---|---|---|
| 化電流質 | 通物電光 | 傅蘭雅 |
| 化電気器 | 電学綱目 | 傅蘭雅 |
| 化電気筒 | 電学綱目 | 傅蘭雅 |
| 化電気針 | 電学綱目 | 傅蘭雅 |
| 火漆電気 | 格致質学啓蒙 | 艾約瑟 |
| 連通電法 | 通物電光 | 傅蘭雅 |
| 量電気器 | 電学綱目 | 傅蘭雅 |
| 摩電気器 | 電学綱目 | 傅蘭雅 |
| 摩成電気 | 通物電光 | 傅蘭雅 |
| 摩附電器 | 通物電光 | 傅蘭雅 |
| 粘合機器 | 無線電報 | 衛理 |
| 收電機器 | 無線電報 | 衛理 |
| 收電気力 | 電学綱目 | 傅蘭雅 |
| 收電気器 | 電学綱目 | 傅蘭雅 |
| 松香電気 | 電学綱目 | 傅蘭雅 |
| 通電気器 | 電学綱目 | 傅蘭雅 |
| 通電気体 | 電学綱目 | 傅蘭雅 |
| 通電気質 | 電学綱目 | 傅蘭雅 |
| 無電気質 | 電学綱目 | 傅蘭雅 |
| 無線電報 | 無線電報 | 衛理 |
| 顕電気器 | 電学綱目 | 傅蘭雅 |
| 蓄電気器 | 格致質学啓蒙 | 艾約瑟 |
| 有線電報 | 無線電報 | 衛理 |
| 増電気力 | 電学綱目 | 傅蘭雅 |
| 増電気器 | 電学綱目 | 傅蘭雅 |
| 正電極点 | 通物電光 | 傅蘭雅 |
| 正電路体 | 電学綱目 | 傅蘭雅 |
| 正電気体 | 電学綱目 | 傅蘭雅 |
| 正電気性 | 電学綱目 | 傅蘭雅 |

## 付録4　明治資料における電気用語の分布

| 二字語 | | |
|---|---|---|
| 6種資料における電気用語 | | |
| 北極 | 物理学 | 飯盛挺造 |
| 北極 | 新編物理学 | 木村駿吉 |
| 北極 | 改正増補物理階梯 | 片山淳吉 |
| 北極 | 簡明物理学 | 藤田正方 |
| 北極 | 新撰物理学 | 本多光太郎、田中三四郎 |
| 北極 | 近世物理学教科書 | 中村清二 |
| 導体 | 新編物理学 | 木村駿吉 |
| 導体 | 簡明物理学 | 藤田正方 |
| 導体 | 改正増補物理階梯 | 片山淳吉 |
| 導体 | 物理学 | 飯盛挺造 |
| 導体 | 近世物理学教科書 | 中村清二 |
| 導体 | 新撰物理学 | 本多光太郎、田中三四郎 |
| 電気 | 物理学 | 飯盛挺造 |
| 電気 | 改正増補物理階梯 | 片山淳吉 |
| 電気 | 簡明物理学 | 藤田正方 |
| 電気 | 近世物理学教科書 | 中村清二 |
| 電気 | 新編物理学 | 木村駿吉 |
| 電気 | 新撰物理学 | 本多光太郎、田中三四郎 |

続表

| | | |
|---|---|---|
| 絶縁 | 改正増補物理階梯 | 片山淳吉 |
| 絶縁 | 近世物理学教科書 | 中村清二 |
| 絶縁 | 物理学 | 飯盛挺造 |
| 絶縁 | 新編物理学 | 木村駿吉 |
| 絶縁 | 新撰物理学 | 本多光太郎、田中三四郎 |
| 絶縁 | 簡明物理学 | 藤田正方 |
| 摩擦 | 物理学 | 飯盛挺造 |
| 摩擦 | 新編物理学 | 木村駿吉 |
| 摩擦 | 改正増補物理階梯 | 片山淳吉 |
| 摩擦 | 近世物理学教科書 | 中村清二 |
| 摩擦 | 新撰物理学 | 本多光太郎、田中三四郎 |
| 摩擦 | 簡明物理学 | 藤田正方 |
| 南極 | 改正増補物理階梯 | 片山淳吉 |
| 南極 | 簡明物理学 | 藤田正方 |
| 南極 | 物理学 | 飯盛挺造 |
| 南極 | 近世物理学教科書 | 中村清二 |
| 南極 | 新編物理学 | 木村駿吉 |
| 南極 | 新撰物理学 | 本多光太郎、田中三四郎 |
| 5種資料における電気用語 | | |
| 磁石 | 改正増補物理階梯 | 片山淳吉 |
| 磁石 | 近世物理学教科書 | 中村清二 |
| 磁石 | 物理学 | 飯盛挺造 |
| 磁石 | 新撰物理学 | 本多光太郎、田中三四郎 |
| 磁石 | 簡明物理学 | 藤田正方 |
| 導線 | 新撰物理学 | 本多光太郎、田中三四郎 |
| 導線 | 物理学 | 飯盛挺造 |
| 導線 | 改正増補物理階梯 | 片山淳吉 |
| 導線 | 近世物理学教科書 | 中村清二 |
| 導線 | 簡明物理学 | 藤田正方 |

| | | |
|---|---|---|
| 電池 | 新撰物理学 | 本多光太郎、田中三四郎 |
| 電池 | 物理学 | 飯盛挺造 |
| 電池 | 新編物理学 | 木村駿吉 |
| 電池 | 簡明物理学 | 藤田正方 |
| 電池 | 近世物理学教科書 | 中村清二 |
| 電流 | 新撰物理学 | 本多光太郎、田中三四郎 |
| 電流 | 物理学 | 飯盛挺造 |
| 電流 | 新編物理学 | 木村駿吉 |
| 電流 | 近世物理学教科書 | 中村清二 |
| 電流 | 簡明物理学 | 藤田正方 |
| 引力 | 物理学 | 飯盛挺造 |
| 引力 | 新編物理学 | 木村駿吉 |
| 引力 | 改正増補物理階梯 | 片山淳吉 |
| 引力 | 簡明物理学 | 藤田正方 |
| 引力 | 近世物理学教科書 | 中村清二 |
| 4種資料における電気用語 | | |
| 斥力 | 新撰物理学 | 本多光太郎、田中三四郎 |
| 斥力 | 物理学 | 飯盛挺造 |
| 斥力 | 近世物理学教科書 | 中村清二 |
| 斥力 | 新編物理学 | 木村駿吉 |
| 傳導 | 新撰物理学 | 本多光太郎、田中三四郎 |
| 傳導 | 近世物理学教科書 | 中村清二 |
| 傳導 | 新編物理学 | 木村駿吉 |
| 傳導 | 物理学 | 飯盛挺造 |
| 磁力 | 新編物理学 | 木村駿吉 |
| 磁力 | 近世物理学教科書 | 中村清二 |
| 磁力 | 物理学 | 飯盛挺造 |
| 磁力 | 新撰物理学 | 本多光太郎、田中三四郎 |
| 磁気 | 物理学 | 飯盛挺造 |

続表

| | | |
|---|---|---|
| 磁気 | 新編物理学 | 木村駿吉 |
| 磁気 | 近世物理学教科書 | 中村清二 |
| 磁気 | 新撰物理学 | 本多光太郎、田中三四郎 |
| 抵抗 | 物理学 | 飯盛挺造 |
| 抵抗 | 近世物理学教科書 | 中村清二 |
| 抵抗 | 新編物理学 | 木村駿吉 |
| 抵抗 | 新撰物理学 | 本多光太郎、田中三四郎 |
| 分極 | 物理学 | 飯盛挺造 |
| 分極 | 近世物理学教科書 | 中村清二 |
| 分極 | 新編物理学 | 木村駿吉 |
| 分極 | 新撰物理学 | 本多光太郎、田中三四郎 |
| 感応 | 新撰物理学 | 本多光太郎、田中三四郎 |
| 感応 | 物理学 | 飯盛挺造 |
| 感応 | 近世物理学教科書 | 中村清二 |
| 感応 | 新編物理学 | 木村駿吉 |
| 輪道 | 物理学 | 飯盛挺造 |
| 輪道 | 近世物理学教科書 | 中村清二 |
| 輪道 | 新編物理学 | 木村駿吉 |
| 輪道 | 新撰物理学 | 本多光太郎、田中三四郎 |
| 吸引 | 簡明物理学 | 藤田正方 |
| 吸引 | 物理学 | 飯盛挺造 |
| 吸引 | 近世物理学教科書 | 中村清二 |
| 吸引 | 新撰物理学 | 本多光太郎、田中三四郎 |
| 3種資料における電気用語 | | |
| 電槽 | 近世物理学教科書 | 中村清二 |
| 電槽 | 新撰物理学 | 本多光太郎、田中三四郎 |
| 電槽 | 物理学 | 飯盛挺造 |
| 電灯 | 物理学 | 飯盛挺造 |
| 電灯 | 近世物理学教科書 | 中村清二 |

続表

| 電灯 | 新撰物理学 | 本多光太郎、田中三四郎 |
|---|---|---|
| 電鈴 | 近世物理学教科書 | 中村清二 |
| 電鈴 | 新編物理学 | 木村駿吉 |
| 電鈴 | 新撰物理学 | 本多光太郎、田中三四郎 |
| 電線 | 新撰物理学 | 本多光太郎、田中三四郎 |
| 電線 | 簡明物理学 | 藤田正方 |
| 電線 | 新編物理学 | 木村駿吉 |
| 電信 | 新撰物理学 | 本多光太郎、田中三四郎 |
| 電信 | 物理学 | 飯盛挺造 |
| 電信 | 新編物理学 | 木村駿吉 |
| 放電 | 新撰物理学 | 本多光太郎、田中三四郎 |
| 放電 | 近世物理学教科書 | 中村清二 |
| 放電 | 物理学 | 飯盛挺造 |
| 分解 | 簡明物理学 | 藤田正方 |
| 分解 | 新編物理学 | 木村駿吉 |
| 分解 | 物理学 | 飯盛挺造 |
| 弧灯 | 新撰物理学 | 本多光太郎、田中三四郎 |
| 弧灯 | 物理学 | 飯盛挺造 |
| 弧灯 | 近世物理学教科書 | 中村清二 |
| 積極 | 簡明物理学 | 藤田正方 |
| 積極 | 物理学 | 飯盛挺造 |
| 積極 | 改正増補物理階梯 | 片山淳吉 |
| 強度 | 新撰物理学 | 本多光太郎、田中三四郎 |
| 強度 | 物理学 | 飯盛挺造 |
| 強度 | 簡明物理学 | 藤田正方 |
| 消極 | 物理学 | 飯盛挺造 |
| 消極 | 簡明物理学 | 藤田正方 |
| 消極 | 改正増補物理階梯 | 片山淳吉 |
| 陽極 | 新編物理学 | 木村駿吉 |

続表

| | | |
|---|---|---|
| 陽極 | 新撰物理学 | 本多光太郎、田中三四郎 |
| 陽極 | 近世物理学教科書 | 中村清二 |
| 陰極 | 新編物理学 | 木村駿吉 |
| 陰極 | 近世物理学教科書 | 中村清二 |
| 陰極 | 新撰物理学 | 本多光太郎、田中三四郎 |
| 2種資料における電気用語 | | |
| 磁場 | 新撰物理学 | 本多光太郎、田中三四郎 |
| 磁場 | 近世物理学教科書 | 中村清二 |
| 電場 | 新撰物理学 | 本多光太郎、田中三四郎 |
| 電場 | 近世物理学教科書 | 中村清二 |
| 電光 | 改正増補物理階梯 | 片山淳吉 |
| 電光 | 物理学 | 飯盛挺造 |
| 電力 | 物理学 | 飯盛挺造 |
| 電力 | 改正増補物理階梯 | 片山淳吉 |
| 電位 | 新撰物理学 | 本多光太郎、田中三四郎 |
| 電位 | 近世物理学教科書 | 中村清二 |
| 電源 | 物理学 | 飯盛挺造 |
| 電源 | 簡明物理学 | 藤田正方 |
| 電柱 | 簡明物理学 | 藤田正方 |
| 電柱 | 物理学 | 飯盛挺造 |
| 鍍金 | 新編物理学 | 木村駿吉 |
| 鍍金 | 物理学 | 飯盛挺造 |
| 対流 | 新撰物理学 | 本多光太郎、田中三四郎 |
| 対流 | 近世物理学教科書 | 中村清二 |
| 感動 | 物理学 | 飯盛挺造 |
| 感動 | 簡明物理学 | 藤田正方 |
| 拡布 | 物理学 | 飯盛挺造 |
| 拡布 | 簡明物理学 | 藤田正方 |
| 流体 | 物理学 | 飯盛挺造 |

続表

| 流体 | 新編物理学 | 木村駿吉 |
|---|---|---|
| 流通 | 物理学 | 飯盛挺造 |
| 流通 | 簡明物理学 | 藤田正方 |
| 排斥 | 新撰物理学 | 本多光太郎、田中三四郎 |
| 排斥 | 近世物理学教科書 | 中村清二 |
| 強度 | 物理学 | 飯盛挺造 |
| 強度 | 簡単明物理学 | 藤田正方 |
| 仕事 | 新撰物理学 | 本多光太郎、田中三四郎 |
| 仕事 | 新編物理学 | 木村駿吉 |
| 1種資料における電気用語 | | |
| 衝拆 | 簡明物理学 | 藤田正方 |
| 衝斥 | 簡明物理学 | 藤田正方 |
| 傳達 | 物理学 | 飯盛挺造 |
| 傳和 | 改正増補物理階梯 | 片山淳吉 |
| 傳線 | 物理学 | 飯盛挺造 |
| 傳引 | 改正増補物理階梯 | 片山淳吉 |
| 磁極 | 新編物理学 | 木村駿吉 |
| 帯電 | 新撰物理学 | 本多光太郎、田中三四郎 |
| 導力 | 改正増補物理階梯 | 片山淳吉 |
| 抵拒 | 改正増補物理階梯 | 片山淳吉 |
| 電車 | 物理学 | 飯盛挺造 |
| 電鍍 | 近世物理学教科書 | 中村清二 |
| 電話 | 新撰物理学 | 本多光太郎、田中三四郎 |
| 電撃 | 物理学 | 飯盛挺造 |
| 電量 | 物理学 | 飯盛挺造 |
| 電瓶 | 物理学 | 飯盛挺造 |
| 電素 | 改正増補物理階梯 | 片山淳吉 |
| 電箱 | 物理学 | 飯盛挺造 |
| 反撃 | 物理学 | 飯盛挺造 |

続表

| | | |
|---|---|---|
| 副線 | 物理学 | 飯盛挺造 |
| 功程 | 改正増補物理階梯 | 片山淳吉 |
| 共鳴 | 新撰物理学 | 本多光太郎、田中三四郎 |
| 行並 | 新撰物理学 | 本多光太郎、田中三四郎 |
| 呼鈴 | 新撰物理学 | 本多光太郎、田中三四郎 |
| 機法 | 改正増補物理階梯 | 片山淳吉 |
| 機力 | 改正増補物理階梯 | 片山淳吉 |
| 交代 | 新編物理学 | 木村駿吉 |
| 經路 | 改正増補物理階梯 | 片山淳吉 |
| 聚導 | 改正増補物理階梯 | 片山淳吉 |
| 聚動 | 改正増補物理階梯 | 片山淳吉 |
| 聚蓄 | 改正増補物理階梯 | 片山淳吉 |
| 列並 | 新撰物理学 | 本多光太郎、田中三四郎 |
| 螺線 | 簡明物理学 | 藤田正方 |
| 潜電 | 物理学 | 飯盛挺造 |
| 炭燈 | 新編物理学 | 木村駿吉 |
| 通信 | 物理学 | 飯盛挺造 |
| 遊離 | 物理学 | 飯盛挺造 |
| 張力 | 物理学 | 飯盛挺造 |
| 脈力 | 簡明物理学 | 藤田正方 |
| 真空 | 新撰物理学 | 本多光太郎、田中三四郎 |
| 直流 | 新編物理学 | 木村駿吉 |
| 中和 | 近世物理学教科書 | 中村清二 |
| 逐斥 | 物理学 | 飯盛挺造 |
| 三字語 | | |
| 5種資料における電気用語 | | |
| 不導体 | 改正増補物理階梯 | 片山淳吉 |
| 不導体 | 物理学 | 飯盛挺造 |
| 不導体 | 簡明物理学 | 藤田正方 |

| 不導体 | 新編物理学 | 木村駿吉 |
|---|---|---|
| 不導体 | 新撰物理学 | 本多光太郎、田中三四郎 |
| 発電体 | 改正増補物理階梯 | 片山淳吉 |
| 発電体 | 物理学 | 飯盛挺造 |
| 発電体 | 簡明物理学 | 藤田正方 |
| 発電体 | 近世物理学教科書 | 中村清二 |
| 発電体 | 新撰物理学 | 本多光太郎、田中三四郎 |
| 4種資料における電気用語 | | |
| 電話機 | 物理学 | 飯盛挺造 |
| 電話機 | 新編物理学 | 木村駿吉 |
| 電話機 | 近世物理学教科書 | 中村清二 |
| 電話機 | 新撰物理学 | 本多光太郎、田中三四郎 |
| 電流計 | 物理学 | 飯盛挺造 |
| 電流計 | 新編物理学 | 木村駿吉 |
| 電流計 | 近世物理学教科書 | 中村清二 |
| 電流計 | 新撰物理学 | 本多光太郎、田中三四郎 |
| 電信機 | 物理学 | 飯盛挺造 |
| 電信機 | 新編物理学 | 木村駿吉 |
| 電信機 | 近世物理学教科書 | 中村清二 |
| 電信機 | 新撰物理学 | 本多光太郎、田中三四郎 |
| 絶縁体 | 物理学 | 飯盛挺造 |
| 絶縁体 | 簡明物理学 | 藤田正方 |
| 絶縁体 | 近世物理学教科書 | 中村清二 |
| 絶縁体 | 新撰物理学 | 本多光太郎、田中三四郎 |
| 験電器 | 新撰物理学 | 本多光太郎、田中三四郎 |
| 験電器 | 物理学 | 飯盛挺造 |
| 験電器 | 簡明物理学 | 藤田正方 |
| 験電器 | 近世物理学教科書 | 中村清二 |
| 3種資料における電気用語 | | |

続表

| | | |
|---|---|---|
| 白熱灯 | 新編物理学 | 木村駿吉 |
| 白熱灯 | 近世物理学教科書 | 中村清二 |
| 白熱灯 | 新撰物理学 | 本多光太郎、田中三四郎 |
| 磁石力 | 改正増補物理階梯 | 片山淳吉 |
| 磁石力 | 物理学 | 飯盛挺造 |
| 磁石力 | 簡明物理学 | 藤田正方 |
| 磁石針 | 改正増補物理階梯 | 片山淳吉 |
| 磁石針 | 物理学 | 飯盛挺造 |
| 磁石針 | 簡明物理学 | 藤田正方 |
| 電動力 | 新編物理学 | 木村駿吉 |
| 電動力 | 近世物理学教科書 | 中村清二 |
| 電動力 | 新撰物理学 | 本多光太郎、田中三四郎 |
| 電気盆 | 新編物理学 | 木村駿吉 |
| 電気盆 | 近世物理学教科書 | 中村清二 |
| 電気盆 | 新撰物理学 | 本多光太郎、田中三四郎 |
| 電気学 | 簡明物理学 | 藤田正方 |
| 電気学 | 新編物理学 | 木村駿吉 |
| 電気学 | 新撰物理学 | 本多光太郎 |
| 放電叉 | 簡明物理学 | 藤田正方 |
| 放電叉 | 近世物理学教科書 | 中村清二 |
| 放電叉 | 新撰物理学 | 本多光太郎、田中三四郎 |
| 列田壜 | 簡明物理学 | 藤田正方 |
| 列田壜 | 物理学 | 飯盛挺造 |
| 列田罎 | 改正増補物理階梯 | 片山淳吉 |
| 熱電流 | 新編物理学 | 木村駿吉 |
| 熱電流 | 近世物理学教科書 | 中村清二 |
| 熱電流 | 新撰物理学 | 本多光太郎、田中三四郎 |
| 熱電気 | 物理学 | 飯盛挺造 |

続表

| | | |
|---|---|---|
| 熱電気 | 簡明物理学 | 藤田正方 |
| 熱電気 | 新編物理学 | 木村駿吉 |
| 受話器 | 物理学 | 飯盛挺造 |
| 受話器 | 近世物理学教科書 | 中村清二 |
| 受話器 | 新撰物理学 | 本多光太郎、田中三四郎 |
| 蓄電池 | 近世物理学教科書 | 中村清二 |
| 蓄電池 | 新撰物理学 | 本多光太郎、田中三四郎 |
| 蓄電池 | 物理学 | 飯盛挺造 |
| 蓄電器 | 新編物理学 | 木村駿吉 |
| 蓄電器 | 近世物理学教科書 | 中村清二 |
| 蓄電器 | 新撰物理学 | 本多光太郎、田中三四郎 |
| 陽電気 | 物理学 | 飯盛挺造 |
| 陽電気 | 近世物理学教科書 | 中村清二 |
| 陽電気 | 新撰物理学 | 本多光太郎、田中三四郎 |
| 陰電気 | 物理学 | 飯盛挺造 |
| 陰電気 | 近世物理学教科書 | 中村清二 |
| 陰電気 | 新撰物理学 | 本多光太郎、田中三四郎 |
| 2種資料における電気用語 | | |
| 避雷針 | 新編物理学 | 木村駿吉 |
| 避雷針 | 近世物理学 | 中村清二 |
| 測電器 | 物理学 | 飯盛挺造 |
| 測電器 | 簡明物理学 | 藤田正方 |
| 電磁石 | 近世物理学教科書 | 中村清二 |
| 電磁石 | 新撰物理学 | 本多光太郎、田中三四郎 |
| 電鍍術 | 近世物理学教科書 | 中村清二 |
| 電鍍術 | 新撰物理学 | 本多光太郎、田中三四郎 |
| 電解物 | 近世物理学教科書 | 中村清二 |
| 電解物 | 新撰物理学 | 本多光太郎 |
| 電気臭 | 物理学 | 飯盛挺造 |

続表

| 電気臭 | 簡明物理学 | 藤田正方 |
|---|---|---|
| 電気灯 | 近世物理学教科書 | 中村清二 |
| 電気灯 | 新編物理学 | 木村駿吉 |
| 電気計 | 近世物理学教科書 | 中村清二 |
| 電気計 | 新撰物理学 | 本多光太郎、田中三四郎 |
| 電気力 | 改正増補物理階梯 | 片山淳吉 |
| 電気力 | 物理学 | 飯盛挺造 |
| 電気量 | 物理学 | 飯盛挺造 |
| 電気量 | 新撰物理学 | 本多光太郎、田中三四郎 |
| 電気鈴 | 物理学 | 飯盛挺造 |
| 電気鈴 | 新編物理学 | 木村駿吉 |
| 電気溜 | 物理学 | 飯盛挺造 |
| 電気溜 | 新編物理学 | 木村駿吉 |
| 電気盤 | 物理学 | 飯盛挺造 |
| 電気盤 | 簡明物理学 | 藤田正方 |
| 発電機 | 物理学 | 飯盛挺造 |
| 発電機 | 新編物理学 | 木村駿吉 |
| 発信機 | 近世物理学教科書 | 中村清二 |
| 発信機 | 新撰物理学 | 本多光太郎、田中三四郎 |
| 輻射熱 | 近世物理学教科書 | 中村清二 |
| 輻射熱 | 新撰物理学 | 本多光太郎、田中三四郎 |
| 副電池 | 近世物理学教科書 | 中村清二 |
| 副電池 | 新撰物理学 | 本多光太郎、田中三四郎 |
| 副螺線 | 物理学 | 飯盛挺造 |
| 副螺線 | 簡明物理学 | 藤田正方 |
| 感応器 | 近世物理学教科書 | 中村清二 |
| 感応器 | 新撰物理学 | 本多光太郎、田中三四郎 |
| 内抵抗 | 近世物理学教科書 | 中村清二 |
| 内抵抗 | 新撰物理学 | 本多光太郎、田中三四郎 |

続表

| 起電機 | 近世物理学教科書 | 中村清二 |
|---|---|---|
| 起電機 | 新撰物理学 | 本多光太郎、田中三四郎 |
| 受信機 | 近世物理学教科書 | 中村清二 |
| 受信機 | 新撰物理学 | 本多光太郎、田中三四郎 |
| 受信器 | 物理学 | 飯盛挺造 |
| 受信器 | 新撰物理学 | 本多光太郎、田中三四郎 |
| 送話器 | 物理学 | 飯盛挺造 |
| 送話器 | 新撰物理学 | 本多光太郎、田中三四郎 |
| 外抵抗 | 近世物理学 | 中村清二 |
| 外抵抗 | 新撰物理学 | 本多光太郎、田中三四郎 |
| 微音器 | 近世物理学教科書 | 中村清二 |
| 微音器 | 新撰物理学 | 本多光太郎、田中三四郎 |
| 蓄電槽 | 近世物理学教科書 | 中村清二 |
| 蓄電槽 | 新撰物理学 | 本多光太郎、田中三四郎 |
| 増電計 | 簡明物理学 | 藤田正方 |
| 増電計 | 物理学 | 飯盛挺造 |
| 正螺線 | 物理学 | 飯盛挺造 |
| 正螺線 | 簡明物理学 | 藤田正方 |
| 指力線 | 近世物理学教科書 | 中村清二 |
| 指力線 | 新撰物理学 | 本多光太郎、田中三四郎 |
| 1種資料における電気用語 | | |
| 半導体 | 簡明物理学 | 藤田正方 |
| 絆羈力 | 簡明物理学 | 藤田正方 |
| 本電流 | 物理学 | 飯盛挺造 |
| 本流通 | 物理学 | 飯盛挺造 |
| 本螺線 | 物理学 | 飯盛挺造 |
| 閉合線 | 物理学 | 飯盛挺造 |
| 避雷器 | 改正増補物理階梯 | 片山淳吉 |
| 避雷柱 | 新撰物理学 | 本多光太郎、田中三四郎 |

続表

| 測電盤 | 物理学 | 飯盛挺造 |
|---|---|---|
| 稠電気 | 簡明物理学 | 藤田正方 |
| 稠電器 | 物理学 | 飯盛挺造 |
| 傳導度 | 新編物理学 | 木村駿吉 |
| 傳導体 | 物理学 | 飯盛挺造 |
| 傳話機 | 物理学 | 飯盛挺造 |
| 傳信機 | 改正増補物理階梯 | 片山淳吉 |
| 磁気波 | 新撰物理学 | 本多光太郎、田中三四郎 |
| 磁気力 | 新編物理学 | 木村駿吉 |
| 磁気体 | 新編物理学 | 木村駿吉 |
| 磁気学 | 新編物理学 | 木村駿吉 |
| 磁石極 | 物理学 | 飯盛挺造 |
| 帯電体 | 新撰物理学 | 本多光太郎、田中三四郎 |
| 単触法 | 簡明物理学 | 藤田正方 |
| 電気波 | 新撰物理学 | 本多光太郎、田中三四郎 |
| 電気車 | 物理学 | 飯盛挺造 |
| 電気卵 | 物理学 | 飯盛挺造 |
| 電気体 | 物理学 | 飯盛挺造 |
| 電気験 | 新編物理学 | 木村駿吉 |
| 電気針 | 近世物理学教科書 | 中村清二 |
| 電壓計 | 新撰物理学 | 本多光太郎、田中三四郎 |
| 動電力 | 新撰物理学 | 本多光太郎、田中三四郎 |
| 動電流 | 簡明物理学 | 藤田正方 |
| 断絶器 | 物理学 | 飯盛挺造 |
| 発電器 | 物理学 | 飯盛挺造 |
| 発動力 | 簡明物理学 | 藤田正方 |
| 発動器 | 簡明物理学 | 藤田正方 |
| 発信器 | 新撰物理学 | 本多光太郎、田中三四郎 |
| 放電子 | 物理学 | 飯盛挺造 |

続表

| | | |
|---|---|---|
| 分触法 | 簡明物理学 | 藤田正方 |
| 分解極 | 新編物理学 | 木村駿吉 |
| 分解物 | 物理学 | 飯盛挺造 |
| 負荷力 | 物理学 | 飯盛挺造 |
| 副導線 | 物理学 | 飯盛挺造 |
| 複觸法 | 簡明物理学 | 藤田正方 |
| 感受器 | 物理学 | 飯盛挺造 |
| 感応機 | 物理学 | 飯盛挺造 |
| 好導体 | 簡明物理学 | 藤田正方 |
| 計測盤 | 物理学 | 飯盛挺造 |
| 記信機 | 新編物理学 | 木村駿吉 |
| 継電器 | 新撰物理学 | 本多光太郎、田中三四郎 |
| 減電気 | 改正増補物理階梯 | 片山淳吉 |
| 交換機 | 物理学 | 飯盛挺造 |
| 静電流 | 簡明物理学 | 藤田正方 |
| 静電気 | 物理学 | 飯盛挺造 |
| 聚電器 | 物理学 | 飯盛挺造 |
| 巻絡線 | 物理学 | 飯盛挺造 |
| 良導体 | 物理学 | 飯盛挺造 |
| 流動体 | 改正増補物理階梯 | 片山淳吉 |
| 螺旋線 | 物理学 | 飯盛挺造 |
| 乾電池 | 新撰物理学 | 本多光太郎、田中三四郎 |
| 圏輪機 | 物理学 | 飯盛挺造 |
| 全抵抗 | 新撰物理学 | 本多光太郎、田中三四郎 |
| 熱電堆 | 新撰物理学 | 本多光太郎、田中三四郎 |
| 熱電源 | 物理学 | 飯盛挺造 |
| 熱電柱 | 物理学 | 飯盛挺造 |
| 受電体 | 新編物理学 | 木村駿吉 |
| 受電柱 | 物理学 | 飯盛挺造 |

| | | |
|---|---|---|
| 蘇言機 | 物理学 | 飯盛挺造 |
| 透過力 | 物理学 | 飯盛挺造 |
| 無電体 | 物理学 | 飯盛挺造 |
| 吸引力 | 物理学 | 飯盛挺造 |
| 蓄電板 | 新編物理学 | 木村駿吉 |
| 壓搾器 | 物理学 | 飯盛挺造 |
| 増電気 | 改正増補物理階梯 | 片山淳吉 |
| 逐斥力 | 物理学 | 飯盛挺造 |
| 四字語 | | |
| 3種資料における電気用語 | | |
| 感応電流 | 物理学 | 飯盛挺造 |
| 感応電流 | 近世物理学教科書 | 中村清二 |
| 感応電流 | 新撰物理学 | 本多光太郎、田中三四郎 |
| 無定位針 | 物理学 | 飯盛挺造 |
| 無定位針 | 近世物理学教科書 | 中村清二 |
| 無定位針 | 新撰物理学 | 本多光太郎、田中三四郎 |
| 相互感応 | 新編物理学 | 木村駿吉 |
| 相互感応 | 近世物理学教科書 | 中村清二 |
| 相互感応 | 新撰物理学 | 本多光太郎、田中三四郎 |
| 自己感応 | 新編物理学 | 木村駿吉 |
| 自己感応 | 近世物理学教科書 | 中村清二 |
| 自己感応 | 新撰物理学 | 本多光太郎、田中三四郎 |
| 2種資料における電気用語 | | |
| 触発電気 | 物理学 | 飯盛挺造 |
| 触発電気 | 簡明物理学 | 藤田正方 |
| 電気分解 | 新編物理学 | 木村駿吉 |
| 電気分解 | 新撰物理学 | 本多光太郎、田中三四郎 |
| 電気密度 | 新編物理学 | 木村駿吉 |
| 電気密度 | 近世物理学教科書 | 中村清二 |

続表

| | | |
|---|---|---|
| 電気振子 | 近世物理学教科書 | 中村清二 |
| 電気振子 | 新撰物理学 | 本多光太郎、田中三四郎 |
| 積極電気 | 物理学 | 飯盛挺造 |
| 積極電気 | 簡明物理学 | 藤田正方 |
| 接触電気 | 新編物理学 | 木村駿吉 |
| 接触電気 | 新撰物理学 | 本多光太郎、田中三四郎 |
| 鏡電流計 | 近世物理学教科書 | 中村清二 |
| 鏡電流計 | 新撰物理学 | 本多光太郎、田中三四郎 |
| 乾燥電柱 | 物理学 | 飯盛挺造 |
| 乾燥電柱 | 簡明物理学 | 藤田正方 |
| 樹脂電気 | 物理学 | 飯盛挺造 |
| 樹脂電気 | 簡明物理学 | 藤田正方 |
| 無線電信 | 近世物理学教科書 | 中村清二 |
| 無線電信 | 新撰物理学 | 本多光太郎、田中三四郎 |
| 消極電気 | 物理学 | 飯盛挺造 |
| 消極電気 | 簡明物理学 | 藤田正方 |
| 硝子電気 | 簡明物理学 | 藤田正方 |
| 硝子電気 | 物理学 | 飯盛挺造 |
| 1種資料における電気用語 | | |
| 倍重電計 | 物理学 | 飯盛挺造 |
| 閉合電流 | 物理学 | 飯盛挺造 |
| 並行電流 | 物理学 | 飯盛挺造 |
| 不編電源 | 物理学 | 飯盛挺造 |
| 不良導体 | 物理学 | 飯盛挺造 |
| 単一振子 | 物理学 | 飯盛挺造 |
| 第二電流 | 物理学 | 飯盛挺造 |
| 第一電流 | 物理学 | 飯盛挺造 |
| 電磁気波 | 新撰物理学 | 本多光太郎、田中三四郎 |
| 電気感応 | 新撰物理学 | 本多光太郎、田中三四郎 |

続表

| 電気密度 | 新撰物理学 | 本多光太郎、田中三四郎 |
|---|---|---|
| 電気験器 | 物理学 | 飯盛挺造 |
| 電気振動 | 近世物理学教科書 | 中村清二 |
| 交叉電流 | 物理学 | 飯盛挺造 |
| 結合電気 | 物理学 | 飯盛挺造 |
| 静力電気 | 新編物理学 | 木村駿吉 |
| 流動電気 | 新編物理学 | 木村駿吉 |
| 熱性電流 | 物理学 | 飯盛挺造 |
| 熱性電気 | 簡明物理学 | 藤田正方 |
| 熱性電源 | 物理学 | 飯盛挺造 |
| 熱性電柱 | 物理学 | 飯盛挺造 |
| 顕微声機 | 物理学 | 飯盛挺造 |
| 遊離電気 | 簡明物理学 | 藤田正方 |
| 重複振子 | 物理学 | 飯盛挺造 |

# 付録5　20世紀初頭清末資料における電気用語の分布

| 7種資料における電気用語 | | |
|---|---|---|
| 北極 | 物理学 | 王季烈 |
| 北極 | 中等教育物理学 | 林国光 |
| 北極 | 新選物理学 | 叢琯珠 |
| 北極 | 最新中学教科書物理学 | 謝洪賚 |
| 北極 | 物理教科書静電気 | 伍光健 |
| 北極 | 物理教科書動電気 | 伍光健 |
| 北極 | 物理易解 | 陳榥 |
| 南極 | 物理学 | 王季烈 |
| 南極 | 中等教育物理学 | 林国光 |
| 南極 | 新選物理学 | 叢琯珠 |
| 南極 | 最新中学教科書物理学 | 謝洪賚 |
| 南極 | 物理教科書静電気 | 伍光健 |
| 南極 | 物理教科書動電気 | 伍光健 |
| 6種資料における電気用語 | | |
| 電池 | 物理易解 | 陳榥 |
| 電池 | 物理教科書動電気 | 伍光健 |
| 電池 | 物理易解 | 陳榥 |
| 電池 | 最新中学教科書物理学 | 謝洪賚 |
| 電池 | 物理学 | 王季烈 |
| 電池 | 物理易解 | 陳榥 |

続表

| | | |
|---|---|---|
| 放電 | 物理学 | 王季烈 |
| 放電 | 中等教育物理学 | 林国光 |
| 放電 | 新選物理学 | 叢琯珠 |
| 放電 | 最新中学教科書物理学 | 謝洪賚 |
| 放電 | 物理教科書動電気 | 伍光健 |
| 放電 | 物理易解 | 陳榥 |
| 5種資料共通の電気用語 | | |
| 電灯 | 最新物理学 | 王季烈 |
| 電灯 | 最新物理学 | 叢琯珠 |
| 電灯 | 最新中学教科書物理学 | 謝洪賚 |
| 電灯 | 物理教科書動電気 | 伍光健 |
| 電灯 | 物理易解 | 陳榥 |
| 電鈴 | 中等教育物理学 | 林国光 |
| 電鈴 | 新選物理学 | 叢琯珠 |
| 電鈴 | 最新中学教科書物理学 | 謝洪賚 |
| 電鈴 | 物理教科書動電気 | 伍光健 |
| 電鈴 | 物理易解 | 陳榥 |
| 電流 | 物理学 | 王季烈 |
| 電流 | 中等教育物理学 | 林国光 |
| 電流 | 新選物理学 | 叢琯珠 |
| 電流 | 物理教科書静電気 | 伍光健 |
| 電流 | 物理易解 | 陳榥 |
| 電気 | 物理学 | 王季烈 |
| 電気 | 中等教育物理学 | 林国光 |
| 電気 | 新選物理学 | 叢琯珠 |
| 電気 | 最新中学教科書物理学 | 謝洪賚 |
| 電気 | 物理易解 | 陳榥 |
| 摩擦 | 中等教育物理学 | 林国光 |
| 摩擦 | 新選物理学 | 叢琯珠 |

続表

| 摩擦 | 最新中学教科書物理学 | 謝洪賚 |
|---|---|---|
| 摩擦 | 物理教科書静電気 | 伍光健 |
| 摩擦 | 物理易解 | 陳榥 |
| 4種資料共通の電気用語 | | |
| 磁力 | 物理学 | 王季烈 |
| 磁力 | 物理教科書動電気 | 伍光健 |
| 磁力 | 物理易解 | 陳榥 |
| 磁力 | 中等教育物理学 | 林国光 |
| 磁気 | 中等教育物理学 | 林国光 |
| 磁気 | 物理易解 | 陳榥 |
| 磁気 | 最新中学教科書物理学 | 謝洪賚 |
| 磁気 | 新選物理学 | 叢琯珠 |
| 分極 | 物理学 | 王季烈 |
| 分極 | 中等教育物理学 | 林国光 |
| 分極 | 新選物理学 | 叢琯珠 |
| 分極 | 物理易解 | 陳榥 |
| 感応 | 物理学 | 王季烈 |
| 感応 | 中等教育物理学 | 林国光 |
| 感応 | 新選物理学 | 叢琯珠 |
| 感応 | 物理易解 | 陳榥 |
| 弧灯 | 中等教育物理学 | 林国光 |
| 弧灯 | 新選物理学 | 叢琯珠 |
| 弧灯 | 物理教科書動電気 | 伍光健 |
| 弧灯 | 物理易解 | 陳榥 |
| 絶縁 | 物理学 | 王季烈 |
| 絶縁 | 中等教育物理学 | 林国光 |
| 絶縁 | 新選物理学 | 叢琯珠 |
| 絶縁 | 物理易解 | 陳榥 |

続表

| 3種資料共通の電気用語 | | |
|---|---|---|
| 導体 | 中等教育物理学 | 林国光 |
| 導体 | 物理易解 | 陳榥 |
| 導体 | 新選物理学 | 叢琯珠 |
| 導線 | 新選物理学 | 叢琯珠 |
| 導線 | 中等教育物理学 | 林国光 |
| 導線 | 物理易解 | 陳榥 |
| 抵抗 | 中等教育物理学 | 林国光 |
| 抵抗 | 物理易解 | 陳榥 |
| 抵抗 | 新選物理学 | 叢琯珠 |
| 電報 | 物理教科書動電気 | 伍光健 |
| 電報 | 物理学 | 王季烈 |
| 電報 | 最新中学教科書物理学 | 謝洪賚 |
| 電表 | 物理教科書動電気 | 伍光健 |
| 電表 | 最新中学教科書物理学 | 謝洪賚 |
| 電表 | 物理学 | 王季烈 |
| 電槽 | 物理学 | 王季烈 |
| 電槽 | 中等教育物理学 | 林国光 |
| 電槽 | 物理易解 | 陳榥 |
| 電場 | 物理易解 | 陳榥 |
| 電場 | 中等教育物理学 | 林国光 |
| 電場 | 新選物理学 | 叢琯珠 |
| 電光 | 最新中学教科書物理学 | 謝洪賚 |
| 電光 | 物理教科書静電気 | 伍光健 |
| 電光 | 物理易解 | 陳榥 |
| 電力 | 最新中学教科書物理学 | 謝洪賚 |
| 電力 | 物理教科書静電気 | 伍光健 |
| 電力 | 物理易解 | 陳榥 |
| 電量 | 最新中学教科書物理学 | 謝洪賚 |

続表

| | | |
|---|---|---|
| 電量 | 物理教科書静電気 | 伍光健 |
| 電量 | 物理易解 | 陳榥 |
| 電位 | 中等教育物理学 | 林国光 |
| 電位 | 新選物理学 | 叢琯珠 |
| 電位 | 物理易解 | 陳榥 |
| 電信 | 新選物理学 | 叢琯珠 |
| 電信 | 最新中学教科書物理学 | 謝洪賫 |
| 電信 | 物理易解 | 陳榥 |
| 対流 | 中等教育物理学 | 林国光 |
| 対流 | 新選物理学 | 叢琯珠 |
| 対流 | 物理易解 | 陳榥 |
| 負電 | 最新中学教科書物理学 | 謝洪賫 |
| 負電 | 物理教科書静電気 | 伍光健 |
| 負電 | 物理易解 | 陳榥 |
| 負極 | 最新中学教科書物理学 | 謝洪賫 |
| 負極 | 物理教科書動電気 | 伍光健 |
| 負極 | 物理易解 | 陳榥 |
| 輪道 | 中等教育物理学 | 林国光 |
| 輪道 | 新選物理学 | 叢琯珠 |
| 輪道 | 物理易解 | 陳榥 |
| 能力 | 中等教育物理学 | 林国光 |
| 能力 | 新選物理学 | 叢琯珠 |
| 能力 | 物理易解 | 陳榥 |
| 排斥 | 中等教育物理学 | 林国光 |
| 排斥 | 新選物理学 | 叢琯珠 |
| 排斥 | 物理易解 | 陳榥 |
| 陽極 | 物理学 | 王季烈 |
| 陽極 | 中等教育物理学 | 林国光 |
| 陽極 | 新選物理学 | 叢琯珠 |

統表

| | | |
|---|---|---|
| 陰極 | 物理学 | 王季烈 |
| 陰極 | 中等教育物理学 | 林国光 |
| 陰極 | 新選物理学 | 叢琯珠 |
| 正電 | 最新中学教科書物理学 | 謝洪賚 |
| 正電 | 物理教科書静電気 | 伍光健 |
| 正電 | 物理易解 | 陳榥 |
| 正極 | 最新中学教科書物理学 | 謝洪賚 |
| 正極 | 物理教科書動電気 | 伍光健 |
| 正極 | 物理易解 | 陳榥 |
| 阻力 | 物理学 | 王季烈 |
| 阻力 | 最新中学教科書物理学 | 謝洪賚 |
| 阻力 | 物理教科書動電気 | 伍光健 |
| 2種資料共通の電気用語 | | |
| 並列 | 中等教育物理学 | 林国光 |
| 並列 | 新選物理学 | 叢琯珠 |
| 斥力 | 最新中学教科書物理学 | 謝洪賚 |
| 斥力 | 物理学 | 王季烈 |
| 傳導 | 中等教育物理学 | 林国光 |
| 傳導 | 物理易解 | 陳榥 |
| 磁場 | 新選物理学 | 叢琯珠 |
| 磁塲 | 物理易解 | 陳榥 |
| 磁功 | 物理学 | 王季烈 |
| 磁功 | 最新中学教科書物理学 | 謝洪賚 |
| 磁極 | 物理教科書静電気 | 伍光健 |
| 磁極 | 物理易解 | 陳榥 |
| 磁界 | 最新中学教科書物理学 | 謝洪賚 |
| 磁界 | 物理教科書動電気 | 伍光健 |
| 磁石 | 物理易解 | 陳榥 |
| 磁石 | 中等教育物理学 | 林国光 |

続表

| | | |
|---|---|---|
| 磁鉄 | 物理学 | 王季烈 |
| 磁鉄 | 物理易解 | 陳榥 |
| 磁針 | 物理教科書動電気 | 伍光健 |
| 磁針 | 物理易解 | 陳榥 |
| 抵拒 | 物理易解 | 陳榥 |
| 抵拒 | 物理教科書動電気 | 伍光健 |
| 電擺 | 物理易解 | 陳榥 |
| 電擺 | 物理学 | 王季烈 |
| 電鍍 | 最新中学教科書物理学 | 謝洪賚 |
| 電鍍 | 物理教科書動電気 | 伍光健 |
| 電浪 | 最新中学教科書物理学 | 謝洪賚 |
| 電浪 | 物理教科書動電気 | 伍光健 |
| 電溜 | 最新中学教科書物理学 | 謝洪賚 |
| 電溜 | 物理教科書動電気 | 伍光健 |
| 電路 | 最新中学教科書物理学 | 謝洪賚 |
| 電路 | 物理教科書動電気 | 伍光健 |
| 電鑰 | 最新中学教科書物理学 | 謝洪賚 |
| 電鑰 | 物理教科書動電気 | 伍光健 |
| 電瓶 | 物理学 | 王季烈 |
| 電瓶 | 物理教科書静電気 | 伍光健 |
| 電線 | 最新中学教科書物理学 | 謝洪賚 |
| 電線 | 物理教科書動電気 | 伍光健 |
| 電学 | 最新中学教科書物理学 | 謝洪賚 |
| 電学 | 物理易解 | 陳榥 |
| 電源 | 物理学 | 王季烈 |
| 電源 | 物理教科書静電気 | 伍光健 |
| 分解 | 新選物理学 | 叢琯珠 |
| 分解 | 物理易解 | 陳榥 |
| 副圏 | 最新中学教科書物理学 | 謝洪賚 |

統表

| | | |
|---|---|---|
| 副圏 | 物理教科書動電気 | 伍光健 |
| 感電 | 最新中学教科書物理学 | 謝洪賚 |
| 感電 | 物理教科書静電気 | 伍光健 |
| 化分 | 物理学 | 王季烈 |
| 化分 | 物理教科書静電気 | 伍光健 |
| 化功 | 最新中学教科書物理学 | 謝洪賚 |
| 化功 | 物理教科書動電気 | 伍光健 |
| 静電 | 最新中学教科書物理学 | 謝洪賚 |
| 静電 | 物理教科書静電気 | 伍光健 |
| 螺旋 | 物理教科書動電気 | 伍光健 |
| 螺旋 | 物理易解 | 陳榥 |
| 吸力 | 物理学 | 王季烈 |
| 吸力 | 物理教科書静電気 | 伍光健 |
| 吸引 | 中等教育物理学 | 林国光 |
| 吸引 | 物理易解 | 陳榥 |
| 相推 | 物理学 | 王季烈 |
| 相推 | 物理教科書動電気 | 伍光健 |
| 相引 | 物理学 | 王季烈 |
| 相引 | 物理易解 | 陳榥 |
| 冶金 | 物理学 | 王季烈 |
| 冶金 | 物理教科書動電気 | 伍光健 |
| 引力 | 中等教育物理学 | 林国光 |
| 引力 | 物理易解 | 陳榥 |
| 正圏 | 最新中学教科書物理学 | 謝洪賚 |
| 正圏 | 物理教科書動電気 | 伍光健 |
| 中和 | 中等教育物理学 | 林国光 |
| 中和 | 物理易解 | 陳榥 |
| 1種資料における電気用語 | | |
| 閉線 | 物理学 | 王季烈 |

統表

| 程功 | 物理学 | 王季烈 |
|---|---|---|
| 傳電 | 最新中学教科書物理学 | 謝洪賚 |
| 單擺 | 物理学 | 王季烈 |
| 電倉 | 物理学 | 王季烈 |
| 電車 | 物理学 | 王季烈 |
| 電磁 | 物理教科書動電気 | 伍光健 |
| 電堆 | 物理学 | 王季烈 |
| 電化 | 最新中学教科書物理学 | 謝洪賚 |
| 電話 | 新選物理学 | 叢琯珠 |
| 電環 | 最新中学教科書物理学 | 謝洪賚 |
| 電撃 | 物理学 | 王季烈 |
| 電機 | 最新中学教科書物理学 | 謝洪賚 |
| 電積 | 物理教科書静電気 | 伍光健 |
| 電界 | 最新中学教科書物理学 | 謝洪賚 |
| 電局 | 最新中学教科書物理学 | 謝洪賚 |
| 電瀾 | 物理教科書動電気 | 伍光健 |
| 電繼 | 物理学 | 王季烈 |
| 電能 | 物理教科書静電気 | 伍光健 |
| 電盆 | 物理易解 | 陳榥 |
| 電平 | 物理教科書静電気 | 伍光健 |
| 電器 | 物理教科書静電気 | 伍光健 |
| 電容 | 物理易解 | 陳榥 |
| 電勢 | 最新中学教科書物理学 | 謝洪賚 |
| 電探 | 最新中学教科書物理学 | 謝洪賚 |
| 電体 | 物理易解 | 陳榥 |
| 電引 | 物理教科書静電気 | 伍光健 |
| 電鐘 | 物理教科書動電気 | 伍光健 |
| 電阻 | 物理教科書動電気 | 伍光健 |
| 鍍金 | 物理学 | 王季烈 |

続表

| | | |
|---|---|---|
| 反斥 | 物理易解 | 陳榥 |
| 反撃 | 物理学 | 王季烈 |
| 分析 | 中等教育物理学 | 林国光 |
| 負央 | 物理教科書動電気 | 伍光健 |
| 負引 | 物理教科書動電気 | 伍光健 |
| 副路 | 物理教科書動電気 | 伍光健 |
| 感体 | 最新中学教科書物理学 | 謝洪賚 |
| 功力 | 物理易解 | 陳榥 |
| 共鳴 | 新選物理学 | 叢琯珠 |
| 化合 | 物理教科書静電気 | 伍光健 |
| 尖点 | 中等教育物理学 | 林国光 |
| 聚電 | 物理易解 | 陳榥 |
| 流電 | 物理教科書動電気 | 伍光健 |
| 流動 | 物理易解 | 陳榥 |
| 流通 | 物理学 | 王季烈 |
| 牽合 | 物理教科書静電気 | 伍光健 |
| 乾線 | 物理学 | 王季烈 |
| 強度 | 新選物理学 | 叢琯珠 |
| 熱灯 | 物理教科書動電気 | 伍光健 |
| 熱電 | 物理教科書動電気 | 伍光健 |
| 双擺 | 物理学 | 王季烈 |
| 聴器 | 物理学 | 王季烈 |
| 通信 | 物理学 | 王季烈 |
| 推力 | 物理学 | 王季烈 |
| 相斥 | 物理易解 | 陳榥 |
| 相拒 | 最新中学教科書物理学 | 謝洪賚 |
| 相吸 | 物理教科書動電気 | 伍光健 |
| 蓄電 | 新選物理学 | 叢琯珠 |
| 圧力 | 物理学 | 王季烈 |

続表

| | | |
|---|---|---|
| 引斥 | 物理易解 | 陳榥 |
| 引放 | 物理教科書静電気 | 伍光健 |
| 遊離 | 物理易解 | 陳榥 |
| 余電 | 最新中学教科書物理学 | 謝洪賚 |
| 語器 | 物理学 | 王季烈 |
| 真空 | 物理易解 | 陳榥 |
| 正央 | 物理教科書動電気 | 伍光健 |
| 正路 | 物理教科書動電気 | 伍光健 |
| 正引 | 物理教科書動電気 | 伍光健 |
| 自感 | 最新中学教科書物理学 | 謝洪賚 |
| 三字語 | | |
| 6種資料における電気用語 | | |
| 来頓瓶 | 物理易解 | 陳榥 |
| 来頓瓶 | 物理学 | 王季烈 |
| 来頓瓶 | 中等教育物理学 | 林国光 |
| 来頓瓶 | 新撰物理学 | 叢琯珠 |
| 来頓瓶 | 最新中学教科書物理学 | 謝洪賚 |
| 来頓瓶 | 物理教科書静電気 | 伍光健 |
| 5種資料における電気用語 | | |
| 発電機 | 物理学 | 王季烈 |
| 発電機 | 中等教育物理学 | 林国光 |
| 発電機 | 最新中学教科書物理学 | 謝洪賚 |
| 発電機 | 物理教科書静電気 | 伍光健 |
| 発電機 | 物理易解 | 陳榥 |
| 蓄電器 | 中等教育物理学 | 林国光 |
| 蓄電器 | 新撰物理学 | 叢琯珠 |
| 蓄電器 | 最新中学教科書物理学 | 謝洪賚 |
| 蓄電器 | 物理教科書静電気 | 伍光健 |
| 蓄電器 | 物理易解 | 陳榥 |

続表

| | | |
|---|---|---|
| 験電器 | 物理易解 | 陳榥 |
| 験電器 | 物理学 | 王季烈 |
| 験電器 | 中等教育物理学 | 林国光 |
| 験電器 | 新撰物理学 | 叢琯珠 |
| 験電器 | 物理教科書静電気 | 伍光健 |
| 4種資料における電気用語 | | |
| 絶縁体 | 物理易解 | 陳榥 |
| 絶縁体 | 物理学 | 王季烈 |
| 絶縁体 | 中等教育物理学 | 林国光 |
| 絶縁体 | 新撰物理学 | 叢琯珠 |
| 蓄電池 | 新撰物理学 | 叢琯珠 |
| 蓄電池 | 物理易解 | 陳榥 |
| 蓄電池 | 物理学 | 王季烈 |
| 蓄電池 | 中等教育物理学 | 林国光 |
| 3種資料における電気用語 | | |
| 避雷針 | 中等教育物理学 | 林国光 |
| 避雷針 | 物理易解 | 陳榥 |
| 避雷針 | 物理学 | 王季烈 |
| 電磁石 | 中等教育物理学 | 林国光 |
| 電磁石 | 新撰物理学 | 叢琯珠 |
| 電磁石 | 物理易解 | 陳榥 |
| 電動機 | 中等教育物理学 | 林国光 |
| 電動機 | 最新中学教科書物理学 | 謝洪賚 |
| 電動機 | 物理易解 | 陳榥 |
| 電話機 | 中等教育物理学 | 林国光 |
| 電話機 | 新撰物理学 | 叢琯珠 |
| 電話機 | 物理易解 | 陳榥 |
| 電信機 | 中等教育物理学 | 林国光 |
| 電信機 | 新撰物理学 | 叢琯珠 |

続表

| 電信機 | 物理易解 | 陳榥 |
|---|---|---|
| 度電圏 | 中等教育物理学 | 林国光 |
| 度電圏 | 新撰物理学 | 叢琯珠 |
| 度電圏 | 物理易解 | 陳榥 |
| 発電体 | 物理易解 | 陳榥 |
| 発電体 | 物理学 | 王季烈 |
| 発電体 | 中等教育物理学 | 林国光 |
| 放電叉 | 中等教育物理学 | 林国光 |
| 放電叉 | 最新中学教科書物理学 | 謝洪賚 |
| 放電叉 | 物理教科書静電気 | 伍光健 |
| 負電気 | 物理学 | 王季烈 |
| 負電気 | 物理易解 | 陳榥 |
| 負電気 | 最新中学教科書物理学 | 謝洪賚 |
| 副電池 | 物理教科書動電気 | 伍光健 |
| 副電池 | 物理易解 | 陳榥 |
| 副電池 | 最新中学教科書物理学 | 謝洪賚 |
| 外抵抗 | 中等教育物理学 | 林国光 |
| 外抵抗 | 新撰物理学 | 叢琯珠 |
| 外抵抗 | 物理易解 | 陳榥 |
| 微音器 | 中等教育物理学 | 林国光 |
| 微音器 | 新撰物理学 | 叢琯珠 |
| 微音器 | 物理易解 | 陳榥 |
| 陽電気 | 中等教育物理学 | 林国光 |
| 陽電気 | 新撰物理学 | 叢琯珠 |
| 陽電気 | 物理学 | 王季烈 |
| 陰電気 | 中等教育物理学 | 林国光 |
| 陰電気 | 新撰物理学 | 叢琯珠 |
| 陰電気 | 物理学 | 王季烈 |
| 正電気 | 物理学 | 王季烈 |

続表

| | | |
|---|---|---|
| 正電気 | 物理易解 | 陳榥 |
| 正電気 | 最新中学教科書物理学 | 謝洪賚 |
| 指力線 | 中等教育物理学 | 林国光 |
| 指力線 | 新撰物理学 | 叢琯珠 |
| 指力線 | 物理易解 | 陳榥 |
| 2種資料における電気用語 | | |
| 白熱燈 | 中等教育物理学 | 林国光 |
| 白熱燈 | 物理易解 | 陳榥 |
| 磁力線 | 最新中学教科書物理学 | 謝洪賚 |
| 磁力線 | 物理教科書動電気 | 伍光健 |
| 磁気波 | 中等教育物理学 | 林国光 |
| 磁気波 | 新撰物理学 | 叢琯珠 |
| 電報機 | 物理学 | 王季烈 |
| 電報機 | 物理教科書動電気 | 伍光健 |
| 電報局 | 物理学 | 王季烈 |
| 電報局 | 最新中学教科書物理学 | 謝洪賚 |
| 電動力 | 物理易解 | 陳榥 |
| 電動力 | 最新中学教科書物理学 | 謝洪賚 |
| 電鍍法 | 物理教科書動電気 | 伍光健 |
| 電鍍法 | 物理易解 | 陳榥 |
| 電化液 | 最新中学教科書物理学 | 謝洪賚 |
| 電化液 | 物理教科書動電気 | 伍光健 |
| 電流表 | 中等教育物理学 | 林国光 |
| 電流表 | 物理易解 | 陳榥 |
| 電気波 | 中等教育物理学 | 林国光 |
| 電気波 | 新撰物理学 | 叢琯珠 |
| 電気盆 | 中等教育物理学 | 林国光 |
| 電気盆 | 新撰物理学 | 叢琯珠 |
| 動電力 | 中等教育物理学 | 林国光 |

続表

| 動電力 | 新撰物理学 | 叢琯珠 |
|---|---|---|
| 発動機 | 物理学 | 王季烈 |
| 発動機 | 新撰物理学 | 叢琯珠 |
| 発信機 | 中等教育物理学 | 林国光 |
| 発信機 | 物理易解 | 陳榥 |
| 反向器 | 最新中学教科書物理学 | 謝洪賚 |
| 反向器 | 物理教科書動電気 | 伍光健 |
| 輻射熱 | 中等教育物理学 | 林国光 |
| 輻射熱 | 新撰物理学 | 叢琯珠 |
| 感電量 | 最新中学教科書物理学 | 謝洪賚 |
| 感電量 | 物理教科書静電気 | 伍光健 |
| 感電溜 | 最新中学教科書物理学 | 謝洪賚 |
| 感電溜 | 物理教科書動電気 | 伍光健 |
| 感電盤 | 物理教科書静電気 | 伍光健 |
| 感電盤 | 最新中学教科書物理学 | 謝洪賚 |
| 感電圏 | 最新中学教科書物理学 | 謝洪賚 |
| 感電圏 | 物理教科書動電気 | 伍光健 |
| 感応器 | 中等教育物理学 | 林国光 |
| 感応器 | 物理易解 | 陳榥 |
| 弧光灯 | 物理学 | 王季烈 |
| 弧光灯 | 最新中学教科書物理学 | 謝洪賚 |
| 互感応 | 新撰物理学 | 叢琯珠 |
| 互感応 | 物理易解 | 陳榥 |
| 継電器 | 中等教育物理学 | 林国光 |
| 継電器 | 新撰物理学 | 叢琯珠 |
| 郎根光 | 最新中学教科書物理学 | 謝洪賚 |
| 朗根光 | 物理教科書静電気 | 伍光健 |
| 量電表 | 物理易解 | 陳榥 |
| 量電表 | 物理教科書静電気 | 伍光健 |

続表

| | | |
|---|---|---|
| 螺旋線 | 物理学 | 王季烈 |
| 螺旋線 | 物理教科書動電気 | 伍光健 |
| 内抵抗 | 近世物理学教科书 | 林国光 |
| 内抵抗 | 新撰物理学 | 叢琯珠 |
| 内阻力 | 最新中学教科書物理学 | 謝洪賚 |
| 内阻力 | 物理教科書動電気 | 伍光健 |
| 起電機 | 新撰物理学 | 叢琯珠 |
| 起電機 | 物理易解 | 陳榥 |
| 全抵抗 | 新撰物理学 | 叢琯珠 |
| 全抵抗 | 物理易解 | 陳榥 |
| 熱電堆 | 物理学 | 王季烈 |
| 熱電堆 | 新撰物理学 | 叢琯珠 |
| 熱電流 | 中等教育物理学 | 林国光 |
| 熱電流 | 新撰物理学 | 叢琯珠 |
| 受話器 | 中等教育物理学 | 林国光 |
| 受話器 | 新撰物理学 | 叢琯珠 |
| 受信機 | 中等教育物理学 | 林国光 |
| 受信機 | 物理易解 | 陳榥 |
| 正電溜 | 最新中学教科書物理学 | 謝洪賚 |
| 正電溜 | 物理教科書動電気 | 伍光健 |
| 自感応 | 新撰物理学 | 叢琯珠 |
| 自感応 | 物理易解 | 陳榥 |
| 1種資料における電気用語 | | |
| 安培表 | 最新中学教科書物理学 | 謝洪賚 |
| 避雷柱 | 新撰物理学 | 叢琯珠 |
| 不導体 | 新撰物理学 | 叢琯珠 |
| 測電表 | 物理学 | 王季烈 |
| 測電盤 | 物理学 | 王季烈 |
| 熾電灯 | 物理学 | 王季烈 |

| | | |
|---|---|---|
| 出電路 | 物理学 | 王季烈 |
| 儲蓄力 | 物理学 | 王季烈 |
| 傳導線 | 物理学 | 王季烈 |
| 傳電体 | 物理学 | 王季烈 |
| 傳電線 | 物理学 | 王季烈 |
| 傳電質 | 最新中学教科書物理学 | 謝洪賚 |
| 串聯法 | 物理教科書動電気 | 伍光健 |
| 磁経圏 | 物理教科書動電気 | 伍光健 |
| 磁気学 | 物理易解 | 陳榥 |
| 次電流 | 物理学 | 王季烈 |
| 次電圏 | 物理学 | 王季烈 |
| 帯電体 | 新撰物理学 | 叢琯珠 |
| 等磁線 | 物理易解 | 陳榥 |
| 等電量 | 物理易解 | 陳榥 |
| 電圧力 | 物理学 | 王季烈 |
| 電臭気 | 物理学 | 王季烈 |
| 電磁鉄 | 最新中学教科書物理学 | 謝洪賚 |
| 電鍍術 | 中等教育物理学 | 林国光 |
| 電光管 | 物理学 | 王季烈 |
| 電行力 | 物理学 | 王季烈 |
| 電行路 | 物理学 | 王季烈 |
| 電化池 | 物理教科書動電気 | 伍光健 |
| 電化爐 | 物理教科書動電気 | 伍光健 |
| 電化器 | 最新中学教科書物理学 | 謝洪賚 |
| 電撃器 | 物理学 | 王季烈 |
| 電解物 | 新撰物理学 | 叢琯珠 |
| 電解質 | 物理易解 | 陳榥 |
| 電浪環 | 物理教科書動電気 | 伍光健 |
| 電力界 | 物理教科書静電気 | 伍光健 |

続表

| | | |
|---|---|---|
| 電力線 | 物理教科書静電気 | 伍光健 |
| 電流量 | 物理易解 | 陳榥 |
| 電密率 | 物理教科書静電気 | 伍光健 |
| 電平較 | 物理教科書静電気 | 伍光健 |
| 電気計 | 新撰物理学 | 叢琯珠 |
| 電気量 | 新撰物理学 | 叢琯珠 |
| 電気鈴 | 物理学 | 王季烈 |
| 電気輪 | 物理学 | 王季烈 |
| 電気学 | 新撰物理学 | 叢琯珠 |
| 電勢較 | 最新中学教科書物理学 | 謝洪賚 |
| 電速率 | 物理教科書静電気 | 伍光健 |
| 電析物 | 中等教育物理学 | 林国光 |
| 電圧計 | 新撰物理学 | 叢琯珠 |
| 電語機 | 物理学 | 王季烈 |
| 電阻線 | 物理教科書動電気 | 伍光健 |
| 電阻箱 | 物理教科書動電気 | 伍光健 |
| 調換機 | 物理学 | 王季烈 |
| 調平器 | 物理教科書動電気 | 伍光健 |
| 動電気 | 物理学 | 王季烈 |
| 継続器 | 物理教科書動電気 | 伍光健 |
| 発信器 | 新撰物理学 | 叢琯珠 |
| 発報器 | 物理学 | 王季烈 |
| 発電力 | 物理学 | 王季烈 |
| 発電器 | 物理学 | 王季烈 |
| 発浪器 | 物理教科書動電気 | 伍光健 |
| 防雷鉄 | 最新中学教科書物理学 | 謝洪賚 |
| 放電桿 | 物理易解 | 陳榥 |
| 放電器 | 物理学 | 王季烈 |
| 非導体 | 物理易解 | 陳榥 |

続表

| | | |
|---|---|---|
| 分輪道 | 物理易解 | 陳榥 |
| 弗打表 | 最新中学教科書物理学 | 謝洪賚 |
| 輻射線 | 物理易解 | 陳榥 |
| 附電機 | 物理学 | 王季烈 |
| 附電流 | 物理学 | 王季烈 |
| 附電器 | 物理学 | 王季烈 |
| 附電圏 | 物理学 | 王季烈 |
| 負電勢 | 最新中学教科書物理学 | 謝洪賚 |
| 負電位 | 物理易解 | 陳榥 |
| 負解質 | 物理易解 | 陳榥 |
| 副磁鐵 | 最新中学教科書物理学 | 謝洪賚 |
| 副電溜 | 物理教科書動電気 | 伍光健 |
| 複電報 | 最新中学教科書物理学 | 謝洪賚 |
| 感電機 | 最新中学教科書物理学 | 謝洪賚 |
| 供電機 | 物理教科書静電気 | 伍光健 |
| 互聯法 | 物理教科書動電気 | 伍光健 |
| 化分物 | 物理学 | 王季烈 |
| 換向機 | 物理教科書動電気 | 伍光健 |
| 換向器 | 物理教科書動電気 | 伍光健 |
| 交換器 | 最新中学教科書物理学 | 謝洪賚 |
| 接地線 | 物理教科書動電気 | 伍光健 |
| 進電路 | 物理学 | 王季烈 |
| 静電気 | 物理学 | 王季烈 |
| 静電学 | 物理教科書静電気 | 伍光健 |
| 聚電器 | 物理学 | 王季烈 |
| 聚電体 | 物理学 | 王季烈 |
| 絶電架 | 最新中学教科書物理学 | 謝洪賚 |
| 絶電質 | 最新中学教科書物理学 | 謝洪賚 |
| 量安表 | 物理教科書動電気 | 伍光健 |

続表

| | | |
|---|---|---|
| 量倭表 | 物理教科書動電気 | 伍光健 |
| 流電表 | 物理教科書動電気 | 伍光健 |
| 倫那光 | 物理教科書動電気 | 伍光健 |
| 輪形機 | 物理学 | 王季烈 |
| 螺線圏 | 物理学 | 王季烈 |
| 螺旋圏 | 物理学 | 王季烈 |
| 摩電機 | 最新中学教科書物理学 | 謝洪賚 |
| 難傳体 | 物理学 | 王季烈 |
| 内抵力 | 物理易解 | 陳榥 |
| 内電阻 | 物理教科書動電気 | 伍光健 |
| 凝電体 | 物理学 | 王季烈 |
| 扭力表 | 物理教科書静電気 | 伍光健 |
| 排聯法 | 物理教科書動電気 | 伍光健 |
| 乾電池 | 新撰物理学 | 叢琯珠 |
| 乾電堆 | 物理学 | 王季烈 |
| 切電気 | 物理学 | 王季烈 |
| 熱電環 | 最新中学教科書物理学 | 謝洪賚 |
| 熱電機 | 物理教科書動電気 | 伍光健 |
| 熱電力 | 物理教科書動電気 | 伍光健 |
| 熱電率 | 物理教科書動電気 | 伍光健 |
| 熱電気 | 物理学 | 王季烈 |
| 熱電源 | 物理学 | 王季烈 |
| 収報機 | 物理教科書動電気 | 伍光健 |
| 収報器 | 物理学 | 王季烈 |
| 収電機 | 物理教科書動電気 | 伍光健 |
| 受電柱 | 物理学 | 王季烈 |
| 受信器 | 新撰物理学 | 叢琯珠 |
| 送報機 | 物理教科書動電気 | 伍光健 |
| 送話器 | 新撰物理学 | 叢琯珠 |

続表

| 通斷器 | 物理学 | 王季烈 |
|---|---|---|
| 同聯法 | 物理教科書静電気 | 伍光健 |
| 透過力 | 物理学 | 王季烈 |
| 外電阻 | 物理教科書動電気 | 伍光健 |
| 外阻力 | 最新中学教科書物理学 | 謝洪賚 |
| 微熱表 | 物理教科書動電気 | 伍光健 |
| 倭爾表 | 物理教科書動電気 | 伍光健 |
| 無電体 | 最新中学教科書物理学 | 謝洪賚 |
| 吸引力 | 物理易解 | 陳榥 |
| 蓄電槽 | 中等教育物理学 | 林国光 |
| 蓄電片 | 物理教科書静電気 | 伍光健 |
| 験電表 | 物理教科書静電気 | 伍光健 |
| 陽伊洪 | 新撰物理学 | 叢琯珠 |
| 易傳体 | 物理学 | 王季烈 |
| 異聯法 | 物理教科書静電気 | 伍光健 |
| 陰伊洪 | 新撰物理学 | 叢琯珠 |
| 引電器 | 物理教科書静電気 | 伍光健 |
| 引電物 | 物理教科書静電気 | 伍光健 |
| 引電質 | 最新中学教科書物理学 | 謝洪賚 |
| 有電体 | 最新中学教科書物理学 | 謝洪賚 |
| 正電圏 | 物理教科書動電気 | 伍光健 |
| 正電勢 | 最新中学教科書物理学 | 謝洪賚 |
| 正電体 | 物理易解 | 陳榥 |
| 正電引 | 物理教科書動電気 | 伍光健 |
| 正解質 | 物理易解 | 陳榥 |
| 逐磁力 | 物理教科書動電気 | 伍光健 |
| 逐電力 | 物理教科書動電気 | 伍光健 |
| 阻電架 | 物理教科書静電気 | 伍光健 |
| 阻電物 | 物理教科書静電気 | 伍光健 |

続表

| | | |
|---|---|---|
| 阻力箱 | 最新中学教科書物理学 | 謝洪賚 |
| 四字語 | | |
| 3種資料における電気用語 | | |
| 感応電流 | 中等教育物理学 | 林国光 |
| 感応電流 | 新撰物理学 | 叢琯珠 |
| 感応電流 | 物理易解 | 陳榥 |
| 2種資料における電気用語 | | |
| 玻璃電気 | 物理学 | 王季烈 |
| 玻璃電気 | 最新中学教科書物理学 | 謝洪賚 |
| 電気感応 | 新撰物理学 | 叢琯珠 |
| 電気感応 | 物理易解 | 陳榥 |
| 電気密度 | 中等教育物理学 | 林国光 |
| 電気密度 | 物理易解 | 陳榥 |
| 電気振子 | 中等教育物理学 | 林国光 |
| 電気振子 | 新撰物理学 | 叢琯珠 |
| 松香電気 | 物理学 | 王季烈 |
| 松香電気 | 最新中学教科書物理学 | 謝洪賚 |
| 無定位針 | 中等教育物理学 | 林国光 |
| 無定位針 | 物理学 | 王季烈 |
| 無線電報 | 物理教科書動電気 | 伍光健 |
| 無線電報 | 最新中学教科書物理学 | 謝洪賚 |
| 無線電信 | 中等教育物理学 | 林国光 |
| 無線電信 | 新撰物理学 | 叢琯珠 |
| 正切電表 | 物理教科書動電気 | 伍光健 |
| 正切電表 | 最新中学教科書物理学 | 謝洪賚 |
| 1種資料における電気用語 | | |
| 白熱電灯 | 物理易解 | 陳榥 |
| 倍力電表 | 物理学 | 王季烈 |
| 波爾打表 | 中等教育物理学 | 林国光 |

続表

| | | |
|---|---|---|
| 玻片電機 | 最新中学教科書物理学 | 謝洪賚 |
| 不變電源 | 物理学 | 王季烈 |
| 触接電気 | 新撰物理学 | 叢琯珠 |
| 磁気感応 | 物理易解 | 陳榥 |
| 単線電報 | 物理教科書動電気 | 伍光健 |
| 電気火花 | 中等教育物理学 | 林国光 |
| 電気能力 | 物理易解 | 陳榥 |
| 電気濃率 | 最新中学教科書物理学 | 謝洪賚 |
| 電気容量 | 新撰物理学 | 叢琯珠 |
| 電気振動 | 中等教育物理学 | 林国光 |
| 電位容量 | 中等教育物理学 | 林国光 |
| 発電汽機 | 物理教科書静電気 | 伍光健 |
| 反磁性体 | 物理学 | 王季烈 |
| 弗打電池 | 最新中学教科書物理学 | 謝洪賚 |
| 負電気極 | 物理易解 | 陳榥 |
| 副度電圏 | 物理易解 | 陳榥 |
| 行連結法 | 中等教育物理学 | 林国光 |
| 恒久磁石 | 物理学 | 王季烈 |
| 火花放電 | 新撰物理学 | 叢琯珠 |
| 交叉電流 | 物理学 | 王季烈 |
| 金箔電探 | 最新中学教科書物理学 | 謝洪賚 |
| 鏡電流表 | 中等教育物理学 | 林国光 |
| 量流電表 | 物理教科書動電気 | 伍光健 |
| 列連結法 | 中等教育物理学 | 林国光 |
| 摩発電機 | 物理学 | 王季烈 |
| 摩斯電報 | 物理教科書動電気 | 伍光健 |
| 摩斯電鑰 | 物理教科書動電気 | 伍光健 |
| 朴爾大表 | 物理易解 | 陳榥 |
| 熱光電灯 | 最新中学教科書物理学 | 謝洪賚 |

続表

| | | |
|---|---|---|
| 通電滑車 | 物理学 | 王季烈 |
| 通物光線 | 物理学 | 王季烈 |
| 倭特電杯 | 物理教科書動電気 | 伍光健 |
| 倭特電堆 | 物理教科書動電気 | 伍光健 |
| 無定磁針 | 物理易解 | 陳榥 |
| 無定電表 | 最新中学教科書物理学 | 謝洪賚 |
| 顕動電器 | 物理学 | 王季烈 |
| 顕微声機 | 物理学 | 王季烈 |
| 相互感応 | 中等教育物理学 | 林国光 |
| 益士光線 | 中等教育物理学 | 林国光 |
| 正度電圏 | 物理易解 | 陳榥 |
| 自感電溜 | 物理教科書動電気 | 伍光健 |
| 自感電圏 | 物理教科書動電気 | 伍光健 |
| 自己感応 | 中等教育物理学 | 林国光 |